U0258418

《清洁生产》编写人员

主　　编：邓志华　陈玉保　葛白瑞雪

副 主 编：孟　菲　欧朝蓉　蒋　明

编写人员：

邓志华（西南林业大学）

陈玉保（云南师范大学）

葛白瑞雪（西南林业大学）

孟　菲（云南省生态环境厅驻丽江市生态环境监测站）

欧朝蓉（西南林业大学）

蒋　明（云南农业大学）

杨　娟（西南林业大学）

西南林业大学"十四五"校级规划教材

清洁生产

邓志华　陈玉保　葛白瑞雪　主编

化学工业出版社

·北京·

内 容 简 介

《清洁生产》紧跟国家"双碳"目标，依据我国工农业、服务业等领域清洁生产审核的目标和要求，全面介绍了清洁生产的概念与理论基础；解读了相关法律法规和政策；着重介绍了清洁生产审核工作程序、生产指标、评价体系以及清洁生产的推行和生产过程的清洁化；结合化工、建筑、传统制造业等重点行业的清洁生产规划和审核案例，分析了清洁生产理论在具体实践中的应用。

本书是环境工程相关专业本专科教材，也可供农业、建筑、化工等领域的相关技术人员参考。

图书在版编目（CIP）数据

清洁生产/邓志华，陈玉保，葛白瑞雪主编．—北京：化学工业出版社，2023.10
ISBN 978-7-122-43699-3

Ⅰ.①清…　Ⅱ.①邓…②陈…③葛…　Ⅲ.①企业-无污染工艺-教材　Ⅳ.①X383

中国国家版本馆 CIP 数据核字（2023）第 116727 号

责任编辑：邢　涛　　　　　　　　　文字编辑：温潇潇
责任校对：李雨函　　　　　　　　　装帧设计：韩　飞

出版发行：化学工业出版社（北京市东城区青年湖南街 13 号　邮政编码 100011）
印　　装：北京印刷集团有限责任公司
787mm×1092mm　1/16　印张 14½　字数 347 千字　　2023 年 10 月北京第 1 版第 1 次印刷

购书咨询：010-64518888　　　　　　　售后服务：010-64518899
网　　址：http://www.cip.com.cn
凡购买本书，如有缺损质量问题，本社销售中心负责调换。

定　　价：128.00 元　　　　　　　　　　　　　版权所有　违者必究

前 言

随着经济社会的发展，尤其是以钢铁、有色金属、造纸和化学工业为代表的实体经济的发展，污染物的排放量急剧增加，地球的环境已渐难承受污染和资源的负荷，环境质量逐步恶化，人为环境与自然环境间的矛盾激化，环境问题成为影响社会稳定的主要因素之一，这引起了社会各界的广泛关注。但在此阶段，人们片面地认为污染是外部不经济的表现形式，以为只要增加治理措施即开展末端治理就可以解决环境污染问题。实际上，由于末端治理的经济效益不明显，往往只有投入没有产出，生产者积极性不高，这使得污染治理与生产、管理之间的矛盾比较大。随着经济社会的进一步发展，传统的末端治理已无法有效遏制环境质量继续恶化，不能从根本上解决社会矛盾，从源头实行污染预防成为时代要求，清洁生产的思维和发展模式由此产生。新时代的清洁生产思想已不仅仅为降低环境负担提供基本方法，更为实现产业变革、高效生产和"零排放"生产提供新思路。清洁生产主张从产品的源头出发，从原材料选择、加工、提炼，到产品生产，再到产品使用直至报废处置，均采取创新的甚至变革性的污染预防思维模式，从而实现产品整个生命周期资源和能源消耗的最小化、环境影响的最小化。

为推动经济高质量发展，解决我国社会主要矛盾和助力污染防治攻坚战，"清洁生产"等相关课程应运而生。作为环境工程和环境科学专业的一门专业选修课程，该课程旨在培养学生充分利用资源、能源，减少排放并增加经济效益的思维和实践能力。

作为一门理论和实际紧密联系的课程，虽然内容相对比较简单，但在当今倡导"绿色发展"和"双碳"背景下，学生能否真正领悟本门课程设置初心，能否完全掌握课程内容并将绿色低碳发展、循环经济、生命周期等相关理论和知识正确运用到生产生活实际来解决相关问题显得十分重要。为提高环境工程等专业学生环保意识并提升其生态文明素养，更好地普及和深化"源削减"和"循环经济"思维模式，启发学生利用物质平衡理论、生态学理论、生命周期评价相关理论去思考和解决环境问题，我们编写了此书。

本书的教学内容紧跟国家形势的发展，相应增加了最新的国家和地方的政策、规划、法律、法规、设计规范、设计标准、排放标准等，既有详尽的人类社会发展理论和清洁生产思想，又有清洁生产审核程序、评价体系和审核指南，同时增加《"十四五"全国清洁生产推行方案》（以下简称《方案》）重要内容解读，并围绕《方案》，将多数具有代表性行业的清洁生产审核案例加入教材中，如钢铁、化工、轻工、制药、建材、汽车、印刷、农业以及公共服务机构（如酒店）等典型行业的清洁生产审核案例。并对清洁生产与碳达峰、碳中和之间的关系进行了阐述。本书既适合作为高等学校教材使用，也适合作为清洁生产从业人员以及非环保专业学生和其他相关学习者的参考用书。

　　本书由西南林业大学邓志华、陈玉保、葛白瑞雪主编，由邓志华设计全书框架，拟定编写大纲。第1～3章由云南省生态环境厅驻丽江市生态环境监测站的孟菲等编写，第4～6章由西南林业大学葛白瑞雪等编写，第7、8、10章由西南林业大学邓志华等编写，第9章由云南师范大学陈玉保等编写，由邓志华对全书进行统稿和定稿。本书在编写过程中，参考并引用了大量文献资料，西南林业大学马珮瑶、张晓凤、李璇、李碧青、毛秋凯等同志为本书资料查阅、数据整理做了大量工作，在此向所有为本教材编写付出劳动以及所有参考资料的作者致以诚挚的敬意！

　　由于编者能力及时间有限，书中难免存在不足之处，敬请读者批评指正。

编者

目 录

第一篇　基础理论篇　　　　　　　　　　　　　　　　　　　**1**

第1章　绪论　　　　　　　　　　　　　　　　　　　　　　　**2**

1.1　人类社会发展及其造成的环境问题　　　　　　　　　2
1.2　自然资源　　　　　　　　　　　　　　　　　　　　2
 1.2.1　自然资源的定义　　　　　　　　　　　　　　2
 1.2.2　自然资源的特征　　　　　　　　　　　　　　3
 1.2.3　自然资源的分类　　　　　　　　　　　　　　3
 1.2.4　我国自然资源基本情况　　　　　　　　　　　4
1.3　能源与清洁能源　　　　　　　　　　　　　　　　　5
 1.3.1　能源的定义和分类　　　　　　　　　　　　　5
 1.3.2　我国的能源现状　　　　　　　　　　　　　　6
 1.3.3　清洁能源　　　　　　　　　　　　　　　　　7
复习思考题　　　　　　　　　　　　　　　　　　　　　　9

第2章　清洁生产概述　　　　　　　　　　　　　　　　　　**10**

2.1　清洁生产的产生与发展　　　　　　　　　　　　　　10
 2.1.1　国际社会清洁生产发展状况　　　　　　　　　10
 2.1.2　我国清洁生产发展概况　　　　　　　　　　　13
 2.1.3　"十四五"时期对清洁生产的要求　　　　　　14
2.2　清洁生产的概念和主要内容　　　　　　　　　　　　15
 2.2.1　清洁生产的概念　　　　　　　　　　　　　　15
 2.2.2　清洁生产的主要内容　　　　　　　　　　　　16
2.3　清洁生产的目标和原则　　　　　　　　　　　　　　17
 2.3.1　清洁生产的目标　　　　　　　　　　　　　　17
 2.3.2　清洁生产的原则　　　　　　　　　　　　　　18
2.4　清洁生产的作用和意义　　　　　　　　　　　　　　18
2.5　清洁生产与可持续发展　　　　　　　　　　　　　　19

2.5.1　可持续发展的定义 ⸺⸺⸺⸺⸺ 19

2.5.2　可持续发展的内容 ⸺⸺⸺⸺⸺ 20

2.5.3　可持续发展的原则 ⸺⸺⸺⸺⸺ 20

2.5.4　可持续发展的特征 ⸺⸺⸺⸺⸺ 21

2.5.5　清洁生产与可持续发展的关系 ⸺ 21

2.6　清洁生产与循环经济 ⸺⸺⸺⸺⸺⸺ 22

2.6.1　循环经济理念及其产生背景 ⸺⸺ 22

2.6.2　循环经济的内涵 ⸺⸺⸺⸺⸺⸺ 23

2.6.3　循环经济模式与线性经济模式 ⸺ 23

2.6.4　循环经济的"3R"原则 ⸺⸺⸺⸺ 24

2.6.5　循环经济的三种循环模式 ⸺⸺⸺ 25

2.6.6　清洁生产与循环经济的关系 ⸺⸺ 27

2.7　清洁生产与节能减排 ⸺⸺⸺⸺⸺⸺ 28

2.7.1　节能减排的内涵 ⸺⸺⸺⸺⸺⸺ 28

2.7.2　节能减排的主要途径 ⸺⸺⸺⸺⸺ 28

2.7.3　清洁生产与节能减排的关系 ⸺⸺ 29

复习思考题 ⸺⸺⸺⸺⸺⸺⸺⸺⸺⸺⸺⸺ 29

第 3 章　清洁生产的理论基础 ⸺⸺⸺⸺⸺⸺ **31**

3.1　物质平衡理论 ⸺⸺⸺⸺⸺⸺⸺⸺⸺ 31

3.1.1　物质平衡理论概念 ⸺⸺⸺⸺⸺⸺ 31

3.1.2　物质平衡理论概念模型 ⸺⸺⸺⸺ 31

3.1.3　物质平衡、现代经济系统与自然环境之间
的关系 ⸺⸺⸺⸺⸺⸺⸺⸺⸺⸺ 32

3.1.4　物质平衡理论是可持续发展与循环经济
理论的基础 ⸺⸺⸺⸺⸺⸺⸺⸺ 32

3.1.5　物质平衡理论对环境系统的影响 ⸺ 33

3.2　生态学理论 ⸺⸺⸺⸺⸺⸺⸺⸺⸺⸺ 34

3.2.1　生态学的概念 ⸺⸺⸺⸺⸺⸺⸺⸺ 34

3.2.2　生态系统 ⸺⸺⸺⸺⸺⸺⸺⸺⸺⸺ 34

3.2.3　生态学基本规律 ⸺⸺⸺⸺⸺⸺⸺ 35

3.2.4　生态工业的发展背景 ⸺⸺⸺⸺⸺ 36

3.2.5　工业生态学和生态工业 ⸺⸺⸺⸺ 37

3.2.6　生态工业园 ⸺⸺⸺⸺⸺⸺⸺⸺⸺ 38

3.3　生命周期评价 ⸺⸺⸺⸺⸺⸺⸺⸺⸺ 42

3.3.1　生命周期评价的产生背景及概念 ⸺ 42

3.3.2　生命周期评价的主要特点 ⸺⸺⸺ 43

3.3.3　生命周期评价的意义 ⸺⸺⸺⸺⸺ 45

3.4　系统论和系统工程 ⸺⸺⸺⸺⸺⸺⸺⸺ 45

　　　　3.4.1　系统的概念和特点 ———————————— 45
　　　　3.4.2　系统论 ———————————————————— 46
　　　　3.4.3　系统工程 ———————————————————— 46
　　复习思考题 ———————————————————————— 47

第4章　清洁生产的法律法规和政策　　　　　　　　　　48

　　4.1　国家法律法规和相关产业政策 ———————————— 48
　　　　4.1.1　清洁生产促进法的产生 ———————————— 48
　　　　4.1.2　清洁生产的相关政策 ———————————————— 49
　　4.2　重要法规解读 —————————————————————— 52
　　　　4.2.1　清洁生产促进法的主要内容 ————————————— 52
　　　　4.2.2　《清洁生产审核办法》的主要内容 ——————— 54
　　　　4.2.3　《"十四五"全国清洁生产推行方案》的
　　　　　　　重要内容解读 —————————————————— 55
　　4.3　清洁生产标准 —————————————————————— 56
　　　　4.3.1　清洁生产标准的基本框架 ———————————— 57
　　　　4.3.2　我国相关行业清洁生产标准 ———————————— 57
　　4.4　强制性清洁生产审核制度 ———————————————— 59
　　复习思考题 ———————————————————————— 59

第5章　清洁生产审核　　　　　　　　　　　　　　　　　60

　　5.1　清洁生产审核概述 ———————————————————— 60
　　　　5.1.1　清洁生产审核的意义 ———————————————— 60
　　　　5.1.2　清洁生产审核的主要任务 ———————————— 60
　　　　5.1.3　清洁生产审核的概念 ———————————————— 61
　　　　5.1.4　清洁生产审核的目标 ———————————————— 61
　　　　5.1.5　清洁生产审核应把握的三项基本原则 ———— 61
　　　　5.1.6　清洁生产审核的思路 ———————————————— 62
　　5.2　清洁生产审核的程序 ———————————————————— 64
　　5.3　筹划和组织 ———————————————————————— 66
　　　　5.3.1　领导的参与 ———————————————————— 66
　　　　5.3.2　组建审核小组 ———————————————————— 67
　　　　5.3.3　制订工作计划 ———————————————————— 68
　　　　5.3.4　开展宣传教育 ———————————————————— 68
　　5.4　预评估 ————————————————————————————— 69
　　　　5.4.1　现状调研和考察 ———————————————————— 69
　　　　5.4.2　审核重点的确定 ———————————————————— 71
　　　　5.4.3　设置清洁生产目标 ———————————————————— 73
　　　　5.4.4　提出和实施无/低费方案 ——————————— 73

5.5 评估 ———————————————————————————— 74

   5.5.1 制审核重点的工艺流程图 —————————— 74

   5.5.2 实测和编制物料平衡 ————————————— 76

   5.5.3 分析废物产生原因 ——————————————— 79

   5.5.4 提出和实施无/低费方案 ——————————— 81

5.6 方案产生和筛选 ————————————————————— 81

   5.6.1 方案产生 ———————————————————————— 82

   5.6.2 方案筛选 ———————————————————————— 82

5.7 方案的可行性分析 ——————————————————— 86

   5.7.1 市场调查 ———————————————————————— 86

   5.7.2 技术评估 ———————————————————————— 87

   5.7.3 环境评估 ———————————————————————— 87

   5.7.4 经济评估 ———————————————————————— 88

5.8 方案实施 ———————————————————————————— 90

   5.8.1 组织方案实施 —————————————————————— 90

   5.8.2 汇总已实施的无/低费方案的成果 —————— 91

   5.8.3 评价已实施的中/高费方案的成果 —————— 92

   5.8.4 分析总结已实施方案对企业的影响 ————— 92

5.9 持续清洁生产 ————————————————————————— 93

   5.9.1 建立和完善清洁生产组织和管理制度 ———— 93

   5.9.2 制订持续清洁生产计划 —————————————— 94

5.10 清洁生产审核结论 —————————————————— 94

复习思考题 ———————————————————————————————— 95

第6章　清洁生产指标体系与清洁生产评价 ———————— 96

6.1 清洁生产指标体系概述 ———————————————— 96

   6.1.1 清洁生产指标体系的定义 ——————————— 96

   6.1.2 清洁生产指标体系建立的必要性 —————— 96

   6.1.3 清洁生产指标的选取原则 ——————————— 96

6.2 我国清洁生产指标体系构架 ———————————— 97

   6.2.1 宏观清洁生产指标 ——————————————— 98

   6.2.2 微观清洁生产指标体系 ————————————— 98

6.3 清洁生产评价 ————————————————————————— 100

   6.3.1 清洁生产评价与常规环境影响评价的
       联系和区别 ——————————————————— 101

   6.3.2 清洁生产评价与节能评估 ——————————— 102

   6.3.3 清洁生产评价与清洁生产审核的区别 ——— 102

   6.3.4 定量条件下的评价 ——————————————— 102

   6.3.5 定量与定性相结合条件下的评价 —————— 103

6.3.6　清洁生产评价程序 ·············· 106

复习思考题 ···················· 107

第 7 章　清洁生产的推行和实施 ——————————— **108**

7.1　清洁生产推行和实施的原则 ·········· 108
7.1.1　清洁生产推行的原则 ·········· 108
7.1.2　企业清洁生产实施的原则 ········ 109
7.2　清洁生产实施的主要方法与途径 ········ 110
7.2.1　资源的综合利用 ············ 110
7.2.2　改进产品设计 ············· 112
7.2.3　革新产品体系 ············· 112
7.2.4　改革工艺和设备 ············ 113
7.2.5　生产过程的科学管理 ·········· 115
7.2.6　物料再循环和综合利用 ········· 116
7.2.7　必要的末端处理 ············ 116
7.3　清洁生产实施的支持与保障体系 ········ 117
7.3.1　我国环境和资源保护法规对清洁生产的
　　　保障 ·················· 117
7.3.2　我国现行的环境管理制度与清洁生产 ··· 118
7.4　企业实施清洁生产的障碍及对策分析 ····· 120
7.4.1　我国清洁生产实施现状 ········· 120
7.4.2　清洁生产实施取得的效益 ········ 121
7.4.3　实施清洁生产的主要障碍 ········ 122
7.4.4　推动清洁生产实施的对策 ········ 123
复习思考题 ···················· 125

第 8 章　生产过程的清洁生产 —————————————— **126**

8.1　生产过程概述 ················· 126
8.1.1　生产过程及其特征 ··········· 126
8.1.2　生产过程对环境的影响 ········· 127
8.2　生产工艺的清洁化 ··············· 128
8.2.1　改革生产技术和工艺 ·········· 128
8.2.2　采用先进的生产设备和清洁的生产设备 ·· 128
8.2.3　实施工艺创新 ············· 129
8.2.4　改进工艺方案 ············· 129
8.3　生产过程的清洁化 ··············· 130
8.3.1　选择对环境影响小的生产技术 ····· 130
8.3.2　尽可能减少生产环节 ·········· 130
8.3.3　减少生产过程能耗 ··········· 130

　　　8.3.4　减少生产废弃物 ⋯⋯⋯⋯⋯⋯ 131
　　　8.3.5　改进运行操作管理 ⋯⋯⋯⋯⋯⋯ 131
　复习思考题 ⋯⋯⋯⋯⋯⋯⋯⋯⋯⋯⋯⋯⋯⋯⋯ 131

第二篇　案例篇 132

第9章　不同行业清洁生产案例 ⸺⸺⸺⸺ 133

　9.1　钢铁行业清洁生产案例 ⋯⋯⋯⋯⋯⋯ 133
　　　9.1.1　企业概况 ⋯⋯⋯⋯⋯⋯⋯⋯⋯ 133
　　　9.1.2　清洁生产审核 ⋯⋯⋯⋯⋯⋯⋯ 133
　9.2　化工行业清洁生产 ⋯⋯⋯⋯⋯⋯⋯⋯ 137
　　　9.2.1　硫酸厂清洁生产案例 ⋯⋯⋯⋯ 137
　　　9.2.2　制碱行业清洁生产审核案例 ⋯ 140
　　　9.2.3　水泥行业清洁生产审核案例 ⋯ 143
　　　9.2.4　炼油厂清洁生产案例 ⋯⋯⋯⋯ 145
　9.3　轻工行业清洁生产 ⋯⋯⋯⋯⋯⋯⋯⋯ 148
　　　9.3.1　造纸厂清洁生产案例 ⋯⋯⋯⋯ 148
　　　9.3.2　丝绸印染厂清洁生产案例 ⋯⋯ 152
　　　9.3.3　纺织厂清洁生产案例 ⋯⋯⋯⋯ 158
　　　9.3.4　啤酒厂清洁生产案例 ⋯⋯⋯⋯ 164
　9.4　药品生产行业清洁生产 ⋯⋯⋯⋯⋯⋯ 168
　　　9.4.1　企业概况 ⋯⋯⋯⋯⋯⋯⋯⋯⋯ 168
　　　9.4.2　清洁生产审核 ⋯⋯⋯⋯⋯⋯⋯ 168
　9.5　建材行业清洁生产 ⋯⋯⋯⋯⋯⋯⋯⋯ 171
　　　9.5.1　企业概况 ⋯⋯⋯⋯⋯⋯⋯⋯⋯ 171
　　　9.5.2　企业的主要产品和生产工艺 ⋯ 171
　　　9.5.3　清洁生产审核 ⋯⋯⋯⋯⋯⋯⋯ 172
　9.6　汽车行业清洁生产（新能源汽车） ⋯ 177
　　　9.6.1　企业概况 ⋯⋯⋯⋯⋯⋯⋯⋯⋯ 177
　　　9.6.2　工艺流程 ⋯⋯⋯⋯⋯⋯⋯⋯⋯ 177
　　　9.6.3　清洁生产审核 ⋯⋯⋯⋯⋯⋯⋯ 178
　9.7　印刷行业清洁生产 ⋯⋯⋯⋯⋯⋯⋯⋯ 181
　　　9.7.1　企业概况 ⋯⋯⋯⋯⋯⋯⋯⋯⋯ 181
　　　9.7.2　生产工艺 ⋯⋯⋯⋯⋯⋯⋯⋯⋯ 182
　　　9.7.3　清洁生产审核 ⋯⋯⋯⋯⋯⋯⋯ 182
　9.8　酒店服务行业清洁生产 ⋯⋯⋯⋯⋯⋯ 183
　　　9.8.1　企业概况 ⋯⋯⋯⋯⋯⋯⋯⋯⋯ 183
　　　9.8.2　清洁生产审核 ⋯⋯⋯⋯⋯⋯⋯ 183

9.9 农业生产过程清洁生产 ———————————————— 186
    9.9.1 企业概况 ———————————————— 186
    9.9.2 清洁生产审核 ———————————————— 187
9.10 林业行业清洁生产 ———————————————— 188
    9.10.1 企业概况 ———————————————— 188
    9.10.2 清洁生产审核 ———————————————— 189

第三篇　产品篇 195

第 10 章　清洁产品 196

10.1 绿色产品概述 ———————————————— 196
    10.1.1 绿色产品的定义 ———————————————— 196
    10.1.2 绿色产品的类型 ———————————————— 197
    10.1.3 发展绿色产品的意义 ———————————————— 197
10.2 生态产品概述 ———————————————— 198
    10.2.1 生态产品的定义 ———————————————— 198
    10.2.2 生态产品的类型 ———————————————— 198
    10.2.3 生态产品的意义 ———————————————— 199
10.3 产品生态设计 ———————————————— 199
    10.3.1 产品生态设计的概念 ———————————————— 199
    10.3.2 产品生态设计的原则 ———————————————— 199
    10.3.3 产品生态设计案例 ———————————————— 202
10.4 产品的环境标志 ———————————————— 202
    10.4.1 环境标志的概念 ———————————————— 202
    10.4.2 环境标志发展简史 ———————————————— 202
    10.4.3 环境标志产品范围 ———————————————— 204
    10.4.4 环境标志的作用 ———————————————— 204
    10.4.5 环境标志的法律保证 ———————————————— 205
    10.4.6 中国环境标志产品认证 ———————————————— 206
    10.4.7 中国实施环境标志的策略 ———————————————— 207
10.5 绿色食品和有机食品 ———————————————— 208
    10.5.1 绿色食品和有机食品产生的背景 ———————————————— 208
    10.5.2 绿色食品 ———————————————— 209
    10.5.3 有机食品 ———————————————— 210
10.6 绿色包装 ———————————————— 214
复习思考题 ———————————————— 215

参考文献 216

基础理论篇

绪　论

1.1　人类社会发展及其造成的环境问题

环境问题的产生和发展与人类社会的加速发展有着密切的联系。

20 万年前，原始时期，此时期人类是被动地适应环境，不存在对环境的改造，因此不存在环境问题；2 万年前，人类开始了农业生产活动，有了对环境的初步改造，此时的环境问题主要是一些生态方面的问题，如水土流失、土地沙化等，而且是零星的、局部的；200 年前，人类开始大规模的工业生产，对环境进行了大规模的破坏，此时环境被动地适应人类，环境问题已经上升为从根本上影响人类社会存在和发展的重大问题，区域性的环境问题日益突出。

进入 20 世纪以来，环境问题呈现出地域上的不断扩张和程度上的持续恶化趋势，已逐渐由区域性问题演变为全球性问题。例如臭氧层的破坏、全球气候变暖、酸雨区扩展等。

总之，工业革命标志着人类的进步，但是它在给人类带来巨大财富的同时，也在高速消耗着地球上的资源，向大自然无止境地排放着危害人类健康和破坏生态环境的各类污染物。随着生产规模的不断扩大，工业污染、资源锐减、生态环境破坏日趋严重。20 世纪中期出现的"八大公害事件"就是有力的证据。从 20 世纪 70 年代开始，人类就广泛关注由于工业发展带来的一系列环境问题，并采取了一些治理措施。经过 20 多年的发展，人们发现虽然投入了大量的人力、物力、财力，但是治理效果并不理想。

随着环境问题的日趋严重，特别是西方国家公害事件的不断发生，环境问题频频困扰人类。20 世纪 50 年代末，美国海洋生物学家蕾切尔·卡逊在潜心研究美国使用杀虫剂所产生的种种危害之后，于 1962 年出版了环境保护科普著作《寂静的春天》。在该书中作者明确提出了环境污染和环境保护的思想，并将环境污染的矛头指向了人类久而习惯的征服自然的观念，指向了由这一观念派生出来的现代知识体系、工业体系以及科学界与企业的联盟。该书的出版引发了美国国内一场关于环境污染的全民大讨论，唤醒了民众的环保意识，环境保护运动得到迅速发展，并扩展至全世界。

1.2　自然资源

1.2.1　自然资源的定义

自然资源（natural resources）就是自然界赋予或前人留下的，可直接或间接用于满足人类需要的所有有形之物与无形之物，是能够被人类社会所使用的且是被大自然所赋予的材料。从联合国环境规划署（UNEP）在 1972 年对于广义上的自然资源所下的定义来看，其认为自然资源是指在某些条件下能够产生经济价值且能够增强人类社会当前乃至未来福祉的自然环境因素的综合。这个定义充分说明了自然资源与环境保护不仅与人类社会有着密切的关系，同时它们自身也存在关联，也就是说自然资源是生态环境的一项基本要素，是构成生态环境的最基本内容。因此人类社会对生态环境进行保护时首先需要对自然资源的概念有清楚的了解，并对其后续的利用采取科学化的措施，为后续生态环境的保护奠定坚实的基础。

1.2.2　自然资源的特征

① 数量的有限性。指资源的数量与人类社会不断增长的需求相矛盾，故必须强调资源的合理开发利用与保护。

② 分布的不平衡性。指存在数量或质量上的显著地域差异。某些可再生资源的分布具有明显的地域分异规律；不可再生的矿产资源分布具有地质规律。

③ 资源间的联系性。每个地区的自然资源要素彼此有生态上的联系，形成一个整体，故必须强调综合研究与综合开发利用。

④ 利用的发展性。指人类对自然资源的利用范围和利用途径将进一步拓展或对自然资源的利用率不断提高。

1.2.3　自然资源的分类

自然资源可分为可再生资源、可更新自然资源和不可再生资源。

（1）可再生资源

这类资源可反复利用，如气候资源（太阳辐射、风）、水资源、地热资源、潮汐能。

（2）可更新自然资源

这类资源可生长，其更新速度受自身繁殖能力和自然环境条件的制约，如生物资源（能生长繁殖的有生命的有机体），其更新速度取决于自身繁殖能力和外界环境条件，应有计划、有限制地加以开发利用。

（3）不可再生资源

包括地质资源和半地质资源。前者如矿产资源中的金属矿、非金属矿、核燃料、化石燃料等，其成矿周期往往以数百万年计；后者如土壤资源，其形成周期虽较矿产资源短，但与消费速度相比，也是十分漫长的。对这类自然资源，应尽可能综合利用，注意节约，避免浪费和破坏。

自然资源具有可用性、整体性、变化性、空间自然资源分布不均匀性和区域性等特点，是人类生存、发展的物质基础和社会物质财富积累的源泉，是可持续发展的重要依据之一。根据自然资源的这些特点，又可将自然资源细分为生物资源、农业资源、森林资源、国土资源、海洋资源、气候资源、水资源、矿产资源等。

① 生物资源，是在当前的社会经济技术条件下人类可以利用与可能利用的生物，包括动植物资源和微生物资源等。生物资源具有再生机能，如利用合理并进行科学的抚育管理，不仅能生长不已，而且能按人类意志进行繁殖再生；若不合理利用，不仅会引起其数量和质量下降，甚至可能导致灭种。在生物资源信息栏目中，设有动物资源信息、植物资源信息、

微生物资源信息、自然保护区与生物多样性信息等子栏目。

② 农业资源，是农业自然资源和农业经济资源的总称。农业自然资源含农业生产可以利用的自然环境要素，如土地资源、水资源、气候资源和生物资源等。农业经济资源是指直接或间接对农业生产发挥作用的社会经济因素和社会生产成果，如农业人口和劳动力的数量与质量、农业技术装备以及交通运输、通信、文教和卫生等农业基础设施等。

③ 森林资源，是林地及其所生长的森林有机体的总称。这里以林木资源为主，还包括林下植物、野生动物、土壤微生物等资源。林地包括乔木林地、疏林地、灌木林地、林中空地、采伐迹地、火烧迹地、苗圃地和国家规划宜林地。森林可以更新，属于可再生的自然资源。反映森林资源数量的主要指标是森林面积和森林蓄积量。森林资源是地球上最重要的资源之一，是生物多样化的基础，它不仅能够为生产和生活提供多种宝贵的木材等原材料，能够为人类经济生活提供多种食品，更重要的是森林能够调节气候，保持水土，防止和减轻旱涝、风沙、冰雹等自然灾害，还有净化空气、消除噪声等功能；同时森林还是天然的动植物园，哺育着各种飞禽走兽，生长着多种珍贵林木和药材。

④ 国土资源，有广义与狭义之分，广义的国土资源是指一个主权国家管辖的含领土、领海、领空、大陆架及专属经济区在内的资源（自然资源、人力资源和其他社会经济资源）的总称；狭义的国土资源是指一个主权国家管辖范围内的自然资源。国土资源具有整体性、区域性、有限性和变动性等特点。国土资源一般包含土地资源和矿产资源两个方面。

⑤ 海洋资源，是海洋生物、海洋能源、海洋矿产及海洋化学资源等的总称。海洋生物资源以鱼虾为主，在环境保护和为人类提供食物方面具有极其重要的作用。海洋能源包括海底石油、天然气、潮汐能、波浪能以及海流能、海水温差能等，远景发展还包括海水中铀和重水能源的开发。海洋矿产资源包括海底的锰结核及海岸带的重砂矿中的钛、锆等。海洋化学资源包括从海水中提取淡水和各种化学元素（溴、镁、钾等）及盐等。海洋资源的开发较之陆地复杂，技术要求高，投资亦较大，但有些资源的数量却较之陆地多几十倍甚至几千倍，因此，在人类资源的消耗量愈来愈大，而许多陆地资源的储量日益减少的情况下，开发海洋资源具有很重要的经济价值和战略意义。

⑥ 气候资源，是在目前社会经济技术条件下人类可以利用的太阳辐射所带来的光、热资源以及大气降水、空气流动（风力）等。气候资源对人类的生产和生活有很大影响，既具有长期可用性，又具有强烈的地域差异性。

⑦ 水资源，是自然界中可以流态、固态、气态三态同时共存的一种资源，为在目前社会经济技术条件下可为人类利用和可能利用的一部分水源，如浅层地下水、湖泊水、土壤水、大气水和河川水等。

1.2.4　我国自然资源基本情况

（1）自然资源总量丰富，人均量少

按储量计算，我国矿产资源量居世界第三，可开发利用的水资源居世界第一，森林面积居世界第四，国土面积居世界第三，说明我国是个自然资源大国。但是，我国人口众多，具有庞大的人口基数，从而使得我国自然资源的人均值在世界上处于低水平。

（2）自然资源分布的空间差异大，利用配置不甚合理

自然资源具有地域分布的特点，这主要是由生物、气候、地理、地质分异的复合造成

的。我国自然资源的空间分布存在着巨大的差异：水资源是东多西少，南多北少；耕地资源是平原和盆地多，丘陵和山地少，东部多西部少；区域水土资源配比是北方土多水少，南方水多土少；水能集中分布在川、黔、桂、滇、藏 5 省（自治区）；矿产资源的基本分布由西部高原到东部的山地丘陵地带逐渐减少，而我国重工业大部分集中在沿海地区。沿海地区这一大经济带中除了农业资源比较丰富外，其他资源特别是能源、原材料严重不足。

（3）自然资源开发难度大

自然资源开发的难易程度主要取决于自然资源的质量状况以及开采条件。我国资源质量差别悬殊，低质资源比重大。全部耕地中低产田占 2/3 左右，其中大部分属风沙干旱、盐碱、涝洼、红壤等；在天然草场中，高、中、低产草场面积基本上各占 1/3；我国矿产大多属贫矿，而且共生、伴生资源多，全国铁矿 95% 以上为贫矿，铜矿品位低于 1% 的约占 2/3，磷矿和铜矿中贫矿占 19%。而且我国一些特大型矿床多为共生或伴生的综合性矿床，共生、伴生矿存在难分选、难冶炼、难分离等技术难题。

（4）呆滞资源多，开发投资大

我国荒地（0.33 亿平方千米）中，有多达 0.23 亿平方千米处在边远地区、盐碱地、沼泽地、干旱地和沿海滩涂；草地资源 27% 属气候干旱、植被稀疏型；森林资源中有 15 亿立方米为病腐、风倒、枯损，或是分布于江河上游，或是处于深山峡谷地带；海洋资源中“争执”面积较大，渔业和石油勘探难于进行；水能富积区多交通不便，远离经济中心区。矿产资源有不少分布在地理条件极其恶劣的环境中，很难保证生产、生活的基本条件。上述资源要开发利用，必须进行大量投资，如若同一般的资源开发比，其总投资要高出 7～8 倍。

1.3　能源与清洁能源

1.3.1　能源的定义和分类

1.3.1.1　能源的定义

能源（energy resources）是能够提供能量的资源，是指能够直接取得或者通过加工、转换而取得有用能的各种资源，包括煤炭、原油、天然气、煤层气、水能、核能、风能、太阳能、地热能、生物质能等一次能源和电力、热力、成品油等二次能源，以及其他新能源和可再生能源。确切而简单地说，能源是自然界中能为人类提供某种形式能量的物质资源。

1.3.1.2　能源的分类

① 按使用类型来分，能源可分为常规能源（传统能源）和新能源（非常规能源、替代能源）。常规能源（传统能源）是指已被人类利用多年，目前仍在大规模使用的能源，如煤炭、石油、天然气、水能、生物能等。新能源（非常规能源、替代能源）是指近若干年来开始被人类利用（如太阳能、核能）或过去已被利用现在又有新的利用方式（如风能）的能源。

② 按能否再生来分，能源可分为可再生能源和不可再生能源。可再生能源是指可长期提供或可再生的能源（占能源总量的 10% 左右），如水能、风能、太阳能、地热能、潮汐能等。不可再生能源是指一旦消耗就很难再生的能源（占能源总量的 90% 左右），如煤炭、石油、天然气等。

③ 按获得方式来分，能源可分为一次能源（天然能源）和二次能源（人工能源）。一次能源（天然能源）是指直接取自自然界，而不改变它的形态的能源。它又分为可再生能源（水能、风能及生物质能）和不可再生能源（煤炭、石油、天然气），其中煤炭、石油和天然气三种能源是一次能源的核心，它们是全球能源的基础。二次能源（人工能源）是指一次能源经人为加工成另一种形态的能源。它又可以分为"过程性能源"（电能）和"含能体能源"（汽油、柴油）。

④ 按能否作为燃料来分，能源可分为燃料型能源和非燃料型能源。燃料型能源是指人类利用自己体力以外的能源，是从用火开始的，最早的燃料是木材，以后用各种化石燃料，如煤炭、石油、天然气、泥炭等。非燃料型能源是指现在研究利用的太阳能、地热能、风能、潮汐能等新能源。

⑤ 按对环境的污染情况来分，能源可分为清洁能源和非清洁能源（污染型能源）。清洁能源是指使用时对环境没有污染或污染小的能源，如水能、风能、太阳能以及核能等。非清洁能源（污染型能源）是指在人类利用过程中会污染环境的能源，如煤炭、石油类能源在燃烧过程中会产生大量二氧化碳、硫氧化物、氮氧化物及多种有机污染物，破坏环境，影响生态。

⑥ 按能否进入商品流通领域来分，能源可分为商品能源和非商品能源。商品能源是指能进入市场作为商品销售的能源，如煤、石油、天然气和电等。非商品能源主要指薪柴、秸秆等农业废料和人畜粪便等就地利用的能源。

⑦ 按地球上的能源来源来分，能源可分为来自地球外部天体的能源、地球本身蕴藏的能源以及地球和其他天体相互作用而产生的能源。来自地球外部天体的能源主要有直接来自太阳的能源，如太阳直接照射到地球的光和热能；还有间接地来自太阳的能源，常见的有煤炭、石油、天然气，以及生物质能、水能、海洋热能和风能等。地球本身蕴藏的能源：一种是地球内部蕴藏着的地热能，常见的地下蒸汽、温泉、火山爆发的能量都属于地热能；另一种是地球上存在的铀、钍、钚等核燃料所蕴含的核能。其他天体相互作用而产生的能量主要指太阳和月亮等星球对大海的引潮力而产生的涨潮和落潮所拥有的巨大潮汐能。

⑧ 按形态特征或转换与应用的层次对能源分类。世界能源委员会推荐的能源类型分为：固体燃料、液体燃料、气体燃料、水能、电能、太阳能、生物能、风能、核能、海洋能和地热能。前三类统称化石燃料或化石能源。

1.3.2   我国的能源现状

（1）能源的使用需求与能源的生产量不成正比

目前，我国在能源发展方面有一定的进步，但是对于能源开发还是有很多的不足。21世纪以来，由于我国经济快速发展，能源的使用比能源生产要多得多，能源的生产跟不上能源的使用，导致了我国能源的生产与使用不成正比。据统计，我国对石油的需求量占世界对石油需求量的30%左右，而预计到2040年我国对煤炭的需求缺口将达到3.6亿吨。

（2）能源利用效率低，且产业结构不合理

与发达国家相比，我国在能源利用方面效率偏低；在能源节约方面，我国作为人口大国，是节能潜力较大的发展中国家。依据基本国情，我国能源发展以煤炭为主，偏离世界能源结构。随之产生的又一问题是煤炭燃烧造成大量有害气体排放，导致环境严重污染。我国的煤炭能源利用效率低的原因是煤炭能源燃烧过程的中间环节效率较低，以煤炭为燃料的终端能源利用装置效率低于液体燃料和气体燃料。目前，我国能源需求供不应求的现象虽然有所改善，但能源生产量与消耗量比例不合理、安全管理不完善，这使得我国能源发展的现状同发达国家相比有一定差距。

（3）人均能源资源少，且优质能源比例偏低

我国的煤炭以及水电、核电和风电的生产量及消耗量一直呈上升趋势，资源比较丰富，而石油及天然气储量相对不足，以此为基础形成了我国以煤炭为主的能源结构，也使得优质能源占我国总能源的比重较低。我国拥有世界约 21% 的人口，但是能源人均占有量较小，尚未达到世界平均水平，相对人均能源消耗比发达国家低很多。我国的煤炭资源可以在较长时期内维持自给自足的状态，但是石油和天然气需要进口，才能满足当前和长远的需求。

1.3.3　清洁能源

1.3.3.1　清洁能源的定义

清洁能源作为绿色低碳能源，具有资源丰富、环境友好、可循环性的优势。开发利用清洁能源可以有效降低能源消耗过程中的碳排放，是改善我国能源结构、实现"双碳"目标的有效途径。

传统意义上，清洁能源指的是对环境友好的能源，意思为环保、排放少、污染程度小。但是这个概念不够准确，容易让人们误以为是对能源的分类，认为能源有清洁与不清洁之分，从而误解清洁能源的本意。清洁能源的准确定义应是：对能源清洁、高效、系统化应用的技术体系。含义有三点：第一，清洁能源不是对能源的简单分类，而是指能源利用的技术体系；第二，清洁能源不但强调清洁性，同时也强调经济性；第三，清洁能源的清洁性指的是符合一定的排放标准。

1.3.3.2　清洁能源的意义

① 从全球能源格局演变看，新型的清洁能源取代传统能源是大势所趋，能源发展轨迹和规律是从高碳走向低碳，从低效走向高效，从不清洁走向清洁，从不可持续走向可持续。

② 开发利用水能、风能、生物质能等可再生的清洁能源资源符合能源发展的趋势，对建立可持续的能源系统，促进我国经济发展和环境保护发挥着重大作用。

③ 大力发展清洁能源可以逐步改变传统能源消费结构，减小对能源进口的依赖度，提高能源安全性，减少温室气体排放，有效保护生态环境，促进社会经济又好又快地发展。

④ 随着世界各国对能源需求的不断增长和环境保护的日益加强，清洁能源的推广应用已成必然趋势。

1.3.3.3　我国清洁能源发展现状

（1）清洁能源占比稳速增长

近些年，我国大力推广可再生能源，以实现其对化石能源的替代。水电、核电及风电等可再生能源在能源结构中的比重持续上升。我国能源生产结构正从传统的煤炭、石油等化石能源为主，向多元化方向发展。由此可见，可再生能源正日益成为清洁能源增长的主要动

能，是未来能源消费结构改革的重点和能源消费低碳化的关键。

（2）清洁能源产业规模不断扩大

我国太阳能和风能产业快速发展。我国太阳能产业规模已位居世界第一，太阳能热水器、光伏电池等出口 200 个国家及地区，太阳能产业与建筑产业结合产业链已初具规模。从风电产业看，我国已成为全球第一风电大国，低风速发电、海上发电等领域布局加速，未来拓展空间巨大，为风电产业链的发展提供了良好的契机。

（3）清洁能源发展政策保障机制日益完善

为积极倡导使用清洁低碳能源，逐步降低煤炭、石油等传统化石能源消费比重，我国专门设立了关于能源和环保的相关机构，密集出台了一系列清洁能源相关政策，清洁能源发展政策体系基本建立。关于清洁取暖，我国陆续发布了一系列政策措施，推进"煤改电""煤改气"，以实现清洁供暖，降低煤炭比重。

1.3.3.4 "双碳"目标下我国清洁能源发展路径

为响应《巴黎协定》，中国主动承担应对全球气候变化的责任，并向国际社会做出庄严承诺：二氧化碳排放力争于 2030 年前达到峰值，努力争取 2060 年前实现碳中和。碳达峰是指在某一个时点，二氧化碳的排放不再增长达到峰值，然后逐步下降的过程。碳中和是指国家、企业、产品、活动或个人在一定时间内直接或间接产生的二氧化碳或温室气体排放总量，通过植树造林、节能减排等形式，实现正负抵消，达到相对"零排放"。

"双碳"目标下我国清洁能源发展路径主要包括：

① 从地域空间、产业基础、政策环境三个方面科学合理布局清洁能源战略。从地域空间上，根据各地资源禀赋，相关部门布局清洁能源发展重点区域。煤炭、石油等传统化石能源丰富的地区，重点发展化石能源的清洁利用产业；西北、西南等可再生能源丰富的地区，重点发展可再生能源利用产业，因地制宜发展清洁能源产业，降低清洁能源开发利用成本，实现规模化生产和消费。从产业基础上，根据清洁能源技术成熟度和产业基础条件，相关部门确定清洁能源政策发展重点领域和重点扶持对象，给予财政或税收方面的优惠。从政策环境上，相关部门必须完善清洁能源相关政策、法律法规，做好顶层制度设计，同时建立相应的清洁能源开发和环境保护的监督机制与配套政策，保证政策的落地执行。

② 多措并举，提高清洁能源开发技术水平。提高清洁能源利用率，全面推进清洁能源发展，将战略实施重点放在清洁能源技术的提高、清洁能源产业化与规模化上。

第一，构建煤炭清洁开发利用体系，实现煤炭清洁高效利用。我国能源结构长期以来以煤为主，其地位在相当长一段时间内是不可动摇的，如果离开煤炭，我国的能源安全与经济发展无法实现。而煤炭消费是碳排放的主要来源，也是"双碳"目标实现的主要障碍，必须加快煤炭制油、煤基多联产等核心技术的研发，发展清洁高效的煤炭开发利用体系。

第二，提升可再生能源核心技术水平。可再生能源在能源结构中占比的稳步上升，为我国实现可再生能源产业化、规模化发展提供了良好的契机。要加快提升核电安全开发、风电和太阳能合理消纳、可再生能源随机间歇等方面的相关技术，实现核电发展安全，风电发展有序，太阳能发展多元化。此外，对潮汐能、地热能和生物质能等新能源给予适当政策倾斜，促进分布式能源系统技术进步与应用推广，把握新能源发展主动权。

复习思考题

1. 简述我国自然资源基本情况。
2. 简述我国能源的基本情况。
3. 什么是清洁能源？简述发展清洁能源的意义。
4. 简述"双碳"目标下我国清洁能源的发展路径。

第 2 章

清 洁 生 产 概 述

2.1　清洁生产的产生与发展

2.1.1　国际社会清洁生产发展状况

发达国家在 20 世纪 60 年代和 70 年代初，由于经济快速发展，忽视对工业污染的防治，致使环境污染问题日益严重，公害事件不断发生。如日本的水俣病事件，对人体健康造成极大危害，生态环境受到严重破坏，社会反应非常强烈。环境问题逐渐引起各国政府的极大关注，并采取了相应的环保措施和对策。例如增大环保投资、建设污染控制和处理设施、制定污染物排放标准、实行环境立法等，从而在控制和改善环境污染问题上取得了一定的成绩。

但是通过十多年的实践发现，这种仅着眼于控制排污口（末端），使排放的污染物通过治理达标排放的办法，虽在一定时期内或在局部地区起到一定的作用，但并未从根本上解决工业污染问题。其原因在于：

第一，随着生产的发展和产品品种的不断增加，以及人们环境意识的提高，对工业生产所排污染物的种类检测越来越多，规定控制的污染物（特别是有毒有害污染物）的排放标准也越来越严格，从而对污染治理与控制的要求也越来越高。为达到排放的要求，企业要花费大量的资金，大大提高了治理费用，即便如此，一些要求也难以达到。

第二，由于污染治理技术有限，治理污染实质上很难达到彻底消除污染的目的。因为一般末端治理污染的办法是将生产过程中所排放的污染物进行预处理，接着再进行合理的生化处理，最后将处理之后的污染物进行排放。而有些污染物是不能生物降解的污染物，只是稀释排放，不仅污染环境，甚至有的治理不当还会造成二次污染；有的治理只是将污染物转移，废气变废水，废水变废渣，废渣堆放填埋，污染土壤和地下水，形成恶性循环，破坏生态环境。

第三，只着眼于末端处理的办法，不仅需要投资，而且使一些可以回收的资源（包含未反应的原料）得不到有效的回收利用而流失，致使企业原材料消耗增加，产品成本增加，经济效益下降，从而影响企业治理污染的积极性和主动性。

第四，实践证明：预防优于治理。根据日本环境厅 1991 年的报告，从经济上计算，在污染前采取防治对策比在污染后采取措施治理更为节省。例如，就整个日本的硫氧化物造成的大气污染而言，排放后不采取对策所产生的受害金额是现在预防这种危害所需费用的 10 倍。对水俣病而言，其推算结果则为 100 倍。可见两者之差极其悬殊。

因此，发达国家通过治理污染的实践，逐步认识到防治工业污染不能只依靠治理排污口

（末端）的污染，要从根本上解决工业污染问题，必须"预防为主"，将污染物消除在生产过程之中，实行工业生产全过程控制。20 世纪 70 年代末期以来，不少发达国家的政府和各大企业集团（公司）都纷纷研究开发和采用清洁工艺，开辟污染预防的新途径，把推行清洁生产作为经济和环境协调发展的一项战略措施。

在世界范围内清洁生产的发展分三个阶段。

第一阶段在 20 世纪 60 年代末。这一阶段是清洁生产理论的形成阶段，主要瞄准工业企业的污染预防和生产工艺革新等方面，运用"污染预防""废物最小化""减废技术"等措施来提高生产过程资源利用效率，削减污染物的产生，减少工业生产对环境的危害。本阶段更加关注末端治理。

第二阶段在 20 世纪 70~80 年代。清洁生产的提出，最早可追溯到 1976 年 11 月欧共体（现欧盟）在巴黎举行的"无废工艺和无废生产的国际研讨会"，"无废工艺和无废生产"是清洁生产早期的一种说法。该会议提出，协调社会和自然的相互关系应主要着眼于消除造成污染的根源，而不仅仅是消除污染引起的后果。

1977 年 4 月欧共体委员会就制定了关于"清洁工艺"的政策。1984 年、1987 年又制定了欧共体促进开发"清洁生产"的两个法规，明确对清洁工艺生产工业示范工程提供财政支持。1984 年、1985 年、1987 年欧共体环境事务委员会三次拨款支持建立清洁生产示范工程。

1989 年 5 月，联合国环境署工业与环境规划活动中心制定了《清洁生产计划》，定义了清洁生产概念，开始在全球范围内推进清洁生产。经过 10 多年的探索，逐步把关注内容由"点"发展到"线"，开始关注生产全过程的污染根源的消除，形成了比较系统的理论，积累了大量的实践经验。本阶段清洁生产已经发展到关注产品整个生命过程的各个环节。

第三阶段从 1990 年开始。清洁生产在欧美的成功实施为清洁生产行业增添了信心。1992 年，联合国环境与发展大会通过了《21 世纪议程》，明确指出清洁生产是实现可持续发展的先决条件，号召工业界提高能效，开发清洁生产技术，更新、替代对环境有害的产品和原材料，实现环境和资源的保护和有效管理。

1998 年 10 月在韩国汉城（今首尔）举行了第 5 届国际清洁生产高级研讨会，旨在提供关于如何改善其监测指标的建议，以及建立更好的清洁生产地区性举措，许多国家和大型跨国公司参与和签署了《清洁生产国际宣言》。

2000 年 10 月，联合国环境规划署在加拿大蒙特利尔市召开了第六届清洁生产国际高层研讨会，会议指出：政府应将清洁生产纳入到所有公共政策的主体之中，企业应将清洁生产纳入到日常经营战略之中，并指明清洁生产是可持续发展战略引导下的一场新的工业革命。

2002 年 4 月，联合国环境规划署在捷克布拉格召开了第七届清洁生产国际高层研讨会，会议主要议题：进一步强化政府政策、坚持清洁生产制度建设、在国家经济发展政策与计划中使清洁生产成为主流、促进清洁生产的活动范围扩大到可持续消费领域、推行生命周期启动计划等。

2004 年 11 月，联合国环境规划署在墨西哥蒙特雷市召开了第八届清洁生产国际高层研讨会，会议主题是：环境与基本需求、全球挑战与商业。发达国家在清洁生产立法、组织机构建设、科学研究、信息交换、示范项目和推广等领域已取得显著成就，清洁生产已上升为社会经济发展的基本理论和要求。

通过联合国环境规划署一次次的清洁生产研讨会议，可以看出清洁生产在不断深化，人们对清洁生产的认识也在不断深入。各个国家的清洁生产也在如火如荼地发展。

2008 年 1 月 21~24 日，中国水泥工业节能减排和清洁发展国际培训研讨会在中国北京召开。

2010 年 3 月 17~18 日，由科技部国际合作司与欧盟科研总司主办的"中欧清洁生产技术研讨会"在北京成功召开，国际合作司续超前副司长、欧盟驻华使团公使衔参赞 Georges Papageorgiou 先生出席了开幕式并致词，来自中欧清洁生产技术研究领域的 140 多位专家和企业代表参加了本次研讨会。

2016 年 3 月 23~24 日，气候组织（The Climate Group）等机构在中国北京举办"2016 全球清洁技术峰会"，峰会正式启动"加速器 100"——聚焦国内外 100 项清洁技术，旨在夯实合作并促进其在中国融资和落地，加速推进中国的绿色发展进程。气候组织全球首席执行官 Mark Kenber 表示："具有历史性的巴黎协定指明了低碳的未来发展之路，全球的清洁技术已经具备了驱动全球低碳经济转型的能力，峰会正是一个全球领导力的对话平台，'加速器 100'旨在通过召集关键的利益相关方，共同部署和投资清洁技术，以帮助和支撑中国能源、工业和经济实现低碳转型。"

2019 年 11 月 13~15 日"第八届清洁生产进展国际研讨会"在中国海南三亚举办。此次大会聚集了来自中国、美国、澳大利亚等国家共 300 多名环境保护、生态治理、清洁生产等领域的专家学者，探讨从绿色经济到蓝色经济，对交流传播清洁生产最前沿的技术，指导构建健康的海洋生态系统，应对气候变化，以及引领沿海城市的可持续发展有着重大意义。本次大会分论坛主题包括"清洁生产技术""绿色贸易""环境管理""食物-能源-水耦合""碳""水资源""能值"等内容。在"全球清洁生产 40 年"专题论坛中，各国科学家回顾了过去在清洁生产理论与实践方面的成功经验。会议最后，与会专家还共同签署了主题为"清洁生产未来 40 年展望"三亚宣言。

2021 年 12 月 12~13 日，2021 年国际清洁生产与可持续性会议（CPS2021）成功在线上举办。此次会议由菲律宾德拉萨大学（De La Salle University）Anthony S. F. Chiu 教授担任大会主席，复旦大学环境科学与工程系王玉涛教授和菲律宾德拉萨大学 Kathleen Aviso 教授担任大会共同主席（Co-Chair）。本次会议的主题为"一带一路"倡议中的可持续消费与生产（Sustainable Consumption and Production in Belt and Road Initiatives），重点围绕"一带一路"倡议下跨区域产业清洁生产和可持续消费问题，探讨如何进一步落实"预防胜于治理"的清洁生产理念，推动"全生命周期思想"助力碳中和目标与区域可持续发展，促进"一带一路"国家清洁生产的研究合作与共同发展和气候变化治理等 SDGs 目标的实现。

2022 年 11 月 14 日，由联合国环境规划署-同济大学环境与可持续发展学院（IESD）主办的联合国绿色经济行动伙伴计划（PAGE）2022 年度会议在线上举行开幕式。本次研讨会是中国的高校——同济大学与联合国新一轮合作续约后促进绿色经济建设的一个重要举措。研讨会关注"包容性绿色经济转型"这一主题，剖析减污降碳的深层内涵。会议有来自联合国环境规划署（UNEP）、国际劳工组织（ILO）、联合国开发计划署（UNDP）、联合国工业发展组织（UNIDO）、上海市生态环境局、国家工业和信息化部、耶鲁大学、清华大学、复旦大学、中国石油大学、上海环境科学研究院、中国纺织工业联合会的 40 余位权威专家代表进行主题演讲。与会人员来自中国、瑞士、美国、墨西哥、印度、孟加拉国、喀麦隆、塞拉利昂、肯尼亚、哥伦比亚、赞比亚等十多个国家和地区。

2023 年 5 月 29 日~6 月 2 日，由气候与清洁空气联盟（CCAC）和联合国环境规划署

（UNEP）主办的"2023 气候与清洁空气大会：空气质量行动周"（Climate and Clean Air Conference 2023；Air Quality Action Week）在泰国曼谷联合国会议中心举行。该会议是近年来气候与清洁空气领域最盛大的旗舰活动之一，邀请国家和地方政府部门、国际组织、科研机构、行业组织的近 300 位代表齐聚一堂，分享交流相关领域的实践和解决方案。亚洲清洁空气中心（CAA）在大会期间组织了"中国十年清洁空气之路"专题分会，邀请来自中国、泰国、越南、菲律宾、印度尼西亚、马来西亚、柬埔寨、孟加拉国、老挝、日本等十余个国家的代表参会，助力中国十年治理经验走向亚洲。会上 CAA 还分享了《大气中国》系列报告，并以"十年清洁空气之路，中国与世界同行"（下称"报告"）为题报道了中国在空气质量改善、空气污染物和温室气体排放控制、能源、交通运输和重点工业行业减污降碳的关键进展。

2.1.2　我国清洁生产发展概况

我国清洁生产的形成和发展大致划分为四个阶段。

第一阶段（20 世纪 80 年代至 1992 年）为清洁生产准备阶段或萌芽阶段。清洁生产理念的引入与萌芽，并开始作为环境与发展的对策。20 世纪 80 年代，中国政府确定环境保护是一项基本国策，并提出"预防为主，防治结合"等一系列环境保护原则，制定和修改《中华人民共和国环境保护法》，确定"新建企业和现有工业企业的技术改造，应当采用资源利用率高、污染物排放量少的设备和工艺，采用经济合理的废弃物综合利用技术和污染物处理技术"。这个政策已经体现了清洁生产的思想。在第一次全国工业污染防治会议，第二次全国环境保护会议上，也明确了经济、社会、环境"三统一"方针，工业污染防治中的一些预防思路也体现了清洁生产的思想。但是，由于缺乏完整的法规、制度和操作等细则，清洁生产没有成为解决环境与发展的对策。

第二阶段（1992 年至 1999 年 5 月）为清洁生产试点示范推广阶段。通过试点示范，清洁生产从战略到实践取得了重大进展，1992 年 10 月中国积极响应参与联合国环境与发展大会可持续发展战略和《21 世纪议程》，将推行清洁生产写入《环境与发展十大对策》中，并把清洁生产作为中国环境与发展的对策之一。1993 年 10 月，第二次全国工业污染防治会议，确定了清洁生产在中国环境保护事业中的战略地位，标志着中国推行清洁生产的开始。1994 年，国务院通过《中国 21 世纪议程》，设立"开展清洁生产和生产绿色产品"方案领域，清洁生产成为中国可持续发展战略的重要组成部分，同时，国家经贸委组织选定 25 家企业进行清洁生产示范。1996 年，国务院《关于环境保护若干问题的决定》明确规定所有新、扩、改项目采用能耗物耗小、污染物少的清洁生产工艺。1997 年，国家环保局《关于推行清洁生产的若干意见》要求地方环保部门将清洁生产纳入已有的环境管理政策中，政府的工作重点由清洁生产政策研究转向政策制定。

第三阶段（1999～2002 年）为清洁生产大力推行阶段。1999 年 5 月，国家经贸委发布《关于实施清洁生产示范试点通知》，选择北京、上海等 10 个试点城市和石化、冶金等 5 个试点行业开展清洁生产示范和试点。清洁生产企业试点转向区域和行业试点，这使清洁生产得到进一步发展。与此同时，全国人大环境与资源保护委员会将《清洁生产法》的制定列入立法计划。2000 年，国家经贸委公布《国家重点行业清洁生产技术导向目录（第一批）》（5 个行业 57 项技术）。另外，陕西、辽宁、江苏、山西等许多省也制定和颁布了相应的地方性清洁生产政策和法规。2002 年 6 月 29 日第九届全国人大常委第二十八次会议通过

《中华人民共和国清洁生产促进法》，是中国实施清洁生产战略以来的一次飞跃，这标志着中国清洁生产进入法制化、规范化的发展轨道。随着《中华人民共和国清洁生产促进法》的公布实施，清洁生产具有了完整而系统的法律制度形式。

第四阶段（2003～2020年）为清洁生产发展完善阶段。为认真贯彻落实《中华人民共和国清洁生产促进法》（以下简称《清洁生产促进法》），加快推行清洁生产，提高资源利用效率，减少污染物的产生和排放，2003年12月17日，国务院办公厅发布的《国务院办公厅转发发展改革委等部门关于加快推行清洁生产意见的通知》（国办发〔2003〕100号）提出了要"提高认识，明确推行清洁生产的基本原则""统筹规划，完善政策""加快结构调整和技术进步，提高清洁生产的整体水平""加强企业制度建设，推进企业实施清洁生产"等意见，目的是通过推行清洁生产来达到保护环境，增强企业竞争力和促进经济社会可持续发展的目的。

2004年8月，中国颁布并实施《清洁生产审核暂行办法》，确定了自愿性审核和强制性审核协同推进的模式，建立了一系列清洁生产审核配套制度，以推动清洁生产审核工作。

在2006年颁布的《工业清洁生产评价指标体系编制通则（GB/T 20106—2006）》中，国家发改委编制了氮肥、电镀、钢铁、电池、制浆等30个重点行业的清洁生产评价指标体系。

环境保护部于2008年7月1日出台了《关于进一步加强重点企业清洁生产审核工作的通知》（环发〔2008〕60号），《重点企业清洁生产审核评估、验收实施指南》和《需重点审核的有毒有害物质名录》（第二批）作为该通知的附件同时颁布实施，标志着重点企业清洁生产审核评估验收制度的确立。

2010年由中华人民共和国工业和信息化部节能与综合利用司提出的《工业企业清洁生产审核　技术导则》（GB/T 25973—2010），规定工业企业开展清洁生产审核的术语和定义、基本原则、程序、技术要点、审核报告的编写。

截至2020年，中国陆续发布了58项国家清洁生产评价指标体系，促使清洁生产审核成为中国推进清洁生产最有效的手段和方法。

以上政策和标准的落地标志着我国清洁生产制度体系逐步走向完善。在此阶段，我国清洁生产工作取得了巨大成就，大量服务于清洁生产工作的内审员、评审专家和咨询机构如雨后春笋般成长起来，重点企业的清洁生产审核工作成效显著，获得非常显著的经济与环境效益。

随着《中华人民共和国清洁生产促进法》的公布实施，清洁生产具有了完整而系统的法律制度形式。

2.1.3　"十四五"时期对清洁生产的要求

党的十八大提出中国特色社会主义"五位一体"总布局，明确要大力推进生态文明建设，旨在通过推进绿色发展、循环发展，形成节约资源和保护环境的空间格局、产业结构、生产及生活方式，从源头上扭转生态环境恶化趋势。清洁生产作为实现环境优化经济发展的有效措施，政府部门、各行业企业以及清洁生产咨询机构和全体公民应充分认识到其重要性，以清洁生产工作促进经济转型，产业结构优化升级，充分发挥清洁生产在"五位一体"建设中的作用，为绿色、循环、低碳发展提供动力，促进生态文明建设取得成果。

"十四五"时期，我国生态文明建设进入了以降碳为重点战略方向、推动减污降碳协同增效、促进经济社会发展全面绿色转型、实现生态环境质量改善由量变到质变的关键时期；要把实现减污降碳协同增效作为促进经济社会发展全面绿色转型的总抓手。清洁生产作为从源头提高资源利用效率、减少或避免污染物和温室气体产生的有效措施和重要制度，可以有效推动污染防治从末端治理向源头预防、过程削减和末端治理全过程控制转变，实现节约资源、降低能耗、减污降碳、提质增效等多重目标，对推动减污降碳协同增效、加快形成绿色生产方式、促进经济社会发展全面绿色转型具有重要意义。

"十四五"时期促进清洁生产：一是要突出抓好工业清洁生产，加强高耗能高排放建设项目清洁生产评价，推行工业产品绿色设计，加快燃料原材料清洁替代，大力推进重点行业清洁低碳改造；二是加快推行农业清洁生产，推动农业生产投入品减量，提升农业生产过程清洁化水平，加强农业废弃物资源化利用；三是积极推动建筑业、服务业、交通运输业等其他领域清洁生产；四是加强清洁生产科技创新和产业培育，加强科技创新引领，推动清洁生产技术装备产业化，大力发展清洁生产服务业；五是深化清洁生产推行模式创新，创新清洁生产审核管理模式，探索清洁生产区域协同推进。

2.2　清洁生产的概念和主要内容

2.2.1　清洁生产的概念

清洁生产在不同的国家和地区以及在不同的发展阶段，存在着许多不同而含义相近的提法，使用着多种具有类似含义的术语。例如，欧洲国家有时称之为"少废无废工艺""无废生产"；美国则称之为"废料最少化""污染预防""减废技术"；日本多称之为"无公害工艺"。此外，还有"绿色工艺""生态工艺""环境工艺""过程与环境一体化工艺""再循环工艺""源削减""污染削减""再循环"等。这些不同的提法或术语实际上描述了清洁生产概念的不同方面。

清洁生产（cleaner production）这一术语，最早由联合国环境规划署在 1989 年提出使用。随着清洁生产实践的不断深入，其定义一再更新，在其诞生后的近十年中不断完善。不仅适用于生产过程，而且其原则和方法又逐步扩展到产品系统和服务活动，向着产品和服务生命周期的全过程发展。已由针对一般工业行业到包括服务行业在内的整个国民经济体系。其定义由只阐述其环境重要性发展到阐述包括其经济效益和环境效益的分析，形成了当前国际广为流行采用的术语。

1989 年联合国环境规划署提出的清洁生产的定义为："清洁生产是指将综合预防污染的环境策略持续地应用于生产过程和产品中，以减少对人类和环境的风险性。"

1996 年联合国环境规划署与环境规划中心对清洁生产重新定义为：**清洁生产是关于产品的生产过程的一种新的、创造性的思维方式。**清洁生产意味着对生产过程、产品和服务持续运用整体预防的环境战略以期增加生态效率并降低人类和环境的风险。对于产品，清洁生产意味着减少和降低产品从原材料使用到最终处置的全生命周期的不利影响。对于生产过程，清洁生产意味着节约原材料和能源，减少或不使用有毒原材料，在生产过程排放废物之前减少废物的数量并降低废物毒性。对服务要求将环境因素纳入设计和所提供的服务中。

1998 年在第五次国际清洁生产研讨会上，清洁生产的定义得到进一步的完善：清洁生产是将综合性预防的环境战略持续地应用于生产过程、产品和服务中，以提高效率，降低对人类和环境的危害。对生产过程来说，清洁生产是指通过节约能源和资源，淘汰有害原料，减少废物和有害物质的产生和排放；对产品来说，清洁生产是指降低产品全生命周期，即从原材料开采到寿命终结处置的整个过程对人类和环境的影响；对服务来说，清洁生产是指将预防性的环境战略结合到服务的设计和提供服务的活动中。

《中国 21 世纪议程》的定义：清洁生产是指既可满足人们的需要又可合理使用自然资源和能源并保护环境的实用生产方法和措施，其实质是一种物耗和能耗最少的人类生产活动的规划和管理，将废物减量化、资源化和无害化，或消灭于生产过程之中。同时对人体和环境无害的绿色产品的生产亦将随着可持续发展进程的深入而日益成为今后产品生产的主导方向。

2012 年 7 月 1 日起实施的新修订的《中华人民共和国清洁生产促进法》第二条对清洁生产给出了实用化的定义：**"本法所称清洁生产，是指不断采取改进设计、使用清洁的能源和原料、采用先进的工艺技术与设备、改善管理、综合利用等措施，从源头削减污染，提高资源利用效率，减少或者避免生产、服务和产品使用过程中污染物的产生和排放，以减轻或者消除对人类健康和环境的危害。"**

从上述概念可以看出，清洁生产不仅是指生产场所的清洁，还包括生产过程及产品的全生命周期内对自然环境没有污染，生产出来的产品是清洁产品和绿色产品。

清洁生产一经提出后，在世界范围内得到许多国家和企业的积极推进和实践，其最大的生命力在于可取得环境效益和经济效益的"双赢"，它是实现经济与环境协调发展的根本途径。

2.2.2　清洁生产的主要内容

清洁生产的主要内容可归纳为"三清一控制"四个方面。

（1）清洁的原料和能源

清洁的原料和能源是指产品生产中能被充分利用而极少产生废物和污染的原材料和能源。选择清洁的原料与能源是清洁生产的一个重要条件。

清洁的原料与能源的第一个要求，是能在生产中被充分利用。生产所用的大量原材料中，通常只有部分物质是生产中需用的，其余部分成为所谓的"杂质"，在生产的物质转换中常作为废物而弃掉，原材料未能被充分利用。能源则不仅存在"杂质"含量多少的问题，而且还存在转换比率和废物排放量大小的问题。如果选用较纯的原材料与较清洁的能源，则杂质少、转换率高、废物排放少，资源利用率也就越高。

清洁的原料与能源的第二个要求，是不含有毒物质。不少原料内含有一些有毒物质，或者能源在使用中、使用后产生有毒气体，它们在生产过程和产品使用中常产生毒害和污染。清洁生产应当通过技术分析，淘汰有毒的原材料和能源，采用无毒或低毒的原料与能源。

目前，在清洁生产原料和能源方面的措施主要有：清洁利用矿物燃料；加速以节能为重点的技术进步和技术改进，提高能源利用率；加速开发水能资源，优先发展水力发电；积极发展核能发电；开发利用太阳能、风能、地热能、海洋能、生物质能等可再生的新能源；选用高纯、无毒原材料。

（2）清洁的生产过程

产品生产过程中尽量生产无害、无毒中间产品，降低副产品产出，生产设备选择无废、少废的高效设备，降低生产施工中危险因素，科学、合理规划生产方案，提高生产人员的综合素质，生产物料遵循循环再利用原则，尽量使用操作简便的控制方法和生产工艺，健全和完善生产管理等。

（3）清洁的产品

清洁的产品，就是使用节约、节能原材料，避免生产中和生产后因原料问题危害健康和破坏环境，生产包装合理，便于处置、复用、降解、再生、回收。

清洁的产品包括：①产品设计应考虑节约原材料和能源，少用昂贵和稀缺的原料；②产品在使用过程中以及使用后不含危害人体健康和破坏生态环境的因素；③产品的包装合理；④产品使用后易于回收、重复使用和再生；⑤使用寿命和使用功能合理。

（4）贯穿于清洁生产中的全过程控制

它包括两方面的内容，即生产全过程控制和产品全生命周期控制。

生产全过程控制主要指的是，在进行清洁生产过程中，需要从最初的产品和原材料阶段进行控制，节约与控制产品生产的能源与原材料，并且对产品的能源与原材料进行检测，一旦发现是不合格或者有毒产品，必须及时地进行处理。同时，清洁能源生产过程中，必须要采取有效的措施，降低废弃物的整体排放量，避免生产过程中产生有毒气体，从而在一定程度上确保清洁生产整个过程的清洁性与安全性。

产品全生命周期控制主要指的是，不仅要对清洁生产原材料的选择以及提取过程进行控制，而且也包括对清洁产品最终的使用环节的控制，只有做到这些才能进一步实现清洁生产产品对人类的生活产生最小的影响。

2.3　清洁生产的目标和原则

2.3.1　清洁生产的目标

清洁生产的主要目标在于：实现生产全过程污染的优化控制、节能降耗技术的开发、协调污染排放与环境的相容、绿色产品的研制与生产。总之，清洁生产的目标就是减少污染物的产生，只有减少污染物的产生才能实现污染预防。

清洁生产内部涉及人类社会生产和消费两大领域，是生态和经济两大系统的结合点，它谋求达到两个目标：

① 清洁生产缓解来自能源消耗方面的压力。在进行清洁产品生产过程中，会涉及利用能源方面的问题。从目前我们国家能源的情况上看，随着工业企业发展步伐的不断加快，能源利用率的提高，各种自然资源呈现日益紧缺的发展状态。然而清洁生产需要以自身的实际情况为主要出发点，在降耗、减排以及节能的基础上，对自然资源进行合理的利用，寻找可以替代短缺性能源的一种全新资源，使得资源能够重复利用以缓解来自能源消耗方面的压力。

② 降低工业活动对清洁生产的不利影响。在清洁生产过程中，还会涉及污染物以及废弃物排放两个主要环节的控制，对此，清洁生产也在寻求一种全新的方式应对生产过程对环境的污染，确保生产与自然生态环境能够和谐共处，将工业清洁能源生产活动潜在风险降到最低。

2.3.2　清洁生产的原则

清洁生产遵循以下五个方面的原则。

① 战略性原则。清洁生产是污染预防战略，是实现可持续发展的环境战略。它有力量基础、技术内涵、实施工具、实施目标和行动计划。

② 预防性原则。传统的末端治理与生产过程相脱节，即"先污染、后治理"；清洁生产从源头抓起，实行生产全过程控制，尽最大可能减少甚至消除污染物的产生，其实质是预防污染。

③ 综合性原则。实施的末端治理与生产的措施是综合性的预防措施，包括结构的调整、技术进步和完善管理。

④ 统一性原则。传统的末端处理投入多、治理难度大、运行成本高，经济效益与环境效益不能有机结合；清洁生产最大限度地利用资源，将污染物消除在生产过程中，不仅环境状况从根本上得到改善，而且能源、原材料和生产成本降低，经济效益提高，竞争力增强，能够实现经济效益与环境效益相统一。

⑤ 持续性原则。清洁生产是个相对的概念，是个持续不断的、创新的过程，没有终极目标。随着技术和管理水平的不断创新，清洁生产应当有更高的目标。

2.4　清洁生产的作用和意义

清洁生产是一种全新的发展战略，它借助于各种相关理论和技术，在产品的整个生命周期的各个环节采取"预防"措施，将生产技术、生产过程、经营管理及产品等方面与物流、能量、信息等要素有机结合起来，并优化运行方式，从而实现最小的环境影响、最少的资源能源使用、最佳的管理模式以及最优化的经济增长水平。更重要的是，环境是经济的载体，良好的环境可更好地支撑经济的发展，并为社会经济活动提供所必需的资源和能源，从而实现经济的可持续发展。

（1）开展清洁生产是实现可持续发展战略的重要措施

可持续发展的两个基本要求，资源的永续利用和环境容量的持续承受能力，都可通过实施清洁生产来实现。清洁生产可以促进社会经济的发展，通过节能、降耗、节省防治污染的投入降低生产成本，改善产品质量，促进环境和经济效益的统一。清洁生产可以最大限度地使能源得到充分利用，以最少的环境代价和能源、资源的消耗获得最大的经济发展效益。

（2）开展清洁生产可减轻末端治理的负担

末端治理作为目前国内外控制污染最重要的手段，对保护环境起到了极为重要的作用。然而，随着工业化发展速度的加快，末端治理这一污染控制模式已不能满足新型工业化生产的需要。首先，末端治理设施投资大、运行费用高，造成工业生产成本上升，经济效益下降；其次，末端治理存在污染物转移等问题，不能彻底解决环境污染；再者，末端治理未涉及资源的有效利用，不能制止自然资源的浪费。清洁生产彻底改变了过去被动的、滞后的污染控制手段，强调在污染产生之前就予以削减，它通过生产全过程控制，减少甚至消除污染物的产生和排放，这样不仅能减少末端治理设施的建设投资，同时也减少了治污设施的运行费用，从而大大降低了工业生产成本。

（3）开展清洁生产是控制环境污染的有效手段

尽管国际社会为保护人类的生存环境做出了很大努力，但环境污染和自然环境恶化的趋势并未得到有效控制，全球性环境问题的加剧对人类的生存和发展构成了严重的威胁。造成全球环境问题的原因是多方面的，其中重要的一条是几十年来以被动反应为主的环境管理体系存在严重缺陷。清洁生产在产品及其生产过程和服务中减少污染物的产生和对环境的不利影响。这一主动行动，具有效率高、可带来经济效益、容易被企业接受等特点，因而已经成为和必将继续成为控制环境污染的一项有效手段。

（4）开展清洁生产是提高企业市场竞争力的最佳途径

实现经济效益、社会效益和环境效益的统一，提高企业的市场竞争力，是企业的根本要求和最终归宿。开展清洁生产的本质在于实行污染预防和全过程控制，它将给企业带来不可估量的经济效益、社会效益和环境效益。

清洁生产是一个系统工程，一方面它提倡通过工艺改造、设备更新、废物回收利用等途径，实现"节能、降耗、减污、增效"，从而降低生产成本，提高企业的综合效益；另一方面它强调提高企业的管理水平，提高包括管理人员、工程技术人员、操作工人在内的所有员工在经济观念、环境意识、参与管理意识、技术水平、职业道德等方面的素质。同时，清洁生产还可有效改善操作工人的劳动环境和操作条件，减轻生产过程对员工健康的影响，为企业树立良好的社会形象，有利于公众支持其产品，提高企业的市场竞争力。

（5）开展清洁生产是助力"双碳"目标实现的基础支撑

要实现"双碳"目标，必须通过以产业结构调整、行业节能和非化石能源发展为主要减排手段的减排行动，确保如期实现目标要求。清洁生产作为从源头上提高能源、资源利用效率，减少或避免污染物和温室气体产生的重要措施和手段，可以有效地推动污染防治从实现末端治理向源头预防、过程削减、全过程控制转变，实现节约资源、降低能耗、减污降碳、提质增效，对确保实现碳达峰、碳中和目标具有基础性支撑作用。

清洁生产对推动减污降碳协同增效、助力实现碳达峰、碳中和所起的作用主要体现在 3 个方面：①有助于推动全社会节能降碳。清洁生产强调使用清洁低碳能源，通过不断改善管理和技术进步，实现从源头到末端全流程节能降碳。随着清洁生产推行工作的持续推进，能够有力促进各领域能源利用效率提升。②有助于减少污染物排放。清洁生产要求减少或避免生产、服务和产品使用过程中污染物的产生和排放，提升生态环境质量。③有助于促进产业结构绿色低碳转型升级。清洁生产对全生产过程、全产业链和产品全生命周期提出绿色低碳要求，持续带动产业绿色低碳技术的研发和推广应用，推动构建绿色生产方式，促进产业转型升级。

2.5　清洁生产与可持续发展

2.5.1　可持续发展的定义

联合国世界环境与发展委员会（WECO）提出的可持续发展（sustainable development）是既满足当代人需要，又不对后代满足其需要的能力构成危害的发展。

可持续发展意味着国家内部和国际公平，意味着要有一种支援性的国际经济环境，从而使得各国，特别是发展中国家能持续经济增长与发展，这对于环境的良好管理也具有很重要的意义。

我国学者对这一定义做了如下补充：可持续发展是不断提高人群生活质量和环境承载能力的、满足当代人需求又不损害子孙后代满足其需求能力的、满足各地区或一个国家自身需求又不损害别的地区或国家人群满足其需求能力的发展。

目前，可持续发展观念已渗透到自然科学和社会科学诸多领域。它要求人们要珍惜自然环境和资源，在满足当代人的需要的同时，又不对后代人满足其需要的能力构成危害。可持续发展已逐渐成为人们普遍接受的发展模式，并成为人类社会文明的重要标志和共同追求的目标。

2.5.2   可持续发展的内容

强调发展。发展是满足人类自身需求的基础和前提。人类要继续生存下去，就必须强调经济增长，但这种增长不是以牺牲环境为代价的，而是以保护环境为核心的可持续的经济增长，通过经济增长保证人类的生存与发展，并把消除贫困作为实现可持续发展的一个重要条件。

强调协调。经济增长目标、社会发展目标与环境保护目标三者之间必须协调统一，即环境与经济协调发展。经济增长速度不能超过自然环境的承载能力，必须以自然资源与环境为基础，同环境承载能力相协调。要考虑环境和资源的价值，将环境价值计入生产成本和产品价格中，建立资源环境核算体系，改变传统的生产方式和消费方式。

强调公平。既要体现当代人在自然资源利用和物质财富分配上的公平，也要体现当代人和后代人之间的代际公平；不同国家、不同地区、不同人群之间也要力求公平。

2.5.3   可持续发展的原则

（1）公平性（fairness）原则

可持续发展强调发展应该追求两方面的公平：一是本代人的公平即代内平等。可持续发展要满足全体人民的基本需求和给全体人民机会以满足他们要求较好生活的愿望。要给世界以公平的分配和公平的发展权，要把消除贫困作为可持续发展进程特别优先的问题来考虑。二是代际间的公平即世代平等。要认识到人类赖以生存的自然资源是有限的，本代人不能因为自己的发展与需求而损害人类世世代代满足需求的条件——自然资源与环境，要给世世代代以公平利用自然资源的权利。

（2）持续性（sustainability）原则

持续性原则的核心思想是指人类的经济建设和社会发展不能超越自然资源与生态环境的承载能力。这意味着，可持续发展不仅要求人与人之间的公平，还要顾及人与自然之间的公平。资源和环境是人类生存与发展的基础，离开了资源和环境，就无从谈及人类的生存与发展。可持续发展主张建立在保护地球自然系统基础上的发展，因此发展必须有一定的限制因素。人类发展对自然资源的消耗速率应充分顾及资源的临界性，应以不损害支持地球生命的大气、水、土壤、生物等自然系统为前提。换句话说，人类需要根据持续性原则调整自己的生活方式、确定自己的消耗标准，而不是过度生产和过度消费。发展一旦破坏了人类生存的物质基础，发展本身也就衰退了。

（3）共同性（common）原则

鉴于世界各国历史、文化和发展水平的差异，可持续发展的具体目标、政策和实施步骤不可能是唯一的。但是，可持续发展作为全球发展的总目标，所体现的公平性原则和持续性原则是应该共同遵从的。要实现可持续发展的总目标，就必须采取全球共同的联合行动，认识到地球的整体性和人们的相互依赖性。从根本上说，贯彻可持续发展就是要促进人类之间及人类与自然之间的和谐。如果每个人都能真诚地按共同性原则办事，那么人类内部及人与自然之间就能保持互惠共生的关系，从而实现可持续发展。

2.5.4　可持续发展的特征

目前，关于可持续发展的定义多种多样。经济学家侧重保持和提高人类的生活水平，生态学家的侧重点则放在生态系统的承载能力方面。但基本共识是，可持续发展至少应包含以下三个特征。

① 生态可持续性。不超越生态环境系统更新能力的发展，使人类的发展与地球承载能力保持平衡，使人类生存环境得以持续。

② 经济可持续性。在保护自然资源的质量及其所提供服务的前提下，使经济发展的利益增加到最大限度。

③ 社会可持续性。可持续发展要以改善和提高生活质量为目的，与社会进步相适应。是一种在保护自然资源基础上的可持续增长的经济观，人类与自然和谐相处的生态观以及对当今后世公平分配的社会观。

生态可持续、经济可持续和社会可持续三个特征之间互相关联而不相侵害。

孤立追求经济持续必然导致经济崩溃，孤立追求生态持续不能遏制全球环境的衰退。生态持续是基础，经济持续是条件，社会持续是目的。人类共同追求的应该是自然经济社会复合系统的持续、稳定、健康发展。

2.5.5　清洁生产与可持续发展的关系

清洁生产给人们以全新的概念，即把工业生产污染预防纳入可持续发展战略的高度，可持续发展理论成为清洁生产的理论基础，清洁生产是可持续发展理论的实践，实施清洁生产是走向可持续发展的必然选择。

（1）清洁生产与可持续发展是社会发展的必然要求

我们国家社会不断发展与进步，推动工业企业不断发展，各种产品的种类以及数量也在与日俱增，虽然人们的生活质量得到大幅度的提高，但是自然环境资源受到严重的威胁。为了能够在一定程度上对人类生存的自然生态环境进行保护，在进行工业产品生产过程中，必须对工业污染物排放量以及排放种类制定严格的标准。为了更好地满足这些标准，实现工业企业健康可持续发展，必须进行清洁生产。因此说，清洁生产与可持续发展是社会发展的必然要求。

（2）清洁生产是可持续发展战略的重要突破

第一，清洁生产推广使得人们的思想与观念发生根本性的转变，并且也是保护环境以及生态自然资源可持续发展从被动向主动的一种转变。第二，清洁生产从资源节约和环境保护两个方面对工艺产品生产从设计开始到产品使用后直至最终处置，给予了全过程的考虑和要求，它不但对生产，而且对服务也要求考虑对环境的影响。最后，它对工业废物实行费用有效的源削减，一改传统的不顾费用有效或单一末端控制办法。采取传统的方式不仅会对周边的生态环境以及土壤、水资源造成不同程度的污染，而且重复地运用这种转移处理方式，会使污染物呈现恶性循环的状态，从而对原本的自然生态环境进行破坏。同时，一旦工业污染物处理存在着技术或者是处理失误性问题，也会引发污染物二次污染问题，进而加重污染物对自然生态环境的污染程度，不利于生态环境的可持续性发展。与末端处理相比，清洁生产可以提高企业的生产效率和经济效益，从而成为受到企业欢迎或可接受的一种新生事物。第三，清洁生产是通过产品设计、原料选择、工艺改革、技术管理、生产过程内部循环利用等环节的科学化与合理化，使工业生产最终产生的污染物最少的工业生产方法和管理思路。它体现了工业可持续发展的战略，保障了环境与经济协调发展。因此，推行清洁生产已成为世界各国工业界、环境界、经济界、科学界的共识。

总之，清洁生产是未来我们国家工业生产企业主要的发展方向，清洁生产方式的推行，能够改变传统相对比较落后的生产方式，在工业生产过程中做到能源节约与生态环境保护。同时，清洁生产也能够为企业创造出显著的经济效益与社会效益，清洁生产所生产的产品与设备的应用，也会带动相关企业的发展。因此，从环境保护与经济发展两个角度看，推行清洁生产符合我们国家可持续发展战略的相关要求。

2.6　清洁生产与循环经济

人类文明经历了渔猎文明、农业文明、工业文明，每一种文明的出现都是一种先进生产关系代替一种落后生产关系的表现形式，这主要是受生产力与生产关系的客观规律影响。随着社会的发展，经济发展与环境之间的关系已经不是最初的朴素而和谐的关系，二者的关系随着工业文明的发展变得日益焦灼。突出表现为环境污染的日益严重，不可再生资源的日益匮乏，等等。自 20 世纪 90 年代以来，国际社会开始推行清洁生产与循环经济，把清洁生产与循环经济视为实现人类社会可持续发展的重要实现方式。循环经济以"低开采、高利用、低排放"为特征，以"3R"，即减量化、再利用和再循环为最基本原则，实现企业层面（小循环）、区域层面（中循环）和社会层面（大循环）三层面的物质闭环流动。发展循环经济已经成为一股潮流和趋势。清洁生产和循环经济都是在可持续发展战略理论研究和实践不断深化的基础上发展起来的，两者之间存在着不可分割的内在联系。清洁生产是循环经济的基石，循环经济是清洁生产的最终发展目标，是实现可持续发展战略的必然选择和保证。

2.6.1　循环经济理念及其产生背景

循环经济的思想萌芽于 20 世纪 60 年代，源于美国经济学家鲍尔丁提出的"宇宙飞船经济理论"。鲍尔丁对传统工业经济"资源—产品—排放"的"开环"方式提出了批评。几乎同时，美国生物学家蕾切尔·卡逊出版了《寂静的春天》一书，对"杀虫剂"等化学农药破坏食物链和生物链的恶果进行了控诉。1972 年罗马俱乐部在《增长的极限》报告中倡导"零增长"。1992 年联合国环境与发展大会发表了《里约宣言》和《21 世纪议程》，可持续发展观深入人心。2002 年世界环境与发展大会决定在世界范围内推行清洁生产并制订行动计划。在此背景下，循环经济理念应运而生。循环经济（circular economy）就是指在生产、流通和消费等过程中进行的减量化、再利用、再循环活动的总称。循环经济的理论基础是工业生态学，运用工业生态学规律指导经济活动的循环经济，是建立在物质、能量不断循环使用的基础上与环境友好的新型模式。它融资源综合利用、清洁生产、生态设计和可持续发展与消费等为一体，把经济活动重组为"资源利用—产品—再生资源"的封闭流程和"低开采、高利用、低排放"的循环模式，强调经济系统与自然生态系统和谐共生，包括大、中、小三个层面，即企业、区域和社会层面。循环经济理念的产生和发展是人类对人与自然关系深刻反思的结果，是人类社会发展的必然选择。

2.6.2　循环经济的内涵

循环经济是对物质闭环流动型经济的简称。循环经济是在深刻认识资源消耗与环境污染关系的基础上，以提高资源与环境效率为目标，以节约资源和物质循环利用为手段，以市场机制为推动力，在满足社会发展需要和经济上可行的前提下，实现资源效率最大化、废弃物排放和环境污染最小化的一种经济发展模式。

循环经济模式是相对于传统工业经济模式而言的。

2.6.3　循环经济模式与线性经济模式

人类工业化以来，经济高速发展，但所走的道路是：自然资源—产品和用品—废物排放。这是一种"高开采、低利用、高排放"（二高一低）的线性经济。在线性经济中，生产系统内是一些相互不发生关系的线性物质流叠加，进入系统和离开系统的物质流远大于系统内的物质交流，造成地球资源大量开发和破坏，自然环境恶化。

线性经济相伴随的是产生大量废物，从而浪费资源并污染环境。资源的浪费减少人类可利用量，从而威胁人类（特别对后代人）的生存时限。而环境污染影响当前的生存，必须进行治理，这种治理从全过程而言是末端治理。它的弊病是：①末端治理是问题发生后的被动措施，因此不可能从根本上避免污染发生；②末端治理随着污染物浓度降低，治理难度和成本必然越来越高，它在一定程度上抵消了经济增长带来的收益，甚至超过产品的价值，因而无法治理；③由末端治理而形成的环保市场，实质上产生的是虚假的和恶性的经济效益；④末端治理趋向于维持现有的技术体系，而不是促使其革新，从而抑制技术进步；⑤末端治理使得组织满足于遵守环境法规，而不是去开发少污染的新技术和生产方式；⑥末端治理缺乏对全球环境整体意识，容易造成环境与发展之间的矛盾以及各领域间的隔阂；⑦由于经济和技术的差异，末端治理阻碍发展中国家直接进入更为现代化的经济方式，加大在经济和环境方面对发达国家的依赖。

循环经济是物质闭环流动型经济的简称，是20世纪90年代在可持续发展战略的影响下，认识到当代资源枯竭和环境问题日益恶化的根本原因是人类以"高开采、低利用、高排放"为特征的线性经济模式发展。为此提出应在资源环境不退化甚至得到改善的情况下促进经济增长，应该建立一种以物质闭环流动为特征的经济，即循环经济，从而实现可持续发展所要求的战略目标。线性经济本质上是把资源持续不断变成废物的过程，通过反向增长的自然代价来实现经济的数量型增长。而循环经济倡导一种与地球和谐的经济发展模式。它把经济活动组织成一个"资源—产品—再生资源"的反馈式流程，所有的资源和能源在这个不断进行的经济循环中得到合理和持久的利用，从而把经济活动对自然环境的影响降低到尽可能小的程度。循环经济本质上是一种生态经济，它运用生态学规律指导人类社会的经济活动。

循环经济与线性经济的根本区别在于：线性经济是将一些相互不发生关系的线性物质流叠加，由此造成出入系统的物质流远远大于内部相互交流的物质流，造成经济活动的"高开采、低利用、高排放"；而循环经济则在系统内部以互联的方式进行物质交换，以达到最大限度利用进入系统的资源和能源的目的，从而能够形成"低开采、高利用、低排放"。循环经济系统通常包括四类主要行为者：资源开采者、产品制造者、消费者和废物处理者。由于存在反馈式、网络状的相互联系，系统内不同行为者之间的物质流可以远远高于出入系统的物质流。循环经济可以为优化人类经济系统各个组成部分之间关系提供整体性的思路，为工业化以来的传统经济转向可持续发展的经济提供战略性的理论范式，从而从根本上消解长期以来环境与发展之间的尖锐冲突。

2.6.4 循环经济的"3R"原则

循环经济的"3R"原则指的是减量化、再利用和再循环。

（1）减量化（reduce）原则

循环经济的第一原则是要减少进入生产和消费流程的物质量，因此减量化又叫减物质化，即必须将重点放在预防废物产生而不是产生后治理上。在生产中，减量化原则常常表现为要求产品包装简单朴实而不是豪华浪费，从而达到减少废物排放的目的。制造厂可以通过减少每个产品的物质使用量，通过重新设计制造工艺来节约资源和减少排放；日常生活中，人们可以减少对物品的过度需求等。

（2）再利用（reuse）原则

循环经济的第二原则又称再利用或反复利用原则。指将废物直接作为产品或者经修复、翻新、再制造后继续作为产品使用，或者将废物的全部或者部分作为其他产品的部件予以使用。再利用原则属于过程性方法，目的是延长产品和服务的时间强度。它要求产品和包装容器能够以初始的形式被多次使用，而不是用过一次就废弃，以遏制当今世界一次性用品的泛滥。在生产中，对许多零配件制定统一标准，或者以便捷的方式提供零配件，使产品不至于因个别零配件的损坏而被整体抛弃，只需要更换个别零件即可正常使用，如计算机等能非常容易和便捷地升级换代，而不必更换整个产品。任何一种物品在抛弃之前，应该检查和评价一下它在家中或单位里再利用的可能性。当然，确保再利用的简易方法是对物品进行修理而不是频繁更换，尽量延长物品或其部件的再利用期限。

（3）再循环（recycle）原则

再循环原则也称资源化原则，是通过把废物再次变成资源以减少最终处理且最大限度利用资源，它属于输出端方法。所谓资源化就是指把已完成使用的物质返回到工厂，经处理后再融入新的产品之中。资源化能够减少垃圾填埋场和焚烧场的压力。资源化有两种方式：原级资源化方式和次级资源化方式。原级资源化方式是将消费者遗弃的废物经资源化后制成与原来相同的新产品（废塑料制品制成塑料制品、废报纸制成报纸、废铝罐制成铝罐等）；次级资源化方式是将废物作为原料之一生产其他类型的新产品。由于原级资源化在减少原材料消耗上达到的效率比次级资源化高得多，是循环经济追求的理想境界。与资源化过程相适应，消费者和生产者均应增强意识，通过生产和购买使用最大比例再生资源制成的产品，使循环经济的整个过程实现闭合。

（4）循环经济基本原则的优先顺序

"3R"原则在循环经济中的作用、地位并不是并列的。循环经济不是简单地通过循环利用实现废物资源化，而是强调在优先减少资源能源消耗和减少废物产生的基础上综合运用"3R"原则。循环经济的根本目标是要求在经济流程中系统地避免和减少废物，而废物再生利用只是减少废物最终处理量的方式之一。

"3R"原则的优先顺序是：减量化—再利用—再循环（资源化）。减量化原则优于再利用原则，再利用原则优于再循环原则，本质上再利用原则和再循环原则都是为减量化原则服务的。

减量化原则是循环经济的第一原则，其主张从源头就应有意识地节约资源、提高单位产品的资源利用率，目的是减少进入生产和消费过程的物质流量、降低废弃物的产生量。因此，减量化是一种预防性措施，在"3R"原则中具有优先权，是节约资源和减少废弃物产生的最有效方法。

再利用原则优于再循环原则，它是循环经济的第二原则，属于过程性方法。依据再利用原则，生产企业在产品的设计和加工生产中应严格执行通用标准，以便于设备的维修和升级换代，从而延长其使用寿命；在消费中应鼓励消费者购买可重复使用的物品或将淘汰的旧物品返回旧货市场供他人使用。

再循环原则本质上是一种末端治理方式，它是循环经济的第三原则，属于终端控制方法。废物的再生利用虽然可以减少废物的最终处理量，但不一定能够减少经济活动中物质和能量的流动速度和强度。再循环主要有以下特点：

① 依据再循环原则，为减少废物的最终处理量，应对有回收利用价值的废物进行再加工，使其重新进入市场或生产过程，从而减少资源的投入量。

② 再循环是针对所产生废物采取的措施，仅是减少废物最终处理量的方法之一，它不属于预防措施，而是事后解决问题的一种手段，在减量化和再利用均无法避免废物产生时，才采取废物再生利用措施。

③ 有些废物无法直接回收利用，要通过加工处理使其变成不同类型的新产品才能重新利用。再生利用技术是实现废物资源化的处理技术，该技术处理废物也需要消耗水、电和化石能源等物质，所需的成本较高，同时在此过程中又产生了新的废物。

2.6.5　循环经济的三种循环模式

（1）企业层面（小循环）

1992 年，世界工商企业可持续发展理事会（WBCSD）向环境与发展大会提交的报告《变革中的历程》提出了生态经济效益的新概念。在共同的生态经济效益理念下，新概念有力地推动了循环经济在企业层次上的实践，它要求组织企业生产层面上物料和能源的循环，从而达到污染排放的最小量化。WBCSD 提出，实施生态经济效益的企业应该做到：尽量减少产品和服务中的物料使用量和能源使用量；减少有害、有毒物质的排放；促使和加强物质的循环使用；最大限度地利用可再生资源；设计和制造耐用性高的产品；提高产品与服务的服务强度；等等。

在企业内，根据生态效率的理念，推行清洁生产，节能降耗，减少产品和服务中物料和能源使用量，实现污染物排放的最小量化。要求企业做到：尽量减少产品和服务的物料使用量；减少产品和服务的能源使用量；减少有害特别是有毒物质的排放；加强物质的循环使用；最大限度地利用可再生资源；设计和制造耐用性高的产品；提高产品和服务的服务强度。

厂内废物再生循环有下列几种情况：将工艺中流失的物料回收后仍作为原料返回原来的工序之中，如造纸厂"白水"中回收纤维再作纸浆；将生产过程中生成的废物经适当处理后作为原料或原料替代物返回原生产流程中，如铜电解精炼中的废电解液，经处理后提出其中的铜再返回到电解精炼流程中，许多工艺用水，经初步处理后可回到原工艺中；将某一工序中生成的废料经适当处理后作为另一工序中的原料。

（2）区域层面（中循环）

一个企业内部循环会有局限，鼓励企业间物质循环，组成"共生企业"，实现区域层面的循环经济。这种共生的"工业生态系统"通常以生态产业链组成的生态产业园区的形式出现，把不同的企业联合起来形成共享资源和互换副产品的工业共生组合，使得这家企业的共享资源和互换副产品的产业共生组合，使得一家企业的废气、废热、废水、废物等成为另一家企业的原料和能源。

在区域层面上建立生态工业园区式的工业生态系统、生态农业和生态园区（生活小区）。一个企业内部循环会有局限，鼓励企业间物质循环，组成"共生企业"。1993年起，生态工业园区建设逐渐在各国推开。我国从1999年开始基于循环经济理念的生态工业示范园区的建设，首先启动广西贵港国家生态工业（制糖）示范园区的规划建设。这是我国最典型的一个案例。在区域层面上除建立生态工业园区式的工业生态系统外，还有生态农业园和生态园区（生活小区）等。

生态工业园区的循环经济形式对传统企业管理提出了两个方面的问题：

传统企业管理的主要力量集中在产品的开发和销售，而往往把废物管理和环境问题放在次要地位。而在生态工业园区内则要求废物的利用，要同开发和销售产品一样重视，将企业间所有物质与能源作最优化交换。

传统的企业管理在企业间激烈竞争的背景下建立了竞争力的信条。而工业生态系统要求企业间不仅仅是竞争关系，还应建立起一种超越门户的管理形式，以保证全社会资源的最优化利用。

（3）社会层面（大循环）

大循环即通过废弃物的再生利用，实现消费过程中和消费过程后物质和能量的循环。大循环有两个方面的内容，包括政府的宏观政策指引和公众的微观生活行为。依靠政府宏观政策的指引，公众规范微观生活行为，通过废旧物资的再生利用，实现消费过程中和消费过程后物质和能量的循环。

循环型社会是以人类社会发展与自然和谐统一的生态原理为指导原则，通过实现从国家发展战略，社会的运行机制，到社会各层次主体的思想意识、行为方式及社会经济发展模式全方位的向可持续发展的轨道上的转变，达到以循环经济的运行模式为核心，减少生态破坏、资源耗竭、环境污染，实现社会、经济系统的高效、和谐，物质上的良性循环，达到环境与经济的双赢目的，从而实现社会的可持续发展。向循环经济社会转变的核心内容是建立循环经济的经济运行模式，即将可持续发展战略贯彻到社会、经济、文化各个方面。

20世纪90年代起，以德国为代表，发达国家将生活垃圾处理的工作重点从无害化转向减量化和资源化，这实际上是在全社会范围内、在消费过程中和消费过程后的广阔层次上组织物质和能源的循环。1991 年，德国首次按照循环经济思路制定了《包装条例》，要求德国生产商和零售商对于包装，首先要避免其产生，其次要对其回收利用，以大幅度减少包装废物填埋与焚烧的数量。1996 年德国公布更为系统的《循环经济和废物管理法》，把物质闭路循环的思想从包装问题推广到所有的生活废物。20 世纪 90 年代以来，德国的生活垃圾处理思想在世界上产生了很大的影响。欧盟各国、美国、日本、澳大利亚、加拿大等国家都已经先后按照避免废物产生的原则制定了新的废物管理法规。更有人提出 21 世纪应该建立以再利用再循环为基础，以再生资源为主导的世界经济。其典型模式是德国的双轨制回收系统（DSD），针对消费后排放的废物，通过一个非政府组织，该组织接受企业的委托，对其包装废物进行回收和分类，分别送到相应的资源再利用厂，或直接返回到原制造厂进行循环利用。DSD 在德国十分成功地实现了包装废物在整个社会层次上的回收利用。

2.6.6　清洁生产与循环经济的关系

清洁生产和循环经济都是在可持续发展战略理论研究和实践不断深化的基础上发展起来的。清洁生产是循环经济的基石，循环经济是清洁生产的扩展。在理念上，它们有共同的时代背景和理论基础；在实践中，它们有相通的实施途径，应相互结合。

（1）清洁生产和循环经济的提出基于相同的时代要求

工业革命以来，特别是 20 世纪中叶以来，随着人类生产力的提高，以及世界人口的急剧膨胀，人类活动对生态环境的影响越来越大，传统的经济增长方式掠夺式地开采各种自然资源，并且无节制地向自然排放各种污染物，造成全球范围内环境恶化、资源耗竭等问题，人类的生存和发展遭受到严重的威胁。正是在这种情形下，人们逐渐认识到社会经济与环境、资源协调发展的重要性，提出了可持续发展战略思想，提出在环境、资源承载力能够承受的范围内发展社会经济。清洁生产和循环经济正是为了协调经济发展和环境、资源之间的矛盾应运而生的。

（2）清洁生产和循环经济均以工业生态学作为理论基础

工业生态学以生态学的理论和观点考察工业代谢过程，即从原材料采掘、原材料生产、产品制造、产品使用以及产品用后处理的物质转化全过程，研究工业活动和生态环境的相互关系，调整和改进当前工业生态链结构的原则和方法，建立新的物质闭路循环，使工业生态系统与生物圈兼容并持久生存下去。工业生态学为经济生态的一体化提供了思路和工具，清洁生产和循环经济同属于工业生态学大框架中的主要组成部分，均以工业生态学作为理论指导。

（3）清洁生产和循环经济有共同的目标和实现途径

清洁生产和循环经济两者都强调源头控制，清洁生产通过从源头减少废弃物的产生开始削减污染，而循环经济中的减量化原则，也是通过减少进入生产和消费环节的物质量从源头预防污染的产生。同时，清洁生产和循环经济都注重经济效益的提高，注重经济效益和环境效益的协调统一。从实现途径来看，清洁生产和循环经济也有很多相通之处。清洁生产的实现途径可以归纳为两大类，即源削减和再循环，包括：减少资源和能源的消耗，重复使用原料、中间产品和产品，对物料和产品进行再循环，尽可能利用可再生资源，采用对环境无害的替代技术等。而循环经济实施的"减量化、再利用、再循环"指导原则就源于此。

（4）清洁生产和循环经济的实施层次不一样

清洁生产和循环经济最大的区别是在实施的层次上。在企业层次实施清洁生产就是小循环的循环经济，一个产品、一台装置、一条生产线都可采用清洁生产的方案，在园区、行业或城市的层次上，同样可以实施清洁生产。而广义的循环经济是需要相当大的范围和区域的，如日本称为建设"循环型社会"。推行循环经济由于覆盖的范围较大，相关的部门较广，涉及的因素较多，见效的周期较长，不论是哪个单独的部门恐怕都难以担当这项筹划和组织的工作。

总之，清洁生产和循环经济之间存在着不可分割的内在联系。清洁生产和循环经济都是在实现人类社会经济可持续发展的愿望下发展起来的，清洁生产在组织层次上是将环保延伸到组织的一切有关领域，而循环经济是将环保扩大到国民经济的一切领域。就实际运作而言，在推行循环经济过程中，需要解决一系列技术问题，清洁生产为此提供了必要的技术基础。清洁生产是循环经济的微观基础，是循环经济的本质和前提，是实现循环经济的最佳方式和基本途径，而循环经济是清洁生产的最终发展目标，是实现可持续发展战略的必然选择和保证。

2.7　清洁生产与节能减排

2.7.1　节能减排的内涵

节能减排就是节约能源、降低能源消耗、减少污染物排放。是指加强用能管理，采取技术上可行、经济上合理以及环境和社会可以承受的措施，从能源生产到消费的各个环节，降低消耗、减少损失和污染物排放、制止浪费，有效、合理地利用能源。

2.7.2　节能减排的主要途径

（1）调整产业结构，完善交易机制和税收体系

要以产业结构调整为节能减排的重要抓手，以构建良好的排放权市场交易机制为主要途径，以建立绿色税收体系为关键环节，以完善节能减排政府补贴激励政策为有效保障，以建立绿色信贷金融体系为重要依托，以积极调整外资引进结构为合理渠道不断调整产业结构。

（2）加强节能减排技术的创新和系统应用

加大科技扶持力度提升技术创新空间，政府应加大对关键技术的自主创新和升级换代的补贴力度。在科技研发的经费投入有限的情况下，通过各项补贴的实施，有效激发科研机构和企业的技术创新原动力；加强产学研联合提高低碳节能技术的系统性，将高校和科研机构的科研积极性充分调动起来，使之服务于企业技术创新需求，促进联合开发、委托开发和咨询服务方式综合运用，注重将产学研合作的重心由基于科技成果的合作向注重技术创新能力的合作转变。

（3）完善碳税和碳交易市场化模式

相关研究发现碳税征收对温室气体减排具有一定作用。另外，从碳交易的方面来看，要不断规范碳交易市场，促进行业实现低碳转型升级改造，碳交易市场可以作为低碳政策化落实的重要场所之一。通过建设全国性质的碳交易市场，从而扩大碳交易市场的覆盖范围。针

对不同行业的发展需求，结合能源消费的特点、行业规定以及国家政策等对碳交易进行科学合理的配额，并明确可交易的品种以及方式，以推动产业结构的升级转型，为实现节能减排打下良好的基础，提供途径。

（4）构建低碳城市倡导绿色消费模式

制定中长期目标达成愿景，在没有超越主权国家存在的现实情景中，努力通过国家间的政治协商达成减排共识，并依据各国不同的国情制定减排目标，以实现共同愿景；提高城市空间利用率降低城市建筑能耗，通过进行科学的城市规划，将生态建设和经济建设统筹考虑，避免人口集聚造成环境承载压力过大，同时，通过科技手段和资金投入，将城市化过程中产生的污染降低到较低水平，提高城市空间利用效率，建设绿色城市；公民转变行为模式践行可持续的生活方式，应该提倡生活领域的节能减排，推行绿色生活方式，从身边小事做起，节省高碳产品的使用，实行可持续消费模式，建设节能社会、绿色社会。

2.7.3　清洁生产与节能减排的关系

（1）关于政策的关系

随着现代化的发展越来越快，国家开始注意现代化的脚步，对于现代化的生产进行合理化管理，国家通过政策的调控对现代的生产脚步进行宏观调控，通过不同的政策来管理不同的企业，对于现代的企业生产而言，清洁生产和节能减排都是对现代可持续发展道路的最好体现。针对现代企业进行合理的清洁生产和节能减排政策管理，可以更好地指引现代企业进行自我发展和自我提升。

（2）关于企业的关系

清洁生产和节能减排的关系对于企业而言，两者有机的结合，才能真正地帮助企业进行现代的发展。在进行企业生产过程中，首先企业应该对自己的问题进行有效了解，帮助企业进行自我认知，了解自身存在的问题，针对问题进行有效分析，然后解决问题。清洁生产与节能减排的不同点是：清洁生产是正常生产工作，节能减排为一种生产模式。对企业而言，清洁生产与节能减排可以进行有机结合，认真的实施清洁生产，企业也会从中得到好处，清洁生产更应该建立一个平台，进行生产流程的优化，对于现代的生产过程更应该进行自我提升。认真实施清洁生产，企业将较全面地得到提升，逐步从生产型向知识型转变，从生产流程畅通向生产流程优化转变。

总之，节能减排是清洁生产的最终目标和主要宗旨，而清洁生产又是节约资源和减少污染物排放最直接、最有效的手段。从近年来国内外生产实践来看，清洁生产已经成为节约资源消耗、减少污染物排放，改善生态环境质量不可缺少的重要组成部分，实施清洁生产是我国政府和企业开展节能减排的最佳途径和重要抓手。

复习思考题

1. 什么是清洁生产？试述清洁生产的主要内容。
2. 简述清洁生产的作用和意义。

3. 简述"十四五"时期对清洁生产的要求。

4. 怎样理解可持续发展？试述清洁生产与可持续发展的关系。

5. 什么是循环经济？它与线性经济有什么区别？

6. 简述循环经济的"3R"原则及其应用。

7. 简述节能减排的主要途径。

第 3 章

清洁生产的理论基础

3.1 物质平衡理论

3.1.1 物质平衡理论概念

物质平衡理论萌芽于 1966 年的《即将到来的太空舱经济》。其特点是从能量守恒定律的角度来处理经济和环境系统中的问题。其主要内容包括了热力学三大定律的前两条，即能量守恒定律和熵增定律。

物质平衡理论（material balance theory）认为，从环境中获取的全部物质经过生产、消费，只是改变了物质的形态，并没有改变物质的数量。在生产过程中，一部分物质变成了产品，另一部分物质作为生产过程的废弃物排放到环境中。产品经过消费，到产品寿命期终了报废时，最终又回到环境中。

3.1.2 物质平衡理论概念模型

将物质平衡理论应用到生产过程中，得到以下 3 个结论：①从质量守恒定律的角度看待经济的生产和消费过程；②在经济系统中，生产活动和消费活动是在进行一系列的物理反应和化学反应，遵从质量守恒定律，严格说来，标准的经济学分配理论是关于服务的，而不是关于物质实体的，物质实体只是携带某种服务的载体；③无论商品是被"生产"还是被"消费"，实际上只是提供了某些效用、功能和服务，其物质实体仍然存在，最终或者被重新利用，或者被排入自然环境中。

在经济环境系统中，物质平衡理论的模型可以表示为：$E_a = E_b + K$。其中，E_a 表示环境对经济系统的物质投入；E_b 表示经济系统向环境排放的废弃物（即环境污染）；K 表示环境系统投入的，但未回到环境系统中，而留在经济系统中的部分，即经济系统的物质沉淀（积累）。

基于以上结论，根据废弃物有没有循环利用，建立了以下两种概念模型：

① 当废弃物没有循环利用时，生产和消费过程中不存在积累，即 $K=0$，投入的环境物质最终必然以污染物的形势返回环境，见图 3-1。在这个物质流动过程中环境物质投入的唯一功用就是为人类提供服务。

② 当生产和消费过程中有废弃物的循环利用时，如果现实经济中，生产和消费过程都存在积累，即 $K>0$ 时，废弃物循环利用，污染物就有可能返回生产过程，成为原材料的一部分，再次被利用，图 3-1 就变成了图 3-2。

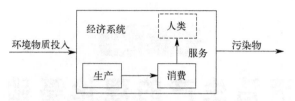

图 3-1   环境与经济系统的物质流动关系

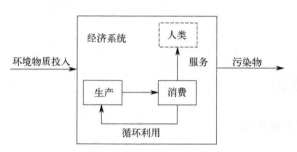

图 3-2   考虑循环利用后环境与经济系统的物质流动关系

物质平衡理论说明：排污现象不可避免，外部不经济性是普遍现象。外部性影响资源的最优配置，因此，对资源的最优配置理论"帕累托最优（最适度）"的条件，除了"完全竞争市场""信息充分"等条件外，还应加上"外部性影响为零"。

3.1.3   物质平衡、现代经济系统与自然环境之间的关系

在物质平衡的基础上，现代经济系统与自然新环境之间存在着错综复杂的关系。经济系统内部对自然资源的循环利用是确保经济和自然环境良性发展的必要前提。

① 现代经济系统由物质加工、能量转换、废弃物处理和消费四个部门组成，这四个部门之间以及由这四个部门组成的经济系统与自然环境之间存在着物质流动的关系。

② 如果这个经济系统是封闭的（没有进口或出口），没有物质净积累，那么在一个时间段内，从经济系统排入自然环境的残余物的物质量必然大致等于从自然环境进入经济系统的物质量。

③ 如果经济系统的排放量增大，则必然是对自然资源的开采增大，反之亦然。自然开发（生态破坏）和环境污染是紧密相关的。

④ 经济系统保护环境最根本、最有效的途径就是提高系统内部资源的利用率，从而减少外部资源的利用量和污染物排放量。这就是环境效率型经济，也就是循环经济。

⑤ 提高内部资源的利用率有两条途径：

a. 技术进步。有两类技术进步，一是提高能源效率和资源利用率的技术进步；二是替代资本，利用新资源、新能源。

b. 废弃物的资源化（循环经济）。

3.1.4   物质平衡理论是可持续发展与循环经济理论的基础

① 经济的发展战略大致可以分为三个阶段，即单纯以国内生产总值或人均国内生产总值的增长或个人收入的增加为目标的经济增长战略到经济发展战略阶段；从以使一系列社会

目标实现为目的的经济发展战略到可持续发展战略。

可持续发展的提出使人们认识到资源环境在社会经济发展中的作用和地位，认识到资源环境系统与经济系统之间的动态平衡，经济、社会与环境目标的统一，是对传统经济学的一次突破和发展，能有效地弥补经济发展战略的缺陷，即自然资源的被破坏、枯竭以及环境污染的日趋严重。

② 循环经济强调的主要是把清洁生产和废弃物的综合利用融为一体。它要求遵循生态学规律，合理利用自然资源和环境容量，在物质不断循环利用的基础上发展经济，使经济系统和谐地纳入到自然生态系统的物质循环过程中，实现经济活动的生态化。它要求物质在经济系统内多次重复利用，进入系统的所有物质和能源在不断进行的循环过程中得到合理又持续的利用，达到生产和消费的非物质化，尽量减少对物质特别是自然资源环境的消耗。它又要求经济系统排放到环境中的废弃物可以为环境同化，并且排放量不超过环境的自净化能力。

通过分析不难看出，不论是可持续发展战略还是循环经济理论，其基础都是建立在物质平衡理论体系之上的，是以公式为基础进行展开的理论。

3.1.5　物质平衡理论对环境系统的影响

人类的经济活动既消耗资源又向环境排放废弃物。因此，经济的增长受到了资源承载力和环境容量的双重约束。要保证可持续发展，就必须将资源开发等经济活动限制在生态系统的资源承载力和环境容量的可承受的范围内。资源的投入和经济的增长实质上是维持在一个动态的平衡当中，不能简单地认为投入越多，回报就越大。因此，对于合理有效地利用自然资源，保护环境系统的完整性，以下几种观点渐渐地被更多的人所接受：

① 自然资源的超量使用虽然能够带来一个阶段的经济发展，但却是得不偿失的一种方法，更是对子孙后代的不负责任，其造成的环境恶化、生态系统破坏等恶果，不是简简单单就能补救的。

② 视环境容量为稀缺资源，有偿使用，合理定价。人类的繁衍、经济和社会的发展，使人类对有效用的资源的需求不断增长，在现有的技术水平下，资源与环境相对于人类的需求已经变得越来越稀缺，成为全球性问题，也成为经济学的基本问题。环境容量，是指某一环境区域内对人类活动造成影响的最大容纳量。大气、水、土地、动植物等都有承受污染物的最高限值，就环境污染而言，污染物存在的数量超过最大容纳量，这一环境的生态平衡和正常功能就遭到破坏，造成了污染。

③ 促使环保理论的提出。众所周知，环境经济问题是在社会生产过程中形成的。社会生产的过程就是变自然资源为社会财富的过程，也是人类社会与周围环境进行物质交换的过程。社会生产所需要的全部物质要素都取自周围环境，而生产、消费以及整个再生产过程所产生的各种排泄物又都回到周围环境中去。社会生产循环往复，并且不断向自然界的纵深推进，与周围环境的物质交换也就越趋于复杂化。这种物质交换过程如果符合自然和经济的发展规律，就会促进生产的发展，并赢得多方面的经济效果，同时环境的质量也会有所改善。环境质量的提高，反过来又为发展生产创造了有利的条件，形成一种良性的循环，维持一种合理的动态的平衡。相反，如果这种物质交换违背了自然和经济发展的客观规律，不但目前的生产得不到预期的效果，还会造成环境的污染，自然资源和生态系统的破坏，其后果将阻碍经济进一步的发展形成一种恶性循环。在这样的背景下，环保理论的提出，成为有效解决

经济发展与环境资源间动态平衡的途径之一。

3.2 生态学理论

3.2.1 生态学的概念

生态学（ecology）是研究生物与它所存在的环境之间以及生物与生物之间相互关系的作用规律及其机制的一门学科。这里的生物包括植物、动物和微生物，环境是指各种生物特定的生存环境，包括非生物环境和生物环境。非生物环境由光、热、空气、水分和各种无机元素组成，生物环境由作为主体生物以外的其他一切生物组成。

生态学已经成为人们认识社会、顺应自然、改善生产活动的方法论基础。从生态学的角度来看，清洁生产是一个产品或者产业生态化的过程。首先，清洁生产是指人们的生产和消费活动应符合生态系统物质和能量流通规律，既能满足人类和其他方面的需要，又能提高生态效益、经济效益、社会效益，不造成浪费。其次，清洁生产是指将环境因素纳入设计决策，强调产品或者产业发展应与生态平衡，即借鉴生态学的基本观点、概念和方法，并将其延伸和应用到清洁生产领域，组织和构建产业系统，改变现有发展模式，引导产品、过程和产业依据自然生态学原理建立新的发展模式。在经济系统与生态系统相互作用中，指导生产和消费过程向生态化方向发展，从而达到充分利用资源，减少废物产生，进而缓解人类与资源、环境矛盾的目的。

3.2.2 生态系统

生态系统（ecosystem）是指在自然界的一定空间内，生物群落与周围环境构成的统一整体。群落是生活在一定区域内的所有种群的组合。种群是某一种生物所有个体的总和。生态系统具有一定组成、结构和功能，是自然界的基本结构单元。在这单元中，生物与环境之间相互作用、相互制约、不断演变，并在一定时期内处于相对稳定的动态平衡状态。

在自然生态系统中，生产者通过光合作用，制造有机物质；消费者直接或间接地以绿色植物为食，并从中获得能量；分解者把动植物的有机残体分解为简单的无机物，使其回归环境，为生产者重新利用。非生物环境、生产者、消费者、分解者这四个组成部分在物质循环和能量流动中各自发挥着特定的作用，并通过若干食物链形成整体功能，保障着整个系统的正常运行，与非生物环境联系在一起，共同组成生态系统。

在自然生态系统中不存在废料，而在产业系统中，企业在生产产品的同时向企业以外的环境排放出大量的废物，导致严重的环境污染和生态破坏，同时自身的发展也受到影响。创建产业生态系统的目的就是要效仿自然生态系统的物质循环方式，建立不同企业、工艺过程间的联系，使一个过程产生的废物（副产品）可以作为另一个过程的原料，使原来线性叠加的生产过程形成"食物链"状结构。因此，与自然生态系统一样，产业生态系统也由四种基本成分组成：非生物环境，指原材料及自然资源条件；生产者，包括利用基本环境要素生产出初级产品的初级生产者和进行初级产品的深度加工及高级产品生产的高级生产者；消费者，不直接生产"物质化"产品，但利用生产者提供的产品，供自身运行发展，同时产生生产力和服务功能的行业；分解者，把工业企业产生的副产品和"废物"进行处置、转化、再利用等，如废物回收公司、资源再生公司等。

生态系统中能量流动、物质循环和信息联系构成了生态系统的基本功能。能量是生态系统的动力，是生命活动的基础。一切生命活动都伴随着能量的变化，没有能量的转化也就没有生命和生态系统。

生态系统的运行不仅需要能量的转化和传递来维系，而且也依赖各个成分（非生物和生物）间的物质循环。生态系统中的一切生物（动物、植物、微生物）和非生物的环境，都是由运动着的物质构成的。能量流动和物质循环是生态系统中的两个基本过程。正是这两个过程使生态系统各个营养级之间和各种成分之间组成一个完整的功能单位。在产业系统中，企业在生产产品的同时向环境排放出大量的废物，导致严重的环境污染和生态破坏。产业系统实施清洁生产的目的就是要效仿自然生态系统的物质循环方式，建立不同过程之间的联系，使一个过程产生的废物或副产品可以被另一过程作为原料，使原来线性的物质代谢过程形成生物链状结构，并进而形成网状结构，同时大力开发废物资源化技术，在原来的开放式系统中加入具有分解者作用的消化各种废弃物的链条，通过资源的回收、再生和重新利用实现产业生态系统的物质循环。

在生态系统的各组成部分之间及各组分内部伴随着能量和物质的传递与流动，还同时存在着各种信息的联系，而这些信息把生态系统连成一个统一的整体，起着推动能量流动、物质循环的作用。信息在生态系统中表现为多种形式，主要有营养信息、化学信息、物理信息、遗传信息和行为信息。产业生态系统中的信息的传递同自然生态系统一样对系统的稳定和发展起着重要作用。企业通过市场的需求信息和价格信息来调整产品的结构，并促使产业生态系统内的产业结构调整。各种信息通过各种正式渠道和非正式渠道在产业生态系统内传递，有效地缩短传递的时间，加快信息反馈的速度，提高信息反馈机制对系统自我调节和维护稳定的功能。生态系统中能量流和物质流的行为由信息决定，而信息又寓于物质和能量的流动之中。生态系统中的能量流与物质流是紧密联系的，物质流是能量流的载体，而能量流推动着物质的运动。能量流动伴随着物质循环过程在系统内不间断进行，维护着生态系统的稳定和平衡。与生态系统相比产业系统也类似地具有这些功能。清洁生产就是充分运用能量流动、物质循环和信息传递这些功能来达到目的的。产业系统内的能量传递和转化同样遵守热力学的两个定律，但是自然系统中的能量属于可再生能源，而产业系统的能量主要来自不可更新的矿石燃料，为了人类社会的可持续发展，产业系统应该尽量效仿自然生态系统，使用可再生的能源，注重清洁能源的开发和使用以及能量梯级利用。

3.2.3　生态学基本规律

（1）相互依存与相互制约规律

相互依存与相互制约反映了生物间的协调关系，是构成生物群落的基础。首先是普遍的依存与制约。系统中不仅同种生物相互依存、相互制约，不同群落或系统之间，也同样存在依存与制约关系。再者是通过食物而相互联系与制约的协调关系。具体形式就是食物链和食物网。将这种关系应用到产业体系中去，就是寻找多个企业相互合作构成产业生态群落，群落内的企业之间是共生关系，它们围绕区域内的优势资源开展产业活动，使物质和能源得到充分利用。

（2）物质循环与再生规律

在生态系统中，植物、动物、微生物和非生物成分，借助能量的不停流动，一方面不断地从自然界摄取物质并合成新的物质，另一方面又随时分解为原来的简单物质，即所谓再生，重新被植物所吸收，进行着不停的物质循环。

生产是物质转化过程，生产过程所需要的原料来自自然资源和环境，经过生产转化为产品以及废弃物，产品经使用后又被变成废弃物，最终都弃之于环境。生活和生产的废弃物返回自然，积累于环境，成为生态环境恶化的主要物质因素。当积累超过生态系统的自净能力，就会破坏人与自然之间物质转化的生态关系，导致环境污染，生态失调，同时也引起资源的耗竭。这就促使我们考虑对物质进行循环和再生利用。根据物质循环和再生规律，将废弃物经过人类的再利用，投入新的生产过程，可以转化为同一生产部门或另一生产部门新的生产要素，再回到生产和消费的循环中去。这样，我们就可以把生产过程中的原料利用率提高到最大限度，将废弃物的排放量降低到最小限度。

（3）物质输入输出平衡规律

物质的输入输出规律涉及生物、环境和生态系统三个方面。生物体一方面从环境摄取物质，另一方面又向环境排放物质，以补偿环境的损失。也就是说，对于一个稳定的生态系统，无论对生物、环境，还是对整个生态系统，物质的输入与输出总是相平衡的。

产业系统的平衡是指一个产业系统在特定时间内通过系统内部和外部的物质、能量、信息的传递和交换，使系统内部企业之间、企业与外部环境之间达到了互相适应、协调和统一的状态。产业系统，作为一个非线性的开放系统，会不断地从外界摄取物质、能量和信息，并排出高度无序的废料，提升原材料的信息含量，使之转化为产品，提高自身的有序度，从而保持其动态平衡。

（4）环境资源的有效极限规律

任何生态系统中生物赖以生存的各种环境资源，在数量、质量、空间和时间等方面都有一定的限度，不可能无限制地供给，而其生物生产力也有一定的上限。因此每一个生态系统对任何外来干扰都具有一定的忍耐极限，超过这个极限，生态系统就会破坏。所以，人类生活和生产也要符合环境资源的有效极限规律。

生产活动本质上是一个物质资源的形态转化过程，消耗自然资源是工业生产的必要条件。同时，人类活动过程还会产生废物，对自然环境产生影响。无论是资源的消耗还是环境的改变都是有限度的，过度消耗资源和破坏环境，不仅会使生产无法持续进行，而且将破坏人类生存的基本条件。环境是经济发展的空间，资源是经济发展的基础，环境质量和资源永续利用程度的高低与经济发展关系密切。清洁生产作为长期以来人类在经济社会发展过程中经验教训的总结，是在持续发展经济的同时保护生态环境和合理利用资源的有效途径。

3.2.4　生态工业的发展背景

环境问题的日益严重，范围和规模的不断扩大，使越来越多的人意识到环境问题的重要性。第二次世界大战以来，环境问题的严峻性和环境治理的重要性日益凸显，迄今为止，在环境治理上主要经历了三种不同层次，即末端治理、清洁生产和生态工业。末端治理只是污染物在时间和空间范围内的转移，因此它是治标而不治本的；清洁生产只是一种改善现有生产工艺和产品的战略而不是一个具体解决问题的技术手段，且其常局限于某一生产过程而不考虑不同生产系统之间的连接；而生态工业恰恰站在管理的角度，关注的是整个生产系统之间的关系，从而弥补了清洁生产的上述不足。

从清洁生产到生态工业，虽然清洁生产具有多方面的优势，但它也有许多"瓶颈"。清洁生产本身并不是一个具体的解决问题的技术手段，它是一种改善现有生产工艺和产品的战略。目前的大部分实践主要关注于具体生产工艺过程的控制，即局限于某一生产过程，而不考虑不同生产系统之间的连接，因此只能解决局部问题，而对日益紧迫的全球性、地区性重大环境影响的缓解显得力不从心。

正是由于清洁生产存在着上述先天的不足，因此，生态学家、环境学家和产业界都在扩展和深化清洁生产的概念和内容，逐渐转向于 20 世纪 90 年代后发展起来的工业生态学。

3.2.5　工业生态学和生态工业

3.2.5.1　工业生态学

工业生态学（industrial ecology），又称产业生态学，属于应用生态学的一个分支，它以生态学的观点研究工业化背景下人类社会经济活动与生态环境的相互关系，考察人类社会从取自环境到返回环境的物质转化全过程，探索实现生态化的途径。它把包含人类生产消费活动的经济系统看作整个生物圈中的一个子系统，该系统不单单受到社会经济规律的支配和制约，更要受自然生态规律的支配和制约。人类社会和自然的和谐共存，技术圈和生物圈兼容的途径就是使经济活动在一定程度上仿效生态系统的结构原则，遵循自然规律，最终实现经济系统尤其是产业系统的生态化。

工业生态学是生态工业的理论基础。工业生态学通过"供给链网"分析（供给链网类似食物链网）和物料平衡核算等方法分析系统结构变化，进行功能模拟，分析产业流（输入流、产出流），研究工业生态系统的代谢机制和控制方法。

工业生态学的思想包含了"从摇篮到坟墓"的全过程管理系统观，即在产品的整个生命周期内不应对环境和生态系统造成危害，产品生命周期包括原材料采掘、原材料生产、产品制造、产品使用以及产品用后处理。系统分析是工业生态学的核心方法，在此基础上发展起来的工业代谢分析和生命周期评价是目前工业生态学中普遍使用的有效方法。工业生态学以生态学的理论观点考察工业代谢过程，亦即从取自环境到返回环境的物质转化全过程，研究工业活动和生态环境的相互关系，以研究调整、改进当前工业生态链结构的原则和方法建立新的物质闭路循环，使工业生态系统与生物圈兼容并持久生存下去。

3.2.5.2　生态工业

生态工业（ecological industry）是一种根据工业生态学基本原理建立的、符合生态系统环境承载能力、物质和能量高效组合利用以及工业生态功能稳定协调的新型工业组合和发展形态。

生态工业的实质是以生态理论为指导，模拟自然生态系统各个组成部分（生产者、消费者、分解者）的功能，充分利用不同企业、产业、项目或工艺流程之间，资源、主副产品或废弃物的横向耦合、纵向闭合、上下衔接、协同共生的相互关系，使工业系统内各企业的投入产出之间像自然生态系统那样有机衔接，物质和能量在循环转化中得到充分利用，并且无污染、无废弃物排出。

生态工业采用的环境管理是一种直接运用工业生态学的生态管理模式。用生态学理论和方法来研究工业生产，把经济视为一种类似于自然生态系统的封闭体系。在这个体系中，一个企业产生的"废物"或副产品作为另一个企业的"原料"，通过废物交换、循环利用、清洁生产等手段最终实现企业的污染"零排放"。区域内的工业企业或公司形成一个相互依存、类似于自然生态食物链过程的生态工业系统。

不同于末端治理和清洁生产，生态工业的基本思想是仿照自然界生态系统中物质流动的方式来规划工业生产、消费和废弃物处置系统。将经济利益和环境保护有机结合，不是采用末端治理的被动策略，也不局限在企业层次进行清洁生产，而是在企业群落或更大区域范围，从产品设计、生产工艺和使用消费的各个环节入手，从源头上消灭污染，并通过各生产过程之间的物料、能量、废弃物的集成达到物质、能量的有效利用。

生态工业摒弃了传统工业发展中把经济与环保分离，使两者产生矛盾冲突的弊端，真正使发展经济与防治污染保护环境结合起来，实现了两者的共赢。因此，生态工业才是工业发展的最高层次，将是未来工业发展的主要方向。

3.2.6 生态工业园

3.2.6.1 生态工业园的概念

生态工业园（eco-industrial park）是生态工业思想的具体体现，是继工业园区和高新技术园区之后，依据清洁生产要求、循环经济理念和工业生态学原理而设计建立的第三代工业园区。它通过物流或能流传递等方式把两个或两个以上生产体系或环节连接起来，形成资源共享、产品链延伸和副产品互换的产业共生网络。在这个共生网络中，一家工厂的产品或副产品成为另一家工厂的原料或能源，形成产品链和废物链，实现物质循环、能量多级利用和废物产生最小化。生态工业园要求合理规划原料和能量交换，使各个企业资源共享，一个企业的污染物成为另一个企业的资源，寻求物质使用的最小化和"零排放"，体现了人和环境自然和谐的思想。

3.2.6.2 生态工业园的类型

纵观国内外各生态工业园区，它们并没有一个统一的模式，而是因地制宜、各具特色。从原始基础、产业结构、区域位置等不同角度可以对生态工业园进行大致分类。

（1）从原始基础看，可以划分为现有改造型与全新规划型

现有改造型园区是对现已存在的工业企业，通过适当的技术改造，在区域内成员间建立起废弃物和能量的转换关系。美国查塔诺加生态工业园区就是个例子，它曾是一个以污染严重闻名全美的制造中心，后来杜邦公司以尼龙线头回收为核心推行企业零排放，既减少污染又带动了环保产业的发展，在老工业园区拓展了新的产业空间。其突出特征是通过重新利用老工业企业的工业废弃物，减少污染和增进效益。废旧钢铁铸造车间变成太阳能处理废水的生态车间，循环废水为旁边的肥皂厂所使用，邻近的肥皂厂是以其副产物为原料的另一家工厂。国内广西贵港国家生态工业制糖示范园区由蔗田、制糖、酒精、造纸、热电联产、环境综合处理系统组成，各系统之间通过中间产品和废弃物的相互交换而相互衔接，形成一个较完整和闭合的生态工业网络，也属于这种类型。

全新规划型园区是在良好规划和设计的基础上从无到有地进行建设，主要吸引那些具有"绿色制造技术"的企业入园，并创建一些基础设施，使得这些企业可以进行废水、废热等的交换。这一类工业园区投资大，对其成员的要求较高。如美国某生态工业园区采用交混分

解技术将当地大量的废轮胎资源化得到炭黑、塑化剂等产品，进一步衍生出不同的产品链，这些产品链与辅助的废水处理系统一起构成工业生态网。我国南海国家生态工业示范园区也属于这一类型。

（2）从产业结构看，可以划分为联合企业型与综合园区型

联合企业型园区通常以某一大型的联合企业为主体，围绕联合企业所从事的核心行业构造工业生态链和工业生态系统。典型的如美国杜邦模式、我国贵港国家生态工业（制糖）示范园区等。对于冶金、石油、化工、酿酒、食品等不同行业的大企业集团，非常适合建设联合企业型的生态工业园区。

综合型园区内存在各种不同的行业，企业间的工业共生关系更为多样化。与联合企业型园区相比，综合型园区需要更多地考虑不同利益主体间的协调和配合，丹麦的卡伦堡工业园区和我国浙江衢州沈家生态工业园区是综合型生态工业园区的典型。目前大量传统的工业园区适合向综合型生态工业园的方向发展。

（3）从区域位置看，可以划分为实体型与虚拟型

实体型园区的成员在地理位置上聚集于同一区域，可以通过管道设施进行成员间的物质、能量交换。

虚拟型园区不严格要求其成员在同一地区，由园区内和园区外的企业共同构成一个更大范围的工业共生系统。有些园区是利用现代信息技术，通过园区信息系统，首先在计算机上建立成员间的物质、能量交换联系，再付诸实施，园区内企业既可彼此交换，也可与园区外企业联系。虚拟园区可以省去一般建园所需的昂贵的购地费用，避免建立复杂的相互依赖关系和进行工厂迁址工作，并具有很大的灵活性。其缺点是可能要承担较贵的运输费用，美国的布朗斯维尔（Brownsville）生态工业园区就是虚拟型园区的典型。

3.2.6.3 国外生态工业园建设案例——丹麦卡伦堡生态工业园

虽然生态工业园在欧美各国迅速发展，但最有成效的工业园是位于丹麦哥本哈根西部大约100km的卡伦堡镇的工业共生体。它是在20世纪90年代初出现的，依据清洁生产要求和循环经济理念及工业生态学原理而设计建立的一种新型工业园区。除了具有通常工业园区的特征，即共享水、能源、基础设施和自然环境外，还可以模拟自然系统，在产业系统中建立"生产者—消费者—分解者"的循环途径。通过物流或能流传递等方式把不同企业连接起来，形成共享信息、资源和互换副产品的产业共生组合，寻求物质闭环循环、能量多级利用和废物产生最小化，实现经济增长和环境质量的改善，是目前国际上最成功的生态工业园区，如图3-3所示。

（1）产生背景

卡伦堡生态工业园是在丹麦的法制约束下、在卡伦堡地区的资源背景下、在特定的企业技术经济关系下产生的，是在这些条件下发展循环经济效益和社会效益，而不是刻意创造的经济模式。卡伦堡生态工业园是当地企业在追求共同利益和遵守生态道德共识下自发建立并发展起来的。

（2）卡伦堡生态工业园参与企业简况

阿斯耐斯瓦尔盖（Asnaesvaerket）发电厂：丹麦最大的发电厂，装机容量100万kW，以煤为燃料（从中国、印度等国进口），发电量约占西兰岛发电量的1/3，同时为卡伦堡提供热力，是卡伦堡生态链最主要也是历史最悠久的核心企业。斯塔朵尔（Statoil）炼油厂：

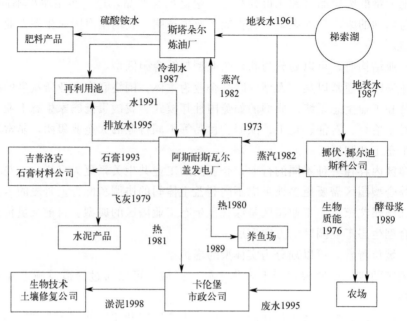

图 3-3　卡伦堡生态工业园区项目图

数字代表年

丹麦最大的炼油厂，建于 20 世纪 60 年代，主要生产汽油和其他石油产品，汽油产量约为每年 5.5×10^6 t。挪伏·挪尔迪斯科（Novo Nordisk）公司：丹麦最大的生物工程公司，是世界上最大的工业酶和胰岛素生产厂家之一。吉普洛克（Gyproc）石膏材料公司：这是一家瑞典公司，主要为建筑行业提供建材，平均每年生产 1400 万 m^2 的石膏墙板。生物技术土壤修复公司（Biotekmisk Soilrem）：1986 年成立，是一家对污染土壤进行生物技术修复的公司。卡伦堡市政公司废水综合处理厂（NOVEREN I/S）：卡伦堡市政公司目前主要负责市政给排水和能源供应（包括电、采暖热水和生活热水等）、淤泥输送等，此外还包括深水海港的开发等，在卡伦堡地区，每年可处理 12.5 万吨生活废水和工业废水，88% 实现循环利用并且用于能源生产或热回收。卡伦堡市政公司垃圾处理厂：垃圾处理厂每年回收 1.3 万吨纸板、0.7 万吨碎石、1.5 万吨街道园林垃圾、0.4 万吨金属垃圾和 0.18 万吨玻璃垃圾。

（3）卡伦堡生态工业园运行成效

卡伦堡生态工业园已经运作了相当长的时间，通过一些初步的出版物和目前已经掌握的部分材料，可以初步评估卡伦堡工业共生系统的环境、经济优势：减少资源消耗，每年 45000t 石油，15000t 煤炭，特别是 600000m^3 的水，这些都是该地区相对稀少的资源；减少造成温室效应的气体排放和污染，每年 175000t 二氧化碳和 10200t 二氧化硫；废料重新利用，每年 130000t 炉灰（用于筑路）、4500t 硫（用于生产硫酸）、90000t 石膏、1440t 氮和 600t 的磷。

事实上，源于这些交换的经济利益同样巨大。据可以公开得到的资料，20 年期间总的投资额（计 16 个废料交换工程）估计为 6000 万美元，而由此产生的效益估计为每年 1000 万美元。投资平均收回时间短于 5 年。

（4）卡伦堡生态工业园形成及运行机制分析

通过对卡伦堡生态工业园的分析，将其成功归结为以下四方面：

① 该生态工业园走上循环经济道路离不开公众对于可持续发展理念的高度认可、接受和实行。镇上居民都自觉自愿地将垃圾分类，送到收集处。

② 该生态工业园的形成是一个自发的过程，是在商业基础上逐步形成的，所有企业都从中得到了好处。每一种"废料"供货都是伙伴之间独立、私下达成的交易。交换服从市场规律，运用了许多种方式：有直接销售，以货易货，甚至友好的协作交换，比如，接受方企业自费建造管线，作为交换，得到的废料价格相当便宜。

③ 该生态工业园的成功广泛地建立在不同伙伴之间的已有信任关系基础上。卡伦堡是个小城市，大家都相互认识。这种亲近关系使有关企业间的各个层次的日常接触都非常容易。

④ 该生态工业园的特征是几个既不同又能互补的大企业相邻，这种"企业混合"有利于废料和资源的交换。

3.2.6.4　国内生态工业园建设案例

2001 年 8 月广西贵港国家生态工业（制糖）示范园区（图 3-4）是我国第一个循环经济试点示范园区，地处贵港市中心城区，总面积达 81.43 万 km^2，是我国发展循环经济、清洁生产的典范。主要表现在其生产过程严格依照循环经济理论以及工业生态学原理，形成了以甘蔗制糖为核心，以制糖所产生的废糖蜜为原料生产酒精、以制糖所产生的蔗渣进行造纸、以制糖所产生的蔗髓进行发电的生态产业链，涵盖蔗田、制糖、酒精、造纸、热电联产、环境综合处理六个系统。系统之间相互依存共生，形成了互为上下游的环保生态链条。"资源—产品—再资源"的生产过程呈现出一个周期性物质循环系统，摒弃了传统工业资源开发和利用方式粗放、综合利用率低的弊病，实现了资源的重复利用以及固体废物的回收再利用；实现了以最小成本实现最大的经济效益，减少了资源浪费；实现了污染最小化的排放，推动了当地生态文明建设，同时也推动了当地脱贫致富之路的发展。

该生态工业示范园区六个系统的功能分别为：蔗田系统，负责向园区提供高产、高糖、安全、稳定的甘蔗，保障园区制造系统有充足的原料供应；制糖系统，通过制糖新工艺改造、低聚果糖技改，生产出普通精炼糖以及高附加值的有机糖、低聚果糖等产品；酒精系统，通过能源酒精工程和酵母精工程，有效利用甘蔗制糖副产品——废糖蜜，生产出能源酒精和高附加值的酵母精等产品；造纸系统，充分利用甘蔗制糖的副产品——蔗渣，生产出高质量的生活用纸、文化用纸、高附加值的蔗渣浆以及羧甲基纤维素钙等产品；热电联产系统，通过使用甘蔗制糖的副产品——蔗髓，替代部分燃料煤，热电联产，供应生产所必需的电力和蒸汽，保障园区整个生产系统的动力供应；环境综合处理系统，为园区制造系统提供环境服务，包括废气、废水的处理，生产水泥、轻钙、复合肥等副产品，并提供回用水以节约水资源。

示范园区的发展将产生显著的经济效益、环境效益和社会效益。

经济效益方面。贵港市新增甘蔗产值 4.59 亿元，蔗农收入水平大大提高。制糖行业新增产品销售收入 55.7 亿元，新增利润近 9.2 亿元，经济实力大大加强。制糖行业新增各项税金近 7.5 亿元，为地方财政做出重大贡献。

环境效益方面。变废为宝，节约资源：用废糖蜜每年可生产能源酒精 20 万吨，节约玉米 60 万吨；20 万吨蔗渣造纸每年节约 60 万～66 万立方米木材；造纸脉冲水的回用每年减少新鲜水 1584 万吨的消耗和污染。减少污染排放：将酒精废液用于生产复合肥，阻止了

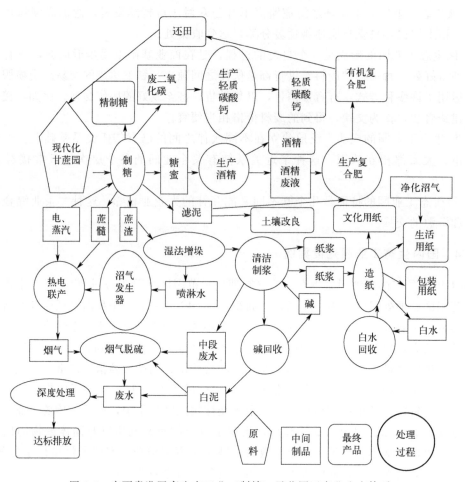

图 3-4　广西贵港国家生态工业（制糖）示范园区产业生态体系

广西壮族自治区内 93％的酒精废液向环境排放，即减少 13.4 万吨的有机物对水体的污染。发展生态农业：现代化甘蔗园的建设必然会促进甘蔗种植的可持续发展，对保护和恢复农业生态环境做出贡献。

社会效益方面。为全国制糖工业发展探索绿色经济发展道路，提高了贵港市在广西乃至全国的科技和经济地位，促进贵港市社会经济的全面发展，提高了人民生活水平，为我国能源安全问题提供一条经济上可行且来源可靠的解决途径。

3.3　生命周期评价

3.3.1　生命周期评价的产生背景及概念

（1）生命周期评价产生的背景

1969 年，美国中西部资源研究所（MRI）的研究者们为可口可乐公司开始了一项研究，该研究试图从最初的原材料采掘到最终的废弃物处理（从摇篮到坟墓）进行全过程的跟踪与定量分析，这为生命周期分析的方法奠定了基础。

1990 年，由国际环境毒理学与化学学会（SETAC）在佛蒙特首次主持召开了有关生命周期评价的国际研讨会，会议首次提出了"生命周期评价（life cycle assessment，LAC）"的概念，如图 3-5 所示。

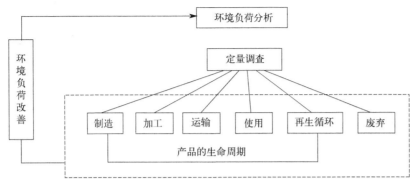

图 3-5　生命周期评价的基本思想

生命周期的概念应用很广泛，特别是在政治、经济、环境、技术、社会等诸多领域经常出现，其基本含义可以通俗地理解为"从摇篮到坟墓"的整个过程。对于某个产品而言，就是从自然中来再回到自然中去的全过程，也就是既包括制造产品所需要的原材料的采集、加工等生产过程，也包括产品储存、运输等流通过程，还包括产品的使用过程以及产品报废或处置废弃等回到自然的过程，这个过程构成了一个完整的产品的生命周期。

（2）生命周期评价的概念

生命周期评价，也称生命周期分析。生命周期评价作为一种产品环境性能分析和决策支持工具，技术上已经日趋成熟，并得到较广泛的应用。不过，产品生命周期评价仍处于研究开发及使用的早期阶段，它对清洁产品的作用还需要多学科知识的支持并通过更广泛的实践来完善。

生命周期评价是一种技术和方法，它是指运用系统的观点，针对产品系统，就其整个生命周期中各个阶段的环境影响进行跟踪、识别、定量分析与定性评价，从而获得产品相关信息的总体情况，为产品环境性能的改进提供完整、准确的信息。国际标准化组织（ISO）给生命周期评价做了一个简洁的定义：汇总和评估一个产品（或服务）体系在其整个生命周期内的所有投入及产出对环境造成的潜在的影响的方法。国际环境毒理学和化学学会对生命周期评价的定义是：生命周期评价是一种对产品生产工艺以及活动对环境的压力进行评价的客观过程，它是通过对能量和物质的利用以及由此造成的环境废物排放进行识别和进行量化的过程。其目的在于评估能量和物质利用，废物排放对环境的影响，寻求改善环境影响的机会以及如何利用这种机会。评价贯穿于产品、工艺和活动的整个生命周期，包括原材料提取与加工、产品制造、运输以及销售；产品的使用、再利用和维护；废物循环和最终废物处理。

3.3.2　生命周期评价的主要特点

作为有别于传统环境影响评价的生命周期评价，主要有以下几个特点：

（1）生命周期评价面向的是产品系统

产品系统是指与产品生产、使用和用后处理相关的全过程，包括原材料采掘、原材料生产、产品制造、产品使用和产品用后处理。从产品系统角度看，以往的环境管理焦点常常局限于原材料生产、产品制造和废物处理三个环节，而忽视了原材料采掘和产品使用阶段。一些综合性的环境影响评价结果表明，重大的环境压力往往与产品的使用阶段有密切关系。仅仅控制某种生产过程中的排放物，已很难减少产品所带来的实际环境影响。从末端治理与过程控制转向以产品为核心、评价整个产品系统总的环境影响的全过程管理是可持续发展的必然要求。在产品系统中，系统的投入（资源与能源）造成生态破坏与资源耗竭，系统输出的"三废"排放造成环境污染。所有生态环境问题无一不与产品系统密切相关。在全球追求可持续发展的呼声愈来愈高的背景下，提供对环境友好的产品成为消费者对产业界的必然要求，迫使产业界在其产品开发、设计阶段就开始考虑环境问题，将生态环境问题与整个产品系统联系起来，寻求最优的解决途径与方法。

（2）生命周期评价是对产品或服务"从摇篮到坟墓"的全过程的评价

生命周期评价是对整个产品系统从原材料的采集、加工、生产、包装、运输、消费、回收到最终处理等与生命周期有关的环境负荷进行分析的过程，可以从以上每一个环节来找到环境影响的来源和解决办法，从而综合性地考虑资源的使用和排放物的回收、控制。

根据评价对象的系统边界及方法学原理的不同，生命周期评价方法可分为过程生命周期评价（process-based LCA，PLCA）、投入-产出生命周期评价（input-output LCA，I-O LCA）以及混合生命周期评价（hybrid LCA，HLCA）。PLCA 的优势在于其能够针对具体的评价对象给出详细的评价结果，而 I-O LCA 的优势在于评价结果的完整性，HLCA 则由于结合了过程生命周期评价的针对性与投入-产出生命周期评价边界的完整性，不断提高评价结果的精准性。这三类 LCA 方法在分析和评价不同尺度的研究对象时各有利弊，在研究具体问题时往往需要通过结合使用以发挥各类方法的优势。

（3）生命周期评价是一种系统性的、定量化的评价方法

生命周期评价以系统的思维方式去研究产品或行为在整个生命周期中每一个环节的所有资源消耗、废弃物产生情况及其对环境的影响，定量评价这些能量和物质的使用以及所释放废弃物对环境的影响，辨识和评价改善环境影响的机会。

（4）生命周期评价是一种充分重视环境影响的评价方法

系统的生命周期清单分析的结果可以得到具体的物质消耗和污染排放的量，但是生命周期评价强调分析产品或行为在生命周期各阶段对环境的影响，包括能源利用、土地占用及排放污染物等，最后以总量形式反映产品或行为的环境影响程度。生命周期评价注重研究系统在自然资源的影响、非生命生态系统的影响、人类健康和生态毒性影响领域内的环境影响，从独立的、分散的清单数据中找出有明确针对性的环境影响的关联。这些关联主要有短期人类健康影响、长期人类健康影响、恶臭等感官影响、水生生态毒性、陆生生态毒性、水体富营养化、可再生资源的使用、不可再生资源的使用或破坏、能量的使用、固体废物填埋、全球变暖、臭氧层破坏、光化学烟雾、酸化、大气质量、COD（化学需氧量）和 TSS（总悬浮固体）等方面，每种影响都是基于清单分析的数据以一定的计算模型进行的综合评价。有时一种排放物质可能参与几种环境影响的计算。通过这些影响指标可以得到比较明确的环境影响与特定产品系统中物质能量流的关联度，从而帮助我们找到解决问题的关键所在。

（5）生命周期评价是一种开放性的评价体系

生命周期评价体现的是先进的环境管理思想，只要有助于实现这种思想，任何先进的方法和技术都能为我所用。生命周期评价涉及化学、物理学、数学、毒理学、统计学、经济学、生态学、环境学等理论和知识，应用分析技术、测试技术、信息技术、工程技术、工艺技术等，适应清洁生产、可持续发展的需要。因此，这样的一个开放系统，其方法论也是持

续改进、不断进步的。同时，针对不同的产品系统，可以应用不同的技术和方法。

3.3.3　生命周期评价的意义

生命周期评价的主要意义，归纳起来可以从以下几个方面论述：

（1）应用生命周期评价有利于企业选择绿色工艺

传统的企业系统最佳工艺选择是基于经济效益最大化为目的，只考虑工厂本身产生的污染，并没有从产品的整个生命周期考虑，所以最佳工艺选择的结果存在很多的缺陷。将生命周期思想应用于产品设计和最佳工艺选择过程中，通过在原材料选择、生产过程、产品使用、循环利用和废弃等方面，系统评价产品资源能源消耗及生态环境影响，综合考虑，选择绿色生产工艺，实现经济效益和环境保护的有机统一。

（2）应用生命周期评价促进企业的可持续增长

生命周期评价可以为企业向生态效益型转变提供全面的支持和帮助，通过生命周期清单分析和影响分析可以全面检测产品系统各阶段的物质、能量流的状况，为生态设计和企业的持续改进提供依据，增强环境综合竞争能力。

生命周期评价对产品整个生命周期进行原材料消耗、能耗、污染物产生和排放等进行定量的评价，了解生产过程中存在的能耗高、物耗高、污染重的环节和部位，为企业有步骤、有计划地开展清洁生产提供有力支持。

（3）应用生命周期评价为制定环境政策提供支持

通过区域范围内宏观的生命周期评价，比较不同地区、不同国家同一环境行为的工业效率，寻求能源、资源的最低消耗，可以为国际环境政策协商提供技术支撑；可以通过分析不同情况下可能的替换政策的环境影响，评估政策变动所降低的环境影响效果，从中找到最佳方针政策，如战略规划、确定优先项、对产品或过程的设计或再设计、包装品的限制政策、低能耗的照明灯具等。在环境政策与立法上，很多发达国家已经借助生命周期评价制定了面向产品的环境政策。

（4）生命周期评价有助于推动绿色产品和绿色消费

环境标志制度已经在世界上许多国家实施，大多数实行环境标志制度的国家均要求采用生命周期评价方法对申请环境标志产品的环境性能进行评价。国际标准化组织也大力推荐以产品生命周期评价所得到的参数作为认证环境标志产品的依据。生命周期评价通过在产品全生命周期范围，系统量化评估产品在资源消耗、污染产生和排放、毒性等方面对生态环境的影响，为授予绿色产品标签，提供了可靠的依据。通过绿色产品，引导绿色营销和绿色消费，从而推进绿色消费和绿色营销的健康发展。

3.4　系统论和系统工程

系统与环境的作用关系是清洁生产研究的立足点之一。当我们对一个生产过程、一个企业或一项产品制订或实施清洁生产方案时，过程、企业或产品就是我们所要考察的系统。现实世界中，系统往往是开放的，与外界环境有着一定的输入和输出关系。

3.4.1　系统的概念和特点

系统（system）是由相互依赖、相互作用的若干组成部分结合而成，具有特定功能的有机体。

一个系统应该具有下述三个特征：

①整体性。系统是由各个组成部分结合而成的整体。②关联性。系统的各个元素是按一定方式或要求结合起来的，通过元素之间的联系来完成某些特定的功能。③目的性。一个系统，特别是人造系统都有特定的功能和目的，系统的运转是一种有目的的行为。系统还有其他特性，如系统的动态性、环境适应性、层次性等。

系统的概念是相对的。从某种功能来说一个系统是一个独立的系统，从更为广泛的功能来说，它可以是另一个系统的子系统。

3.4.2　系统论

从系统论来看，清洁生产系统就是一个反馈系统，清洁生产实践是一个根据清洁生产预期目标的系统调优的过程，是一个管理系统输入输出的过程。系统与环境是有机结合在一起的，各种流进入和离开系统。这些流完成系统与环境的能量、物质和信息等各种交换。从某种意义上看，清洁生产就是有效地管理这些流。清洁生产是一个动态的概念，其生产周期内，由于输入作用和干扰变化，系统的边界结构和内部构成等在不断地变化，系统向环境索取资源和能量，进行新陈代谢，以适应环境变化。在政策法规、市场和技术变化（外来干扰）时，系统也需要变革组织结构、管理体制和生产工艺等，以适应环境保护和经济发展的需要。外来干扰在一定限度以内，通过反馈机制，系统自我调节后可恢复到目的状态。当外来干扰超过系统自我调节能力时，系统不能恢复到目的状态，此时系统表现为失调。认识和掌握系统的特性并运用科学方法实行清洁生产管理，能够防止系统失调，维持原有平衡或创造出具有更好的生态效益与经济效益的新系统。

3.4.3　系统工程

所谓系统工程（systems engineering），就是把系统理论和方法与工程学理论和方法结合起来而形成的一门综合科学。系统工程是按照系统科学的思想，运用控制论、信息论、运筹学等理论，以信息技术为工具，用现代工程的方法去解决和管理系统的技术。它根据总体协调的需要，综合应用自然科学和社会科学中有关的思想、理论和方法，利用电子计算机作为工具，对系统的结构、要素、信息和反馈等进行分析，以达到最优规划、最优设计、最优管理和最优控制的目的。

系统工程的特点在于：处理问题的思路首先着眼于系统整体，从整体出发去研究部分，再从部分回到整体。系统工程强调系统整体最优，强调各要素之间的组织、管理、配合和协调。在处理问题时全面综合地考虑，综合利用各种知识和技术，系统工程要求统筹兼顾，避免顾此失彼。

系统这个概念，其含义十分丰富。它与要素相对应，意味着总体与全局；它与孤立相对应，意味着各种关系与联系；它与混乱相对应，意味着秩序与规律。研究系统，意味着从事物的总体与全局、要素的联系与结合上，去研究事物的运动与发展，找出其固有的规律，建立正常的秩序，实现整个系统的优化。

上述系统工程的要旨表明，清洁生产的有效实施必须遵循系统原理和系统工程方法。清洁生产的实施主体是作为生产单元的企业，但其有效实施必须建立在企业、政府与公众良好的协调关系上。清洁生产必须依靠各级政府、部门和公众的支持，特别是国家要在宏观经济发展规划和产业政策中纳入清洁生产内容，以引导和约束企业。另外，必须进一步加强政府部门、企业和公众的清洁生产意识，提高清洁生产知识和技术水平。

复习思考题

1. 为什么说物质平衡理论是可持续发展与循环经济理论的基础？
2. 什么是生态工业学？简述生态工业与传统工业有哪些不同。
3. 谈谈如何构建生态工业园区。
4. 什么是生命周期评价？简述生命周期评价的意义。
5. 系统工程方法在清洁生产中有何作用？

第 4 章

清洁生产的法律法规和政策

4.1 国家法律法规和相关产业政策

4.1.1 清洁生产促进法的产生

自 1993 年开始，在联合国环境规划署、世界银行的援助和许多外国专家的协助下，我国启动和实施了一系列推进清洁生产的项目，逐步开展推行清洁生产工作。全国绝大多数省、自治区、直辖市都先后开展了清洁生产的培训和试点工作，通过实施清洁生产，普遍取得了良好的经济效益、环境效益以及社会效益。经过一段时间的实践后我们发现，现行条件下，由于企业内部可能存在的一系列障碍和困难，单纯地依靠企业清洁生产示范作用和清洁生产培训来推动实施清洁生产工作，是非常困难的，且并不能保证企业完全自觉自主、持久地推行并实施清洁生产工作。所以，建立和制定一部符合我国国情，具有鼓励性、促进性的清洁生产法律，有助于使各级政府、社会各界了解实施清洁生产工作的重要意义，提高企业及相关人员自觉实施清洁生产的积极性；有助于明确各级政府及有关部门在推行清洁生产方面的义务，为企业实施清洁生产提供支持和服务；有助于帮助企业克服技术、资金、市场等方面的障碍，增强企业实施清洁生产的能力；有助于企业明确实施清洁生产的途径和方向，适应我国可持续发展的形势；从长远看，也将有助于国民经济朝循环经济的方向转变。

此外，值得关注的是，我国在先后颁布和修订的一些污染防治相关的法律法规中，都提及清洁生产并作为重要内容。例如，《中华人民共和国大气污染防治法》（第四十一条、第四十三条）明确提出应采用清洁生产工艺来作为控制污染物排放的重要措施；《中华人民共和国固体废物污染环境防治法》（第三条、第三十八条、第六十八条）提出应促进清洁生产和循环经济发展，产生工业固体废物的单位应进行清洁生产审核以及产品包装设计过程中应遵守清洁生产的规定。

因此，我国制定清洁生产促进法是必要的、切实可行的。

为了促进清洁生产，促进经济与社会的可持续发展，2002 年 6 月，在中华人民共和国第九届全国人民代表大会常务委员会第二十八次会议上通过《中华人民共和国清洁生产促进法》，自 2003 年 1 月 1 日起施行。2012 年 2 月，根据第十一届全国人民代表大会常务委员会第二十五次会议《关于修改〈中华人民共和国清洁生产促进法〉的决定》修正，自 2012 年 7 月 1 日起施行。

4.1.2　清洁生产的相关政策

4.1.2.1　经济政策促进清洁生产

经济政策的扶持可以使企业的经济效益与清洁生产结合起来，调控企业针对清洁生产的实施强度和决策行为，从而强有力地影响企业实施清洁生产工作。采用多种形式和内容的经济政策措施是推动企业清洁生产的有效工具。

（1）税收鼓励政策

税收政策是政府为了实现一定时期的社会或经济目标，通过一定的税收政策手段，调参市场经济主体的物质利益、给以强制性刺激，从而在一定程度上干预市场机制运行的一种经济活动及其准则。税收政策的实施过程是由政策决策主体、政策目标、政策手段、目标和手段之间的内在联系、政策效果评价和信息反馈等内容组成的一个完整的调控系统。我国为鼓励和引导企业实施清洁生产工作，加强环境保护力度，制定了一系列有利于清洁生产的税收优惠政策，主要包括：

① 增值税优惠。增值税征收通常包括生产、流通或消费过程中的各个环节，是基于增值额或价差为计税依据的中性税种，理论上包括农业各个产业领域（种植业、林业和畜牧业）、采矿业、制造业、建筑业、交通和商业服务业等，或者按原材料采购、生产制造、批发、零售与消费各个环节。企业购置清洁生产设备时，允许抵扣进项增值税额，以此来降低企业购买清洁生产设备的费用，刺激清洁生产设备的需求；对利用废物生产产品和从废物中回收原料的企业，税务机关按照国家有关规定，减征或者免征增值税。例如《中华人民共和国增值税暂行条例》第十五条规定免征增值税项目中就包括了直接用于科学研究、科学试验和教学的进口仪器、设备。又如，根据《财政部、国家税务总局关于部分资源综合利用及其他产品增值税政策问题的通知》（财税字〔2000〕198 号），自 2001 年 1 月 1 日起，对下列货物实行增值税即征即退的政策：a. 利用煤炭开采过程中伴生的舍弃物油母页岩生产加工的页岩油及其他产品；b. 在生产原料中掺有不少于 30% 的废旧沥青混凝土生产的再生沥青混凝土；c. 利用城市生活垃圾生产的电力；d. 在生产原料中掺有不少于 30% 的煤矸石、石煤、粉煤灰、烧煤锅炉的炉底渣（不包括高炉水渣）及其他废渣生产的水泥。同时，自 2001 年 1 月 1 日起，对下列货物实行按增值税应纳税额减半征收的政策：a. 利用煤矸石、煤泥、油母页岩和风力生产的电力；b. 部分新型墙体材料产品。

② 企业所得税优惠。企业所得税是对我国境内的企业和其他取得收入的组织的生产经营所得和其他所得征收的一种所得税。企业所得税减免是指国家运用税收经济杠杆，为鼓励和扶持企业或某些特殊行业的发展而采取的一项灵活调节措施。企业所得税条例原则规定了两项减免税优惠，一是民族区域自治地方的企业需要照顾和鼓励的，经省级人民政府批准，可以实行定期减税或免税；二是法律、行政法规和国务院有关规定给予减税免税的企业，依照规定执行。对税制改革以前的所得税优惠政策中，属于政策性强，影响面大，有利于经济发展和维护社会安定的，经国务院同意，可以继续执行。对企业投资采用清洁生产技术生产的产品或有利于环境的绿色产品的生产经营所得税及其他相关税收，给予减税甚至免税的优惠。允许用于清洁生产的设备加速折旧，以此来减轻企业税收负担，增加企业税后所得，激活企业对技术进步的积极性。

③ 关税优惠。关税是引进出口商品经过一国关境时，由政府设置的海关向引进出口商

征收的税收。对出口的清洁产品，实施退税，提高我国环保产品价格竞争力，开拓海外市场；对进口的清洁生产技术、设备实行免税，加快企业引进清洁生产技术和设备的步伐，消化吸收国外先进的技术。如对城市污水和造纸废水部分处理设备实行进口商品暂定税率，享受关税优惠。

④ 营业税优惠。对从事提供清洁生产信息、进行清洁生产技术咨询和中介服务机构采取一定的减税措施，促进多功能、全方位的政策、市场、技术、信息服务体系的形成，为清洁生产提供必要的社会服务。

⑤ 投资方向调节税优惠。在固定资产投资方向调节税中，对企业用于清洁生产的投资执行零税率，提高企业投资清洁生产的积极性。如建设污水处理厂、资源综合利用等项目，其固定资产投资方向调节税实行零税率。

⑥ 建筑税优惠。建设污染治理项目，在可以申请优惠贷款的同时，该项目免交建筑税。

⑦ 消费税优惠。对生产、销售达到低污染排放限值的小轿车、越野车和小客车减征一定比例的消费税。

⑧ 环保税优惠。环境保护税（简称"环保税"）作为我国第一个体现"绿色税制"的税种，2018 年 1 月 1 日起，《中华人民共和国环境保护税法》施行，截至 2022 年 1 月 1 日已平稳征收四年。各地税务部门主动发挥税收职能，持续促进绿色发展，鼓励节能减排、助力"碳达峰""碳中和"的积极效应不断显现。例如，四年来，上海排放的应税污染物浓度值低于国家和地方规定的污染物排放标准 30% 的企业累计享受减免环保税 0.38 亿元，排放浓度值低于国家和地方规定的污染物排放标准 50% 的企业累计享受减免环保税 2.32 亿元，"清洁生产、绿色发展"正成为越来越多企业的共识。

由此，国家推行的一系列税收优惠政策给予各行业企业很大支持。例如，近 3 年，位于湖北宜昌长江岸边的新材料产业园区的兴发集团，享受各项减税降费 4.3 亿元，其中普惠性减税 3.1 亿元，资源税改革实现减税 2700 万元，高新技术资格获得减税 5378 万元，社保费减免 3975 万元。兴发集团利用这笔税费优惠，探索节能减排新工艺、绿色环保新技术，全面提升黄磷清洁生产水平，实现资源循环利用、废弃物全部利用，废水利用率 99%、年节约用水 800 多万吨，固体废物利用率 100%、年利用固体废物 270 万吨，变"三废"为"三宝"，集团年产值超 500 亿元，利税超 30 亿元，成了长江经济带转型升级绿色发展示范园区。

（2）财政鼓励政策

财政政策是指政府变动税收和支出以便影响总需求进而影响就业和国民收入的政策。变动税收是指改变税率和税率结构。变动政府支出指改变政府对商品与劳务的购买支出以及转移支付。它是国家干预经济的主要政策之一。通常采用优先采购、补贴或奖金、贷款，或贷款加补贴的形式鼓励企业实施清洁生产计划及节约能源项目。我国的许多中小型企业即使找到实现减污降耗的先进技术和改造方案也由于资金缺乏而无法付诸实际。因此，采取积极的财政鼓励政策，帮助企业在一定程度上解决资金障碍，对促进我国清洁生产的实施具有关键性的作用。在推行清洁生产中可以采取的财政鼓励政策如下：

① 各级政府优先采购或按国家规定比例采购节能、节水、废物再生利用等有利于环境与资源保护的产品。一方面通过对清洁产品的直接消费，为清洁生产注入资金；另一方面通过政府的示范、宣传、鼓励，引导公众购买、使用清洁产品，从而促进清洁生产的发展。

② 建立清洁生产表彰奖励制度，对在清洁生产工作中做出显著成绩的单位和个人，由

政府给予表彰和奖励。

③ 国务院和县级以上各级地方政府在本级财政中安排资金，对清洁生产研究、示范和培训以及实施国家清洁生产重点技术改造项目给予资金补助。

④ 政府鼓励和支持国内外经济组织通过金融市场、政府拨款、环境保护补助资金、社会捐款等渠道依法筹集中小型企业清洁生产投资资金。开展清洁生产审核以及实施清洁生产的中小型企业可以向投资基金经营管理机构申请低息或无息贷款。

⑤ 列入国家重点污染防治和生态保护的项目，国家给予资金支持；城市维护费可用于环境保护设施建设；国家征收的排污费优先用于污染防治。

4.1.2.2 其他相关政策

（1）对生产和使用环保设备的鼓励政策

根据中央关于采取积极财政政策，促进经济快速、健康发展的精神，对环保设备（产品）给予鼓励和扶持的政策。为贯彻落实《国务院关于印发节能减排综合性工作方案的通知》精神，满足当前节能减排工作需要，提高我国环保技术装备水平，培育新的经济增长点，促进资源节约型、环境友好型社会建设，2010 年，由国家发展和改革委员会及环境保护部（现生态环境部）发布《当前国家鼓励发展的环保产业设备（产品）目录（2010 年版）》，自发布之日起施行。《当前国家鼓励发展的环保产业设备（产品）目录》，包括了水污染治理设备、空气污染治理设备、固体废物处理设备、噪声控制设备、环境监测仪器、节能与可再生能源利用设备、资源综合利用与清洁生产设备、环保材料与药剂八大类型。

相关的鼓励和扶持政策包括：

① 企业技术改造项目凡使用目录中的国产设备，按照财政部、国家税务总局的《关于印发〈技术改造国产设备投资抵免企业所得税暂行办法〉的通知》（财税字〔1999〕290 号）的规定，享受投资抵免企业所得税的优惠政策。

② 企业使用目录中的国产设备，经企业提出申请，报主管税务机关批准后，可实行加速折旧办法。

③ 对专门生产目录内设备（产品）的企业（分厂、车间），在符合独立核算、能独立计算盈亏的条件下，其年净收入在 30 万元（含 30 万元）以下的，暂免征收企业所得税。

④ 为引导环保产业发展方向，国家在技术创新和技术改造项目中，重点鼓励开发、研制、生产和使用列入目录的设备（产品）；对符合条件的国家重点项目，将给予贴息支持或适当补助。

⑤ 使用财政性质资金进行的建设项目或政府采购，应优先选用符合要求的目录中的设备（产品）。

（2）对相关科学研究和技术开发的鼓励政策

国家对相关科学研究和技术开发的鼓励政策和促进措施主要包括：

① 遵照《中华人民共和国清洁生产促进法》，国家鼓励开展有关清洁生产的科学研究、技术开发和国际合作，组织宣传、普及清洁生产知识，推广清洁生产技术。

② 国家和行业科技部门，应将阻碍清洁生产的重大技术问题列入国家或行业科研计划，组织跨行业、跨部门的研究力量进行联合攻关或直接从国外引进此类技术；国家有关部门应针对行业清洁生产技术规范、与清洁生产相关的科研成果及引进的清洁生产关键技术，组织有关专家进行评价、筛选，为清洁生产的企业减少技术风险。

③ 国家应促进相应研究和开发的支持及服务系统的建设，加强、改进信息的搜集与交流，各类标准的制定与实施，科研设备的配置，等等。

④ 国家应努力推动技术成果的转化，推进科技成果的产业化。

⑤ 国家应通过有效的政策措施，鼓励企业消化吸收国外的先进技术和设备，提高清洁装备的国产化水平。

4.2   重要法规解读

4.2.1   清洁生产促进法的主要内容

作为我国第一部以推行清洁生产为目的的法律，《中华人民共和国清洁生产促进法》于 2003 年颁布实施，该法明确规定了政府推行清洁生产的责任，对企业提出实施清洁生产的要求，并对企业实施清洁生产给予支持鼓励，该法律全文共六章四十条。

第一章为总则，共六条。指明了制定清洁生产促进法的目的、定义，明确了政府推行清洁生产的责任，规定了清洁生产促进工作实行统一监督管理和分级、分部门分工合作的监督管理体制。国务院清洁生产综合协调部门负责组织、协调全国清洁生产促进工作。国务院环境保护、工业、科学技术、财政和其他有关部门按各自职责负责有关的清洁生产促进工作。县级以上地方人民政府负责领导本行政区域内的清洁生产促进工作。县级以上地方人民政府确定的清洁生产综合协调部门负责组织、协调本行政区域内的清洁生产促进工作。县级以上地方人民政府其他有关部门，按照各自的职责，负责有关的清洁生产促进工作。

第二章为清洁生产的推行，共十一条。国务院清洁生产综合协调部门会同国务院环境保护、工业、科学技术、建设、农业等有关部门定期发布清洁生产技术、工艺、设备和产品导向目录。国家对浪费资源和严重污染环境的落后生产技术、工艺、设备和产品实行限期淘汰制度。国务院有关部门按照职责分工，制定并发布限期淘汰的生产技术、工艺、设备以及产品的名录。国务院有关部门可以根据需要批准设立节能、节水、废物再生利用等环境与资源保护方面的产品标志，并按照国家规定制定相应标准。各级人民政府应当优先采购节能、节水、废物再生利用等有利于环境与资源保护的产品。

第三章为清洁生产的实施，共十二条。规定了新建、改建和扩建项目应当进行环境影响评价，对原料使用、资源消耗、资源综合利用以及污染物产生与处置等进行分析论证，优先采用资源利用率高以及污染物产生量少的清洁生产技术、工艺和设备。企业在进行技术改造过程中，应当采取规定的清洁生产措施。产品和包装物的设计，应当考虑其在生命周期中对人类健康和环境的影响，优先选择无毒、无害、易于降解或者便于回收利用的方案。企业应当在经济技术可行的条件下对生产和服务过程中产生的废物、余热等自行回收利用或者转让给有条件的其他企业和个人利用。应当对生产和服务过程中的资源消耗以及废物的产生情况进行监测，并根据需要对生产和服务实施清洁生产审核。生产、销售被列入强制回收目录的产品和包装物的企业，必须在产品报废和包装物使用后对该产品和包装物进行回收。强制回收的产品和包装物的目录与具体回收办法，将由国务院经济贸易行政主管部门制定。要求餐饮、娱乐、宾馆等服务性企业及建筑行业也实行清洁生产，减少使用或者不使用浪费资源、污染环境的消费品；建筑工程、建筑和装修用材必须符合清洁生产的要求。

第四章为鼓励措施，共五条。国家建立清洁生产表彰奖励制度。对从事清洁生产研究、示范和培训，实施国家清洁生产重点技术改造项目和本法第二十八条规定的自愿节约资源、削减污染物排放量协议中载明的技术改造项目予以资金扶持。在依照国家规定设立的中小企业发展基金中，应当根据需要安排适当数额用于支持中小企业实施清洁生产。依法利用废物和从废物中回收原料生产产品的，按照国家规定享受税收优惠。企业用于清洁生产审核和培训的费用，可以列入企业经营成本。

第五章为法律责任，共五条。清洁生产综合协调部门或者其他有关部门未依照本法规定履行职责的，对直接负责的主管人员和其他直接责任人员依法给予处分。未按照规定公布能源消耗或者重点污染物产生、排放情况的，未标注产品材料的成分或者不如实标注的，生产、销售有毒、有害物质超过国家标准的建筑和装修材料的，不实施强制性清洁生产审核或者在清洁生产审核中弄虚作假的，或者实施强制性清洁生产审核的企业不报告或者不如实报告审核结果的责令限期改正，情节严重的予以追究行政、民事、刑事责任。

第六章为附则，共一条。规定了该法自 2003 年 1 月 1 日起施行。

该法的出台和实施，使各级政府和全社会更好地了解实施清洁生产的重要意义，提高企业自觉实施清洁生产的积极性。为企业实施清洁生产创造良好的外部环境，帮助企业克服技术、资金、市场等方面的困难，增强企业实施清洁生产的积极性。

2012 年 2 月 29 日第十一届全国人民代表大会常务委员会第二十五次会议通过《关于修改〈中华人民共和国清洁生产促进法〉的决定》，自 2012 年 7 月 1 日起施行。

2012 年新修订的《中华人民共和国清洁生产促进法》重要内容如下：

① 进一步明确政府相关部门推进清洁生产的工作分工及职责。针对地方政府负责清洁生产工作部门不一致的情况，规定由县级以上地方人民政府确定的负责清洁生产综合协调的部门负责组织、协调本行政区域内的清洁生产促进工作。

② 扩大对企业实施强制性清洁生产审核范围。对第二十七条进行了补充完善，在保留对原规定的"双超双有"企业依法进行强制性清洁生产审核外，增加了对"超过能源消耗限额标准的高耗能企业依法进行强制清洁生产审核"条款。

③ 加强财政支持力度，明确要求中央和地方政府均要统筹安排支持推进清洁生产工作的财政资金。规定中央预算应当加强对清洁生产工作的资金投入，包括中央财政清洁生产专项资金和中央预算安排的其他清洁生产资金，用于支持国家清洁生产推行规划确定的重点领域、重点行业、重点工程实施清洁生产及其技术推广工作，以及生态脆弱地区实施清洁生产的项目。县级以上地方人民政府应当统筹地方财政安排的清洁生产促进工作的资金，引导社会资金，支持清洁生产重点项目。

④ 强化清洁生产审核法律责任。首先是强化了政府部门不履行职责的法律责任。第三十五条明确规定"清洁生产综合协调部门或者其他部门未依照法律规定履行职责的，对直接负责的主管人员和其他直接责任人员依法给予处分"。其次是强化了企业开展强制性清洁生产审核的法律责任。第三十六条规定"未按照规定公布能源消耗或者重点污染物产生、排放情况的，由县级以上地方人民政府负责清洁生产综合协调的部门、环境保护部门按照职责分工责令公布，可以处十万元以下的罚款"。第三十九条规定"不实施强制性清洁生产审核或者在清洁生产审核中弄虚作假的，或者实施强制性清洁生产审核的企业不报告或不如实报告审核结果的，由县级以上地方人民政府负责清洁生产综合协调的部门、环境保护部门按照职责分工责令限期改正；拒不改正的，处以五万元以上五十万元以下的罚款"。此外，还强化了评估验收部门和单位及其工作人员的法律责任。第三十九条规定"承担评估验收工作的部

门或单位及其工作人员向被评估验收企业收取费用的，不如实评估验收或者在评估验收中弄虚作假的，或者利用职务之便谋取利益的，对直接负责的主管人员和其他直接责任人员依法给予处分；构成犯罪的，依法追究刑事责任"。

⑤ 进一步强化政府监督与社会监督的作用。明确要求实施强制性清洁生产审核的企业，应当将审核结果向所在地县级以上地方人民政府负责清洁生产综合协调的部门、环境保护部门报告，并在本地区主要媒体上公布，接受公众监督（涉及商业秘密的除外）。

4.2.2　《清洁生产审核办法》的主要内容

为落实《中华人民共和国清洁生产促进法》（2012 年），进一步规范清洁生产审核程序，更好地指导地方和企业开展清洁生产审核，国家发改委和环境保护部（现生态环境部）对《清洁生产审核暂行办法》进行了修订。修订后的《清洁生产审核办法》于 2016 年 7 月 1 日起正式实施，2004 年 8 月 16 日颁布的《清洁生产审核暂行办法》（国家发展和改革委员会、国家环境保护总局第 16 号令）同时废止。

办法中规定，清洁生产审核是指按照一定程序，对生产和服务过程进行调查和诊断，找出能耗高、物耗高、污染重的原因，提出降低能耗、物耗、废物产生以及减少有毒有害物料的使用、产生和废弃物资源化利用的方案，进而选定并实施技术经济及环境可行的清洁生产方案的过程。

《清洁生产审核办法》共六章，四十条内容。

第一章为总则，共五条。指明制定清洁生产审核办法的依据；规定清洁生产审核的定义、适用单位及部门；明确各相关部门组织开展清洁生产审核工作的职责；规定清洁生产审核工作的主体。

第二章为清洁生产审核范围，共三条。规定清洁生产审核分为自愿性审核和强制性审核，以及强制性审核的企业范围。

第三章为清洁生产审核的实施，共六条。包括指明实施强制性清洁生产审核的企业名单，由所在地县级以上环境保护主管部门按照管理权限提出，逐级报省级环境保护主管部门核定后确定，根据属地原则书面通知企业，并抄送同级清洁生产综合协调部门和行业管理部门；公布强制性清洁生产审核企业的相关信息；规定实施强制性清洁生产审核名单的企业清洁生产审核开展时限；规定清洁生产审核程序等内容。

第四章为清洁生产审核的组织和管理，共十三条。包括规定清洁生产审核以企业自行组织开展为主，不具备独立开展清洁生产审核能力的企业，可以聘请外部专家或委托具备相应能力的咨询服务机构协助开展清洁生产审核；协助企业组织开展清洁生产审核工作的咨询服务机构应具备的条件；强制性清洁生产的企业完成本轮清洁生产审核及报告相关主管部门的时间；县级以上清洁生产综合协调部门应当会同环境保护主管部门、节能主管部门，对企业实施强制性清洁生产审核的情况进行监督，督促企业按进度开展清洁生产审核；对实施清洁生产审核的效果进行评估验收等内容。

第五章为奖励与处罚，共十条。包括了对自愿实施清洁生产审核，以及清洁生产方案实施后成效显著的企业进行表彰；加大清洁生产项目的投资支持力度；实施强制性清洁生产审核的企业若违反本办法相关规定的，进行相应处罚等内容。

第六章为附则，共三条。指明本办法由国家发展和改革委员会和环境保护部（现生态环境部）负责解释，各省、自治区、直辖市等可依照本办法制定实施细则，施行日期为 2016

年 7 月 1 日。

清洁生产审核是推进清洁生产最有效的手段和方法。企业在实际开展清洁生产审核过程中，应结合自身具体情况，依据审核办法，按照审核程序进行清洁生产审核，并明晰清洁生产审核的重点与难点，积极推进清洁生产审核工作。

4.2.3　《"十四五"全国清洁生产推行方案》的重要内容解读

（1）出台背景

《"十四五"全国清洁生产推行方案》（发改环资〔2021〕1524 号，以下简称《方案》）立足于我国已经推行清洁生产的较好基础，承上启下，对推动我国经济社会全面向绿色低碳、高质量发展转型，促进实现碳达峰、碳中和的目标，推动生态环境质量改善由量变到质变都起到关键指导作用，并具有重大意义。同时也能提升企业竞争力、培育新的绿色经济增长点，实现发展规模速度与质量效益的统一以及经济效益与社会效益、环境效益的统一，突破传统治理模式，推动各行业发展全面实现绿色转型。

（2）继续全面系统推进工业、农业、建筑业、服务业、交通运输业等重点行业的清洁生产工作

经过几十年的持续发展，工业行业在我国国民经济中一直占有显著地位，工业增加值在 GDP 中占比维持在 30% 以上。同时，工业行业也面临严峻的发展瓶颈问题，包括其资源能源消耗高、有毒有害污染物产生量大、环境风险突出等问题。《方案》中强调要突出抓好工业清洁生产，对重化工、制造业等典型工业行业给予重点关注。以能源、钢铁、焦化等为代表的重点行业已成为环境污染问题的焦点，而清洁生产工作能推动各行业的节能、减排和技术进步。在工业领域，重点是抓源头、抓替代、抓改造；在农业领域，重点是抓投入品减量、抓过程清洁化、抓废弃物资源化；在建筑业，推行清洁生产的重点包括持续提高新建建筑节能标准、推进既有建筑和市政基础设施节能改造、推广可再生能源建筑、加强建筑垃圾源头管控和资源化利用等；在服务业，推行清洁生产的重点包括减少一次性物品使用和禁用限用一次性塑料用品、全面节水和提高用水效率、加强餐饮油烟治理和厨余垃圾资源化利用等；在交通运输业，推行清洁生产的重点包括优化运输结构、发展高效运输组织模式、推广应用新能源和清洁能源交通工具以及节能环保技术和产品等。《方案》强调从加强高耗能高排放建设项目清洁生产评价、推行工业产品绿色设计、加快燃料原材料清洁替代、大力推进重点行业清洁低碳改造多个角度入手，推进工业行业的绿色、清洁和高质量发展，抓住行业关键共性问题，改变传统的末端治理手段，针对行业特点分析摸清污染物产生关键环节及产量，从生产全过程分析提出具有明显行业特点的污染防控对策，使得环境问题得到有效解决。

清洁生产的"效益激励"机制，有效化解了环保和经济发展的矛盾，持续推动企业自我改进，实现绿色升级，是"精准治污、科学治污、依法治污"的具体体现。

（3）发展清洁生产作为实现减污降碳协同增效的重要手段

《方案》提到开展系统性清洁生产改造，加速形成清洁生产产业高质量发展的新格局，有力促进实现碳达峰、碳中和目标。对标节能环保和碳达峰、碳中和相关工作要求，运用系统观念和全生命周期思想，从生产全过程系统部署了"十四五"期间推行清洁生产，明确严格控制把关高耗能高排放项目，加快淘汰落后产能，大力推广产品绿色设计、原材料及燃料

的清洁替代、清洁低碳化改造等，持续促进新建和改扩建项目单位产品能耗、物耗、水耗等指标达到国内先进水平，甚至是国际领先水平，从而减少污染物和碳排放总量与浓度，全面促进重点领域提升减污降碳协同增效水平。清洁生产对推动减污降碳协同增效、助力实现碳达峰、碳中和所起的作用主要体现在以下三方面：

第一，有益于推动全社会节能降碳。随着清洁生产推行工作的持续推进，强调使用清洁低碳能源，通过不断完善管理制度和促进技术进步，实现从源头到末端全过程的节能降碳，能够强有力地提升各领域能源利用效率。第二，有益于减少污染物排放。清洁生产强调减少或避免生产、服务和产品使用过程中污染物的产生和排放，有效保护环境。第三，有益于促进企业的产业结构向绿色低碳升级转型。清洁生产对产品的整个生产过程、全产业链和产品全生命周期提出绿色低碳要求，不断促进绿色低碳技术的研发、推广以及应用，使企业坚持构建较为完善的绿色生产方式，加速产业转型升级。

（4）坚持加强清洁生产产业培育和模式创新

《方案》提到，支持培育核心技术企业和专业化服务机构。同时，创新清洁生产服务模式，探索构建以绩效为核心的清洁生产服务支付机制和第三方服务机构责任追溯机制，健全清洁生产技术服务体系和咨询服务市场；创新审核管理模式，探索推行分级管理模式，对重点企业严格实施清洁生产审核，对其他企业可适当简化审核程序；创新评价认证模式，鼓励企业开展自愿性清洁生产评价认证，符合要求的视同开展清洁生产审核；创新结果应用模式，有效衔接清洁生产审核与其他相关管理制度，推进清洁生产审核并将评价认证结果作为电价、信贷、环保管控等差异化政策制定和实施的重要依据；创新审核实施模式，开展行业、园区和产业集群整体审核试点，将碳排放指标纳入清洁生产审核。创新区域协同推进机制，在区域发展重大战略中探索建立清洁生产协同推进机制，做到统一要求、联合推广、整体改造等。

（5）加强推行清洁生产的保障措施

为推动清洁生产在我国继续顺利实施，《方案》提出通过完善清洁生产相关法律法规及相关标准、加强政策激励和基础能力建设、强化组织实施等措施，保障顺利推进完成相关重点工程、重大举措及重要任务。这些保障措施，有利于形成一批成果显著、带动性强的清洁生产示范工程，具有很强的针对性和可操作性。有助于"十四五"期间清洁生产工作顺利推进并有效实施。

4.3 清洁生产标准

为了贯彻实施《中华人民共和国环境保护法》和《中华人民共和国清洁生产促进法》，进一步推动我国的清洁生产工作，防止生态破坏，保护人民健康，促进经济发展，为企业开展清洁生产提供技术支持和导向，制定清洁生产标准是必要且关键的。

清洁生产标准是我国环境标准的重要补充。清洁生产标准体现了污染预防思想以及资源节约与环境保护的基本要求，强调要符合产品生命周期分析理论，体现了全过程污染预防思想，并覆盖了从原材料到生产过程和产品的处理处置的各个环节。清洁生产标准的编制和发布，是落实《中华人民共和国清洁生产促进法》赋予环保部门有关职责，引导和推动企业清洁生产的重要措施；是环保工作加快推进历史性转变，推动实现环境优化经济增长的重要手段；是完善国家环境标准体系，加强污染全过程控制的重要保障。

经过近年来的宣传、推广，清洁生产标准已经在全国环保系统、工业行业和企业中具备广泛的影响，成为清洁生产领域的基础性标准。各级环保部门将清洁生产标准作为环境管理工作的依据，作为企业清洁生产审核、环境影响评价、生态工业园区示范建设等工作的重要依据。

4.3.1　清洁生产标准的基本框架

根据清洁生产战略，清洁生产标准体现污染预防思想，考虑产品的生命周期。为此重点考察生产工艺与装备选择的先进性、资源能源利用和产品的可持续性、污染物产生的最少化、废物处理处置的合理性和环境管理的有效性。

各个行业的生产过程、工艺特点、产品、原料、经济技术水平和管理水平不同，因此应根据不同行业的情况建立各行业的清洁生产环境标准。清洁生产的环境标准基本内容和框架体系主要包括以下几个方面：

（1）三级环境标准

第一级为该行业清洁生产国际先进水平。便于企业和管理部门了解和掌握国际国内该行业的生产发展水平和自己的差距，激励企业向高标准高要求靠近。

第二级为该行业清洁生产国内先进水平。便于企业和管理部门根据自己的实际情况选择清洁生产的努力目标。

第三级为该行业清洁生产基本要求。体现清洁生产持续改进的思想，在达到清洁生产基本要求的基础上，还应向更高的目标前进。

（2）六类指标

即生产工艺与装备要求、资源能源利用指标、产品指标、污染物产生指标、废物回收利用指标和环境管理要求。在这六类指标下又包含若干具体定量或定性的指标。前五类指标是技术性指标，体现的是技术手段促进清洁生产的要求，后一类指标是管理性指标，体现的是管理手段促进清洁生产的要求。

4.3.2　我国相关行业清洁生产标准

自 2002 年以来，环境保护部（现生态环境部）委托中国环境科学研究院组织开展了 50 多个行业的清洁生产标准制定工作，行业清洁生产标准汇总见表 4-1。

表 4-1　行业清洁生产标准汇总表

序号	标准名称	标准号	实施日期
1	清洁生产标准 酒精制造业	HJ 581—2010	2010/9/1
2	清洁生产标准 制革工业(羊革)(已废止)	HJ 560—2010	2010/5/1
3	清洁生产标准 铜电解业	HJ 559—2010	2010/5/1
4	清洁生产标准 铜冶炼业	HJ 558—2010	2010/5/1
5	清洁生产标准 宾馆饭店业	HJ 514—2009	2010/3/1
6	清洁生产标准 废铅酸蓄电池铅回收业	HJ 510—2009	2010/1/1
7	清洁生产标准 铅电解业	HJ 513—2009	2010/2/1
8	清洁生产标准 粗铅冶炼业	HJ 512—2009	2010/2/1
9	清洁生产标准 氯碱工业(聚氯乙烯)	HJ 476—2009	2009/10/1
10	清洁生产标准 氯碱工业(烧碱)	HJ 475—2009	2009/10/1
11	清洁生产标准 纯碱行业	HJ 474—2009	2009/10/1
12	清洁生产标准 氧化铝业	HJ 473—2009	2009/10/1
13	清洁生产审核指南 制订技术导则	HJ 469—2009	2009/7/1
14	清洁生产标准 造纸工业(废纸制浆)(已废止)	HJ 468—2009	2009/7/1

续表

序号	标准名称	标准号	实施日期
15	清洁生产标准 水泥工业(已废止)	HJ 467—2009	2009/7/1
16	清洁生产标准 钢铁行业(铁合金)(已废止)	HJ 470—2009	2009/8/1
17	清洁生产标准 葡萄酒制造业	HJ 452—2008	2009/3/1
18	清洁生产标准 印制电路板制造业	HJ 450—2008	2009/2/1
19	清洁生产标准 合成革工业(已废止)	HJ 449—2008	2009/2/1
20	清洁生产标准 制革工业(牛轻革)(已废止)	HJ 448—2008	2009/2/1
21	清洁生产标准 铅蓄电池工业(已废止)	HJ 447—2008	2009/2/1
22	清洁生产标准 煤炭采选业	HJ 446—2008	2009/2/1
23	清洁生产标准 淀粉工业	HJ 445—2008	2008/11/1
24	清洁生产标准 味精工业	HJ 444—2008	2008/11/1
25	清洁生产标准 石油炼制业(沥青)	HJ 443—2008	2008/11/1
26	清洁生产标准 电石行业	HJ/T 430—2008	2008/8/1
27	清洁生产标准 化纤行业(涤纶)	HJ/T 429—2008	2008/8/1
28	清洁生产标准 钢铁行业(炼钢)(已废止)	HJ/T 428—2008	2008/8/1
29	清洁生产标准钢铁行业(高炉炼铁)(已废止)	HJ/T 427—2008	2008/8/1
30	清洁生产标准钢铁行业(烧结)(已废止)	HJ/T 426—2008	2008/8/1
31	清洁生产标准 制订技术导则	HJ/T 425—2008	2008/8/1
32	清洁生产标准 白酒制造业	HJ/T 402—2007	2008/3/1
33	清洁生产标准 烟草加工业	HJ/T 401—2007	2008/3/1
34	清洁生产标准 平板玻璃行业(已废止)	HJ/T 361—2007	2007/10/1
35	清洁生产标准 彩色显像(示)管生产	HJ/T 360—2007	2007/10/1
36	清洁生产标准 化纤行业(氨纶)(已废止)	HJ/T 359—2007	2007/10/1
37	清洁生产标准 镍选矿行业	HJ/T 358—2007	2007/10/1
38	清洁生产标准 电解锰行业(已废止)	HJ/T 357—2007	2007/10/1
39	清洁生产标准 造纸工业(硫酸盐化学木浆生产工艺)(已废止)	HJ/T 340—2007	2007/10/1
40	清洁生产标准 造纸工业(漂白化学烧碱法麦草浆生产工艺)(已废止)	HJ/T 339—2007	2007/7/1
41	清洁生产标准 钢铁行业(中厚板轧钢)	HJ/T 318—2006	2007/2/1
42	清洁生产标准 造纸工业(漂白碱法蔗渣浆生产工艺)(已废止)	HJ/T 317—2006	2007/2/1
43	清洁生产标准 乳制品制造业(纯牛乳及全脂乳粉)	HJ/T 316—2006	2007/2/1
44	清洁生产标准 人造板行业(中密度纤维板)	HJ/T 315—2006	2007/2/1
45	清洁生产标准 电镀行业(已废止)	HJ/T 314—2006	2007/2/1
46	清洁生产标准 铁矿采选业	HJ/T 294—2006	2006/12/1
47	清洁生产标准 汽车制造业(涂装)(已废止)	HJ/T 293—2006	2006/12/1
48	清洁生产标准 基本化学原料制造业 (环氧乙烷/乙二醇)	HJ/T 190—2006	2006/10/1
49	清洁生产标准 钢铁行业(已废止)	HJ/T 189—2006	2006/10/1
50	清洁生产标准 氮肥制造业	HJ/T 188—2006	2006/10/1
51	清洁生产标准 电解铝业	HJ/T 187—2006	2006/10/1
52	清洁生产标准 甘蔗制糖业	HJ/T 186—2006	2006/10/1
53	清洁生产标准 纺织业(棉印染)	HJ/T 185—2006	2006/10/1
54	清洁生产标准 食用植物油工业(豆油和豆粕)	HJ/T 184—2006	2006/10/1
55	清洁生产标准 啤酒制造业	HJ/T 183—2006	2006/10/1
56	清洁生产标准 制革行业(猪轻革)	HJ/T 127—2003	2003/6/1
57	清洁生产标准 炼焦行业	HJ/T 126—2003	2003/6/1
58	清洁生产标准 石油炼制业	HJ/T 125—2003	2003/6/1

4.4　强制性清洁生产审核制度

清洁生产审核分为自愿性清洁生产审核和强制性清洁生产审核，有下列情况之一的，应当实施强制性清洁生产审核。

（1）"双超"型企业

污染物排放超过国家和地方排放标准，或者污染物排放总量超过地方人民政府核定的排放总量控制指标的企业，亦称"双超"型企业。

（2）"双有"型企业

使用有毒有害原材料进行生产或者在生产中排放有毒有害物质的企业，亦称"双有"型企业。注意：有毒有害原材料或者物质主要指《危险货物品名表》（GB 12268—2012）、《危险化学品名录》及《国家危险废弃物名录》中规定的剧毒、强腐蚀性、强刺激性、放射性（不包括核电设施和军工核设施）、致癌变、致畸形、致突变等物质。

（3）高能耗企业

即《2010 年国民经济和社会发展统计报告》中确认的六大高能耗行业：化学原料及化学制品制造业、非金属矿物制品业、黑色金属冶炼及压延加工业、有色金属冶炼及压延加工业、石油加工炼焦及核燃料加工业、电力热力的生产和供应业。

污染物排放超过国家或者地方规定的排放标准的企业，应当按照环境保护相关法律的规定治理。实施强制性清洁生产审核的企业，应当将审核结果向所在地县级以上地方人民政府负责清洁生产综合协调的部门、环境保护部门报告，并在本地区主要媒体上公布，接受公众监督，但涉及商业秘密的除外。

县级以上地方人民政府有关部门应当对企业实施强制性清洁生产审核的情况进行监督，必要时可以组织对企业实施清洁生产的效果进行评估验收，所需费用纳入同级政府预算。承担评估验收工作的部门或者单位不得向被评估验收企业收取费用。

复习思考题

1. 《"十四五"全国清洁生产推行方案》主要内容是什么？
2. 简述清洁生产标准体系的构成。
3. 什么情况下，应当实施强制性清洁生产审核？

第 5 章

清洁生产审核

5.1 清洁生产审核概述

5.1.1 清洁生产审核的意义

清洁生产审核以前亦称为清洁生产审计。清洁生产审核的对象是企业。清洁生产审核是对企业现在的和计划进行的工业生产实行预防污染的分析和评估，是企业实行清洁生产的重要前提。在实行预防污染分析和评估的过程中，应制定并实施减少能源、水和原材料使用，消除或减少产品和生产工艺过程中有毒物质的使用，减少各种废物排放及其毒性的方案。

我国经济长期以来是一种粗放型的发展模式，存在企业生产工艺和技术设备落后，管理不完善，工业污染严重的现象。要改变这一局面，很有必要大力开展物耗最小化、废物减量化和效益最大化的清洁生产。而清洁生产审核是企业推行清洁生产、进行全过程污染控制的核心。清洁生产审核，要对企业生产全过程的每个环节、每道工序可能产生的污染进行定量的监测，找出高物耗、高能耗、高污染的原因，然后有的放矢地提出对策，制定方案，防止和减少污染的产生。

5.1.2 清洁生产审核的主要任务

① 审查产品在使用过程中或废物的处置中是否有毒、有污染，对有毒、有污染的产品尽可能选择替代品，尽可能使产品及其生产过程无毒、无污染。

② 审查使用的原辅材料（文中也称原辅料）是否有毒、有害，是否难于转化为产品产生的"三废"，是否难于回收利用等，能否选用无毒、无害、无污染或少污染的原辅材料。

③ 审查产品生产过程、工艺设备是否陈旧落后，工艺技术水平高低，过程控制自动化程度，生产效率与国内外先进水平差距，等，找出主要原因进行工业技术改造，优化工艺操作。

④ 审查企业管理情况，对企业的工艺、设备、材料消耗、生产调度、环境管理等方面，找出因管理不善而使原材料消耗高、能耗高、排污多的原因与责任方，从而拟定加强管理的措施与制度，提出解决办法。

⑤ 对需投资改造，实现清洁生产的方案进行技术、环境、经济的可行性分析，以选择技术可行、环境与经济效益最佳的方案，予以实施。

随着经济的发展，环境保护工作的压力增加。要从过去偏重末端治理转变到对全过程的控制，作为社会经济的细胞——各个工业企业，只有通过企业的清洁生产审核来推进清洁生产，才能把预防污染的方针落到实处，最终取得人类和自然的和谐发展。

清洁生产是一种跨学科、综合的战略，其目标是实现可持续生产和消费，最终实现可持续发展。而清洁生产审核和环境管理体系是执行这一战略的环境工具。企业是通过清洁生产审核来贯彻清洁生产思想的。所以，把清洁生产简单地理解成企业清洁生产审核，是片面和不完整的。

5.1.3　清洁生产审核的概念

《清洁生产审核办法》所称的清洁生产审核，是指按照一定程序对生产和服务过程进行调查和诊断，找出能耗高、物耗高、污染重的原因，提出减少有毒有害物料的使用、产生，降低能耗、物耗以及废物产生的方案，进而选定技术可行、经济及环境效益最佳的清洁生产方案的过程。清洁生产审核的核心工作在于找出组织所存在的问题，并提出可行的清洁生产实施方案。因此，清洁生产审核定义可简单地概括为：组织（一般为企业、公司、工厂等）运用以文件支持的一套系统化的程序方法，进行生产全过程评价、污染预防机会识别、清洁生产方案筛选的综合分析活动过程。

企业的清洁生产审核是一种对污染来源、废物产生原因及其整体解决方案的系统的分析和实施过程，旨在通过实行预防污染的分析和评估，寻找尽可能高效率利用资源（如原辅材料、能源、水资源等），减少或消除废物的产生和排放的方法，是企业实行清洁生产的重要前提和基础。持续的清洁生产审核活动会不断产生各种清洁生产的方案，有利于组织在生产和服务过程中逐步实施，从而使其环境绩效持续得到改进。

值得注意的是，清洁生产审核只是实施清洁生产的一种主要技术方法，而不是唯一的方法，这种方法能够为企业提供技术上的便利，但对于一些生产过程相对简单的企业，清洁生产审核方法就显得过于烦琐。因此，是否需要进行清洁生产审核应当由企业根据自己的实际需要决定。

5.1.4　清洁生产审核的目标

清洁生产审核主要目的是判定出企业不符合清洁生产要求的地方和做法，并提出解决方案，达到节能、降耗、减污和增效的目的。有效的清洁生产审核，可以系统地指导企业实现以下目标。

① 全面评价企业生产全过程及其各个过程单元或环节的运行管理现状，掌握生产过程的原材料、能源与产品、废物（污染物）的输入输出状况。

② 分析识别影响资源能源有效利用，造成废物产生以及制约企业生态效率的原因或瓶颈问题。

③ 产生并确定企业从产品、原材料、技术工艺、生产运行管理以及废物循环利用等多途径进行综合污染预防的机会、方案与实施计划。

④ 不断提高企业管理者与广大职工清洁生产的意识和参与程度，促进清洁生产在企业的持续改进。

5.1.5　清洁生产审核应把握的三项基本原则

清洁生产审核应当以企业为主体，遵循企业自愿审核与国家强制审核相结合、企业自主审核与外部协助审核相结合的原则，因地制宜、有序开展、注重实效。

（1）坚持以企业为主体，外部咨询机构协助的原则

清洁生产审核的对象是企业，即对企业生产全过程的每个环节、每道工序可能产生的污染物进行定量的监测和分析，找出高物耗、高能耗、高污染的原因，有的放矢地提出对策，制定切实可行的方案，防止或减少污染的产生。清洁生产审核可以帮助企业找出按照一般方法难以发现或者容易忽视的问题，解决这些问题常常会使企业获得经济效益和环境效益，帮助企业树立良好的社会形象，进而提高企业的竞争力。清洁生产审核的所有工作都是围绕企业来进行的，离开了企业，所有工作都无法开展。当然外部咨询机构要有坚实的力量和丰富的实践经验，方能帮助企业解决实际问题。

（2）自愿与强制相结合的原则

《中华人民共和国清洁生产促进法》对企业指导性的要求和自愿性的规定较多，有关强制性的要求较少，突出了该法律的特点。根据该法律规定，为了加快推行清洁生产的步伐，应鼓励所有企业开展清洁生产审核。对污染物排放达到国家和地方规定的排放标准以及当地人民政府核定的污染物排放总量控制指标的企业，可自愿开展清洁生产审核，并应以自愿开展为主体，尽量少干预。

有下列三种情形之一的企业，应当实施强制性清洁生产审核：污染物排放超过国家或者地方规定的排放标准，或者虽未超过国家或者地方规定的排放标准，但超过重点污染物排放总量控制指标的；超过单位产品能源消耗限额标准构成高耗能的；使用有毒有害原料进行生产或者在生产中排放有毒有害物质的。

（3）因地制宜、注重实效、有序开展的原则

我国地域辽阔，企业众多，各地区经济发展不均衡，不同地区、不同行业的企业工艺技术、资源消耗、污染排放情况千差万别，在实施清洁生产审核时应结合当地的实际情况，因地制宜地开展工作。此外，作为企业实施清洁生产的一种主要技术方法，只有帮助企业找到切实可行的清洁生产方案，企业实施相应的方案后能够取得实实在在的效益，才能引导企业将开展清洁生产审核作为自觉行为。

5.1.6 清洁生产审核的思路

清洁生产审核思路可用一句话概括，即判明废弃物产生的部位，分析废弃物产生的原因，提出方案以减少或消除废弃物产生（图 5-1）。

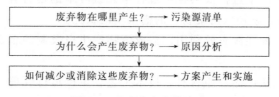

图 5-1 清洁生产审核思路

（1）废弃物在哪里产生（where）？

通过现场调查和物料平衡找出废弃物产生的部位并确定其产量，或发现影响企业生产效率的瓶颈环节与部位。

（2）为什么会产生废弃物（why）？

具体分析产品生产过程的每一个环节，深入了解，并熟知产生这些废弃物或影响企业生

产效率的原因。

（3）如何减少或消除这些废弃物（how）？

针对每一个废弃物产生原因或具体影响企业生产效率的原因，通过聘请行业专家，参考同行业国内外先进企业的相应情况及处理办法，提出针对本企业相应的有效解决方案。这些方案可以是无/低费的，也可是中/高费的，且这些解决方案可以是几个甚至几十个，这主要依据企业的规模、生产工艺的繁简程度而定。通过实施这些方案来减少或消除废弃物的产生，并提高生产效率。

审核思路中提出要分析污染物产生的原因和提出预防或减少污染产生的方案，为此需要分析生产过程中污染物产生的主要途径与重点部位，这是清洁生产与末端治理的重要区别之一。末端治理重点在污染物产生后，通过相应的治理手段来消除污染物对环境的危害。

企业的一个生产和服务过程可抽象成八个方面，即原辅材料和能源、技术工艺、设备、过程控制、管理、员工六个方面的输入，得出产品和废弃物两个方面的输出。无法避免而产生的废弃物，要优先采用回收和循环使用的措施，最终剩余部分才向外部环境达标排放（图 5-2）。

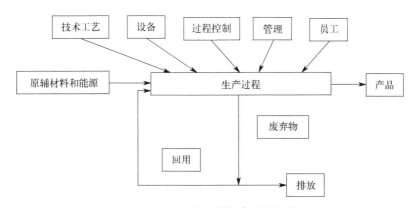

图 5-2　企业生产和服务全过程流程图

清洁生产审核是为了实现环境与经济的双赢，其中一个重要内容就是通过提高能源、资源利用效率，减少废弃物的产生量。企业的一个生产和服务过程的八个方面的划分存在相互交叉、重叠与渗透。例如，先进的技术工艺决定了设备的先进性，过程控制的现代化是保障，其中必然需要先进的管理制度和模式，更需要员工队伍的高素质，从而保证生产出来的产品拥有较高的品质。要注意，八个方面是各有侧重点的，原因分析时应归结到主要原因与根本问题上。对每一个污染源都要从这八个方面进行原因分析，并针对原因提出相应的解决方案，但并非每个污染源问题都存在八个方面的原因。

（1）原辅材料和能源

原材料和辅助材料本身所具有的特性，如毒性、难降解性等，在一定程度上决定了产品及其生产过程对环境的危害程度，因而选择对环境无害的原辅材料是清洁生产所要考虑的重要方面。

企业是我国能源消耗的主体，以冶金、电力、石化、有色、建材、印染等行业为主，尤其对于重点能耗企业［国家规定年综合能源消费量为 10000t 标准煤以上（含 10000t）的用能单位为重点能耗企业；各省、自治区、直辖市商务厅指定年综合能源消费量 5000t 以上（含 5000t）、不足 10000t 标准煤的用能单位也列为重点能耗企业］，节约能源是首要任务。

我国实施节约与开发并举、把节约放在首位的能源发展战略。

除原辅材料和能源本身所具有的特性以外，原辅材料的储存、发放、运输、投入方式和投入量等也都有可能导致废弃物的产生。

（2）技术工艺

生产过程的技术工艺水平基本上决定了废弃物的数量和种类，先进而有效的技术可以提高原材料的利用效率，从而减少废弃物的产生。结合技术改造预防污染是实现清洁生产的一条重要途径。反应步骤过长、连续生产能力差、生产稳定性差、工艺条件过高等技术工艺上的原因都可能导致废弃物的产生。

（3）设备

设备作为技术工艺的具体体现在生产过程中也具有重要作用，设备的适用性及其维护、保养情况等均会影响废弃物的产生。

（4）过程控制

过程控制对许多生产过程是极为重要的，如化工、炼油及其他类似的生产过程，反应参数是否处于受控状态并达到优化水平（或工艺要求），对产品的得率和优质品的得率具有直接的影响，因而也就影响废弃物的产生量。

（5）产品

产品自身决定了生产过程，同时产品性能、种类和结构等的变化往往要求生产过程做相应的改变和调整，因而也会影响废弃物的种类和数量。此外，产品的包装方式和用材、产品体积大小、产品报废后的处置方式以及产品储运和搬运过程等，都是在分析和研究与产品相关的环境问题时应加以考虑的因素。

（6）废弃物

废弃物本身所具有的特性和所处的状态直接关系到它是否可在现场再用和循环使用。"废弃物"只有当其离开生产过程时才成为废弃物，否则仍为生产过程中的有用材料和物质，应尽可能回收，以减少废弃物排放的数量。

（7）管理

导致物料、能源的浪费和废物增加的另一个主要原因是目前我国大部分企业的管理水平较低，管理制度不完善。任何管理上的松懈和遗漏，如岗位操作过程不够完善、缺乏有效的奖惩制度等，都会严重影响生产中废弃物的产生。通过组织的"自我决策、自我控制、自我管理"方式，可把环境管理融于组织全面管理之中。

（8）员工

任何生产过程中，均需要人员的参与，因此员工素质是控制生产过程和废弃物产生的重要因素。缺乏专业技术人员、缺乏熟练的操作技术人员和有经验的管理人员以及员工缺乏清洁生产积极性和进取精神等都有可能导致废物的增加。

5.2　清洁生产审核的程序

组织实施清洁生产审核是推行清洁生产的重要途径。基于我国清洁生产审核示范项目的经验，并根据国外有关废物最少化评价和废物排放审核方法与实施的经验，国家清洁生产中心开发了我国的清洁生产的审核程序，包括筹划和组织、预评估、评估、方案产生和筛选、方案的可行性分析、方案实施、持续清洁生产七个阶段。组织清洁生产审核工作程序如图5-3 所示。其中第二阶段预评估、第三阶段评估、第四阶段方案产生和筛选以及第六阶段方案实施是整个审核过程中的重点阶段。

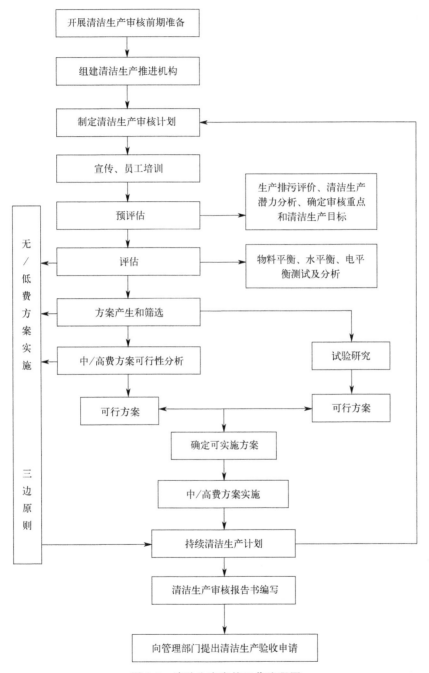

图 5-3　清洁生产审核工作流程图

整个清洁生产审核过程分为两个时段审核，即第一时段审核和第二时段审核。第一时段审核包括筹划和组织、预评估、评估及方案产生和筛选 4 个阶段。第一时段审核完成后应总结阶段性成果，提出清洁生产审核中期报告，以利于清洁生产审核的深入进行。第二时段审核包括方案的可行性分析、方案实施和持续清洁生产 3 个阶段。第二时段审核完成后应对清洁生产审核全过程进行总结，提交清洁生产审核（最终）报告，并展开下一阶段的清洁生产（审核）工作。

5.3　筹划和组织

目的和重点：

筹划和组织是企业进行清洁生产审核工作的第一个阶段，是报告的第三部分。目的是通过清洁生产宣讲使企业的领导和职工对清洁生产有一个初步的、比较正确的认识，消除思想上和观念上的障碍，了解企业清洁生产审核的工作内容、要求及其工作程序。

该阶段工作的重点是取得企业高层领导的支持和参与，组建清洁生产审核小组，制订审核工作计划和宣传清洁生产理念和思想，达到明确任务目标和统一思想认识的目的。

5.3.1　领导的参与

清洁生产审核是一项综合性很强的工作，涉及企业的各个部门，而且随着审核工作阶段的变化，参与审核工作的部门和人员可能也会变化。只有取得企业高层领导的支持和参与，由高层领导动员并协调企业各个部门和全体职工积极参与，审核工作才能顺利进行。高层领导的支持和参与也是审核过程中提出的清洁生产方案符合实际、容易实施的关键。

了解清洁生产审核可能给企业带来的巨大好处，是企业高层领导支持和参与清洁生产审核的动力和重要前提。清洁生产审核可能给企业带来经济效益、环境效益、提高无形资产和推动技术进步等方面的好处，从而增强企业的市场竞争能力。

（1）经济效益

减少废弃物所产生的直接经济效益、间接经济效益，或综合经济效益；无/低费方案的实施所产生的经济效益的现实性。

（2）环境效益

对企业实施更严格的环境要求是国际、国内大势所趋；提高环境形象是当代企业的重要竞争手段；清洁生产是国内外大势所趋；清洁生产审核尤其是无/低费方案可以很快产生明显的环境效益。

（3）无形资产

无形资产有时可能比有形资产更有价值；清洁生产审核有助于企业由粗放型经营向集约型经营过渡；清洁生产审核是对企业领导加强本企业管理的一次有力支持；清洁生产审核是提高劳动者素质的有效途径。

（4）技术进步

清洁生产审核是一套包括发现和实施无/低费方案，以及产生、筛选和逐步实施技改方案在内的完整程序，鼓励采用节能、低耗、高效的清洁生产技术；清洁生产审核的可行性分析，使企业的技改方案更加切合实际并充分利用国内外最新信息。

阐明清洁生产审核需要企业的一定投入，包括：管理人员、技术人员和操作工人必要的时间投入，监测设备和监测费用的必要投入，编制审核报告的费用，以及可能的聘请外部专家的费用。但与清洁生产审核可能带来的效益相比，这些投入是很小的。重点阐明无/低费方案能带来的经济效益、环境效益和社会效益等。

5.3.2　组建审核小组

计划开展清洁生产审核的企业，首先要在企业内组建一个有权威的审核小组，这是顺利实施企业清洁生产审核的组织保证。

（1）推选组长

审核小组组长是审核小组的核心，一般情况下，最好由企业高层领导兼任组长，或由企业高层领导任命一位具有如下条件的人员担任，并授予必要权限。组长的条件是：

① 具备企业的生产、工艺、管理与新技术的知识和管理经验；

② 掌握污染防治的原则和技术，并熟悉有关的环保法律、法规；

③ 了解审核工作程序，熟悉审核小组成员情况；

④ 具备领导和组织工作的才能并善于和其他部门合作；

⑤ 积极带头支持清洁生产工作等。

（2）选择成员

审核小组的成员数目应根据企业的实际情况来定，一般情况下专职成员由 3～5 人组成，兼职成员可根据需要确定，审核小组成员应包含企业每个部门的主要成员。小组成员的条件是：

① 具备企业清洁生产审核的知识或工作经验；

② 掌握企业的生产、工艺、管理等方面的情况及新技术信息；

③ 熟悉企业的废弃物产生、治理和管理情况以及国家和地区环保法规和政策等；

④ 具有宣传、组织工作的能力和经验。

如有必要，审核小组的成员在确定审核重点的前后应及时调整。审核小组必须有一位成员来自本企业的财务部门。该成员不一定专职投入审核，但要了解审核的全部过程，不宜中途换人。

（3）明确任务

审核小组的任务包括：

① 制订工作计划；

② 开展宣传教育；

③ 确定审核重点和目标；

④ 组织和实施审核工作；

⑤ 编写审核报告；

⑥ 总结经验，负责清洁生产审核的评估与验收工作；

⑦ 在清洁生产审核验收后制订详细的持续清洁生产的建议和计划。

来自企业财务部门的审核成员，应该介入审核过程中一切与财务计算有关的活动，准确计算企业清洁生产审核的投入和收益，并将其详细地单独列账。中小型企业和不具备清洁生产审核技能的大型企业，其审核工作要取得外部专家的支持。如果审核工作有外部专家的帮助和指导，本企业的审核小组还应负责与外部专家的联络、研究外部专家的建议并尽量吸收其有用的意见。

审核小组成员职责与投入时间等应列表说明，如表 5-1 所示，表中要列出审核小组成员的姓名、在小组中的职务、从事专业、来自部门及职务/职称、计划应投入的时间、具体职责和工作内容等。

表 5-1　清洁生产审核小组成员及分工表

序号	姓名	审核小组职务	来自部门及职务/职称	从事专业	职责	计划应投入的时间	工作内容

5.3.3　制订工作计划

制订一个比较详细的清洁生产审核工作计划，有助于审核工作按一定的程序和步骤进行，组织好人力与物力，各司其职，协调配合，审核工作才会获得满意的效果，企业的清洁生产目标才能逐步实现。

审核小组成立后，要及时编制审核工作计划表（表 5-2），分别说明工作阶段、主要工作内容、负责部门、负责人、完成时间工作成果、考核部门及任务等。

表 5-2　清洁生产审核工作计划表

阶段	工作内容	完成时间	工作成果	责任部门及责任人	考核部门及任务
1. 审核准备					
2. 预审核					
3. 审核					
4. 方案产生和筛选					
5. 可行性分析					
6. 方案实施					
7. 持续清洁生产					
8. 审核报告完成时间					

5.3.4　开展宣传教育

广泛开展宣传教育活动，争取企业内各部门和广大职工的支持，尤其是现场操作工人的积极参与，是清洁生产审核工作顺利进行和取得更大成效的必要条件。

确定宣传的方式和内容。

高层领导的支持和参与固然十分重要，但没有中层干部和操作工人的实施，清洁生产审核仍很难取得重大成果。当企业上下都将清洁生产思想自觉地转化为指导本岗位生产操作实践的行动时，清洁生产审核才能顺利持久地开展下去，清洁生产审核才能给企业带来更大的经济和环境效益，推动企业技术进步，更大程度地支持企业高层领导的管理工作。

（1）宣传方式

可采用下列方式：

① 利用企业现行各种例会；

② 下达开展清洁生产审核正式文件；

③ 企业内部广播和网站；

④ 电视、录像；

⑤ 黑板报和宣传手册；

⑥ 组织报告会、研讨班、培训班；

⑦ 开展各种咨询等。

（2）宣传教育内容

一般为：

① 技术发展、清洁生产以及清洁生产审核的概念；

② 清洁生产与末端治理的内容及其利与弊；

③ 国内外该行业清洁生产审核的成功实例，重点宣传成功对企业带来的好处；

④ 清洁生产审核中的障碍及其克服的可能性；

⑤ 清洁生产审核工作的内容与要求；

⑥ 本企业鼓励清洁生产审核的各种措施；

⑦ 本企业各部门已取得的审核效果以及他们的具体做法等。

（3）障碍存在调查

企业开展清洁生产审核往往会遇到不少障碍，不克服这些障碍则很难达到企业清洁生产审核的预期目标。各个企业可能有不同的障碍，必须调查摸清存在的障碍，以便于对症开展工作。在企业内部推行清洁生产，有部分激励因素，如各种奖励措施，但同时也存在着不少潜在的障碍，这些障碍的克服有利于推动实施清洁生产审核工作。

障碍克服办法在阻碍克服宣传中。发现职工存在思想问题，针对这些问题，公司领导和审核小组应采取一系列的方法解决员工的认识和思想问题。

5.4　预评估

目的和重点：

预评估是清洁生产审核工作的第二阶段，报告的第四部分，目的是对企业全貌进行调查分析，分析和发现清洁生产的潜力和机会，从而确定本轮审核的重点。工作重点是评价企业的产污排污状况，确定审核重点，并针对审核重点设置清洁生产目标。预评估要从生产全过程出发，对企业现状进行调研和考察，摸清污染现状和产污重点并通过定性比较或定量分析，从而确定出审核重点。

5.4.1　现状调研和考察

（1）进行现状调研

本阶段收集的资料，是全厂的和宏观的，主要内容如下：

① 企业概况。企业发展简史、规模、产值、利税、组织结构、人员状况和发展规划等；企业所在地的地理、地质、水文、气象和生态环境等基本情况。

② 企业的生产状况。企业主要原辅料、主要产品、能源及用水情况，要求以表格形式，列出总耗及单耗，列出主要车间或分厂的消耗情况，并分析得出主要能耗、物耗等的主要环

节；企业的主要工艺流程，以框图表示，要求标出主要原辅料、水、能源及废弃物的流入、流出和去向；企业设备水平及维护状况，如设备安装率、完好率、泄漏率等。

③ 企业的环境保护状况。主要污染源及其排放情况，包括状态、数量、污染物毒性等级等；主要污染源的治理现状，包括处理方法、效果、问题及废弃物处理费等；"三废"的循环（综合）利用情况，包括方法、效果、效益以及存在的问题；企业涉及的有关环保法规与要求，如排污许可证、区域总量控制、行业排放标准等。

④ 企业的管理状况。包括从原料采购和库存、生产及操作直到产品出厂的全面管理水平、计量器具配备、运行和校准情况等。

（2）进行现场考察

随着生产的发展，一些工艺流程、装置和管线可能已做过多次调整和更新，这些可能无法在图纸、说明书、设备清单及有关手册上反映出来。此外，实际生产操作和工艺参数控制等往往和原始设计及规程不同。因此，需要进行现场考察，以便对现状调研的结果加以核实和修正，并发现生产中的问题。同时，通过现场考察，在全厂范围内发现明显的无/低费清洁生产方案。

① 现场考察内容。对整个生产过程进行实际考察，即从原料开始，逐一考察原料库、生产车间、成品库以及"三废"处理设施；各产污、排污环节，水耗和（或）能耗大的环节，设备事故多发的环节、部位或车间等；实际生产管理状况，如岗位责任制执行情况，工人技术水平及实际操作状况，车间技术人员及工人的清洁生产意识等。

② 现场考察方法。核查分析有关设计资料和图纸，工艺流程图及其说明，物料衡算、能（热）量衡算的情况，设备与管线的选型与布置等；另外，还要查阅岗位记录、生产报表（月平均及年平均统计报表）、原料及成品库存记录、废弃物报表、监测报表等；与工人和工程技术人员座谈，了解并核查实际的生产与排污情况，听取意见和建议，发现关键问题和部位，征集无/低费方案。

（3）评价产污排污状况

在对比分析国内外同类企业产污排污状况的基础上，对本企业的产污原因进行初步分析，并评价执行环保法规情况。

① 对比国内外同类企业产污排污状况。在资料调研、现场考察及专家咨询的基础上，汇总国内外同类工艺、同等装备、同类产品先进企业的生产、消耗、产污排污及管理水平，与本企业的各项指标相对照，并列表说明。

② 初步分析产污原因。

a. 对比国内外同类企业的先进水平，结合本企业的原料、工艺、产品、设备等实际状况，确定本企业的理论产污、排污水平；

b. 调查汇总企业目前的实际产污、排污状况；

c. 从影响生产过程的八个方面出发，对产污、排污的理论值与实际状况之间的差距进行初步分析，并评价在现状条件下企业的产污、排污状况是否合理。

（4）评价企业环保执法状况

评价企业执行国家及当地环保法规及行业排放标准的情况，包括达标情况、缴纳排污费及处罚情况等。

（5）做出评价结论

对比国内外同类企业的产污、排污水平，对企业在现有原料、工艺、产品、设备及管理水平下，其产污、排污状况的真实性、合理性及有关数据的可信度，予以初步评价。

5.4.2 审核重点的确定

通过前面的工作，已基本探明了企业现存的问题及薄弱环节，可从中确定出本轮审核的重点。审核重点的确定，应结合企业的实际综合考虑。

此处内容主要适用于工艺复杂的大中型企业，对工艺简单、产品单一的中小企业，可不必经过确定备选审核重点阶段，而依据定性分析直接确定审核重点。

（1）确定备选审核重点

首先根据所获得的信息，列出企业主要问题，从中选出若干问题或环节作为备选审核重点。企业生产通常由若干单元操作构成。单元操作指具有物料的输入、加工和输出功能，完成某一特定工艺过程的一个或多个工序或工艺设备。原则上，所有单元操作均可作为潜在的审核重点。根据调研结果，通盘考虑企业的财力、物力和人力等实际条件，选出若干车间、工段或单元操作作为备选审核重点。

① 备选审核重点的原则。

a. 污染严重的环节或部位；

b. 消耗大的环节或部位；

c. 环境及公众压力大的环节或问题；

d. 有明显的清洁生产机会的应优先考虑作为备选审核重点。

② 备选审核重点的方法。将所收集的数据，进行整理、汇总和换算，并列表说明，以便为后续步骤"确定审核重点"服务。填写数据时应注意以下几点：

a. 消耗及废弃物量应以各备选重点的月或年的总发生量统计；

b. 能耗一栏根据企业实际情况调整，可以是标煤、电、油等能源形式。表 5-3 给出了某厂备选审核重点情况汇总表。

表 5-3　某厂备选审核重点情况汇总表

序号	备选审核重点名称	废弃物量/(t/月)		主要能耗						环保费用						
		水	渣	原料消耗		水耗		能耗		费用小计	厂内处理处置费	厂外处理处置费	排污费	罚款	其他	费用小计
				总量/(t/月)	费用	总量/(×10⁴t/月)	费用	标煤总量/(t/月)	费用							
1	工段1	800	6	1000	30	10	20	500	6	56	40	20	60	15	5	140
2	工段2	600	2	2000	50	25	50	1500	18	118	20	0	40	0	0	60
3	工段3	400	0.2	800	40	20	40	750	9	89	5	0	10	0	0	15

注：表中费用单位为万元/月。

（2）确定审核重点

采用一定方法把备选审核重点排序，从中确定本轮审核的重点，同时为下一步的清洁生产审核提供优选名单。本轮审核重点的数量取决于企业的实际情况，一般一次选择一个审核重点。确定审核重点的方法有：

① 简单比较法。根据备选重点的废弃物排放量和毒性及消耗等情况，进行对比、分析和讨论，通常污染最严重、消耗最大、清洁生产机会最明显的部位定为第一轮审核重点。

② 权重总和计分排序法。工艺复杂、产品品种和原材料多样的企业，往往难以通过定性比较确定出重点。此外，简单比较一般只能提供本轮审核的重点，难以为下一步的清洁生产提供足够的依据。为提高决策的科学性和客观性，采用半定量方法进行分析。常用方法为权重总和计分排序法。审核小组宜根据资源和能源消耗、废物产生、环境影响、废物毒性、清洁生产潜力等因素的重要程度设定权重，对各备选审核重点的每个因素进行打分，计算得到权重总和值，按照其高低排序，确定审核重点。

根据各因素的重要程度，将权重值（W）简单分为三个层次：高重要性（权重值为 $8 \sim 10$）；中等重要性（权重值为 $4 \sim 7$）；低重要性（权重值为 $1 \sim 3$）。从已进行的清洁生产工作来看，对各权重因素值规定为如下范围较合适：废物量 $W = 10$，环境代价 $W = 8 \sim 9$，废物的毒性 $W = 7 \sim 8$，清洁生产的潜力 $W = 4 \sim 6$，车间的关系与合作程度 $W = 1 \sim 3$，发展前景 $W = 1 \sim 3$。

根据我国清洁生产的实践及专家讨论结果，在筛选审核重点时，通常考虑下述因素。各因素的重要程度，即权重值，可参照以下数值：废弃物量 $W = 1$，主要消耗 $W = 7 \sim 9$，环保费用 $W = 7 \sim 9$，市场发展潜力 $W = 4 \sim 6$，车间积极性 $W = 1 \sim 3$。

注意：a. 上述权重值仅为一个范围，实际审核时每个因素必须确定一个数值，一旦确定，在整个审核过程中不得改动。

b. 可根据企业实际情况增加废弃物毒性因素等。

c. 统计废弃物量时应选取企业最主要的污染形式，而不是把水、气、渣累计起来。

除主要污染形式外可根据实际增补项目，如 COD 总量等。

审核小组或有关专家，根据收集的信息，结合有关环保要求及企业发展规划，对每个备选重点，就上述各因素，按备选审核重点情况汇总表提供的数据或信息打分，分值（R）从 1 至 10，以最高者为满分（10 分）。将打分与权重值相乘（$R \times W$），并求所有乘积之和，即为该备选重点总得分排序，最高者即为本次审核重点，余者类推，参见表 5-4 所给实例。

如某科技电源公司，审核小组筛选出污染重、物耗大、能耗大的部位集中在铅酸蓄电池分厂、再生铅分厂，因此铅酸蓄电池分厂、再生铅分厂作为该轮清洁生产审核的备选重点，筛选审核重点时，考虑各个因素的重要程度，即权重值（W），见表 5-4。在再生铅分厂的废弃物量较大，打分 9 分，乘权重值后为 90；在再生铅分厂的主要消耗也较大，打分 9 分，乘权重值后为 81；其余各项得分依次类推，把得分相加即为该工段的总分。根据权重总和计分排序法评估结果，将再生铅分厂选定为该轮审核的重点。备选审核重点计分排序情况见表 5-4：

打分时应注意：

① 严格根据数据打分，以避免随意性和倾向性；

② 没有定量数据的项目，集体讨论后打分；

③ 讨论时应将审核小组成员集中以进行讨论，必要时可扩大讨论范围。

表 5-4　权重总和计分排序法确定审核重点分析表

因素	权重值 $W(1\sim10)$	备选审核重点得分			
		铅酸蓄电池分厂		再生铅分厂	
		$R(1\sim10)$	$R\times W$	$R(1\sim10)$	$R\times W$
废弃物量	10	3	30	9	90
主要消耗	9	2	18	9	81
环保费用	8	4	32	7	56
清洁生产潜力	6	3	18	6	36
车间积极性	4	3	12	3	12
总分 E			110		275
排序			2		1

5.4.3　设置清洁生产目标

设置定量化的硬性指标，才能使清洁生产真正落实，并能据此检验与考核，达到通过清洁生产预防污染的目的。目标的制定过程：谁负责制定，哪个部门负责检查、修订，目标审核周期、修订周期是多久等。制定清洁生产目标时，注意以下问题：

① 目标应包括单位产品废物减少量，物耗、水耗、电耗、煤耗减少量，经济效益（产品成本降低量）指标；

② 目标设置应实事求是，以达到可计量、可比较、可实现、有激励性；

③ 应代表行业中的中、高及以上水平。

（1）设置原则

清洁生产目标是针对审核重点的定量化、可操作并有激励作用的指标。要求不仅有减污、降耗或节能的绝对量，还要有相对量指标，并与现状对照。目标要具有时限性，分近期目标和远期目标。近期一般指到本轮审核基本结束并完成审核报告时为止，远期一般指对照行业标杆确定的长期奋斗目标（以 3~5 年的设定时间为妥）。表 5-5 为某科技电源有限公司再生铅分厂设置的清洁生产目标。

表 5-5　某科技电源有限公司再生铅分厂的清洁生产目标

序号	技术指标	现状	近期目标		远期目标	
			目标值	相对量/%	目标值	相对量/%
1	再生铅分厂单位产品（粗铅）SO_2 排放量/(kg/t)	4.82	0.36	−92.53	0.18	−96.27
2	再生铅分厂单位产品（粗铅）烟尘排放量/(kg/t)	0.11	0.054	−50.91	0.036	−67.27

（2）设置依据

① 根据外部的环境管理要求，如达标排放、限期治理等。

② 根据本企业历史最高水平。

③ 参照国内外同行业，类似规模、工艺或技术装备的厂家的水平。

④ 参照同行业清洁生产标准或行业清洁生产评价体系中的水平指标。

5.4.4　提出和实施无/低费方案

预评估过程中，在全厂范围内各个环节发现的问题，有相当部分可迅速采取措施解决。

对这些无需投资或投资很少，容易在短期（如审核期间）见效的措施，称为无/低费方案。

预评估阶段的无/低费方案是通过调研，特别是现场考察和座谈，而不必对生产过程做深入分析便能发现的方案，是针对全厂的；在评估阶段的无/低费方案，是必须深入分析物料平衡结果才能发现的，是针对审核重点的。

（1）目的

贯彻清洁生产边审核边实施的原则，以及时取得成效，滚动式地推进审核工作。

（2）方法

座谈、咨询、现场察看、散发清洁生产建议表，及时改进、及时实施、及时总结，对于涉及重大改变的无/低费方案，应遵循企业正常的技术管理程序实施。

（3）常见无/低费方案

① 原辅料及能源。采购量（库存量）尽量与实际需求量相匹配；加强原料质量（如纯度、水分、特征物含量等）的控制措施；根据生产操作调整包装的大小及包装形式，尽量做到包装物的重复利用等。

② 技术工艺。改进备料方法；增加捕集装置，减少物料或成品损失；改用易于处理处置的清洗剂。

③ 过程控制。选择在最佳配料比下进行生产；增加检测计量仪表；校准检测计量仪表；改善过程控制及在线监控；调整优化反应的参数，如温度、压力等。

④ 设备。改进并加强设备定期检查和维护，减少跑、冒、滴、漏；及时修补完善输热、输汽管线的隔热保温。

⑤ 产品。改进包装及其标志或说明；加强库存管理。

⑥ 管理。清扫地面时改用干扫法或拖地法，以取代水冲洗法；减少物料溅落并及时收集；严格岗位责任制及操作规程。

⑦ 废弃物。冷凝液的循环利用；现场分类收集可回收的物料与废弃物；余热利用；清污分流。

⑧ 员工。加强员工技术与环保意识的培训；采用各种形式的精神与物质激励措施。

5.5 评估

目的和重点：

该阶段是对组织审核重点的原材料、生产过程以及浪费的产生进行审核。审核是通过对审核重点的物料平衡、水平衡、能量衡算及价值流分析，分析物料、能量流失和其他浪费的环节，找出废弃物产生的原因，查找物料储运、生产运行、管理以及废弃物排放等方面存在的问题，寻找与国内外先进水平的差距，为清洁生产方案的产生提供依据。

该阶段工作重点是实测输入输出物流，建立物料平衡，分析废弃物产生原因。

5.5.1 制审核重点的工艺流程图

（1）收集基础资料

① 工艺资料。工艺流程图并非越细越好，而是收集的能用于物料监测的流程图；工艺设计的物料、热量平衡数据，重点核对实际情况，而非设计原始数据；工艺操作手册和说

明，重点查看可能导致物料流失的环节与部位；设备技术规范和运行维护记录，重点查看现场的实际记录；管道系统布局图；车间内平面布置图。

②　原材料和产品及生产管理资料。产品的组成及月、年度产量表；物料消耗统计表；产品和原材料库存记录；原料进厂检验记录；能源费用；车间成本费用报告；生产进度表。

③　废弃物资料。年度废弃物排放报告；废弃物（水、气、渣）分析报告；废弃物管理、处理和处置费用；排污费；废弃物处理设施运行和维护费。

④　国内外同行业资料。国内外同行业单位产品原辅料消耗情况（审核重点）；国内外同行业单位产品排污情况（审核重点）；列表与本企业情况比较。

⑤　现场调查。补充与验证已有数据；不同操作周期的取样、化验；现场提问；现场考察、记录；追踪所有物流；建立产品、原料、添加剂及废弃物等物流记录。

（2）编制工艺流程图

为了更充分和较全面地对审核重点进行实测和分析，首先应掌握审核重点的工艺过程和输入、输出物流情况。工艺流程图以图解的方式整理，标示工艺过程及进入和排出系统的物料、能源以及废弃物流的情况。图 5-4 是审核重点工艺流程示意图。

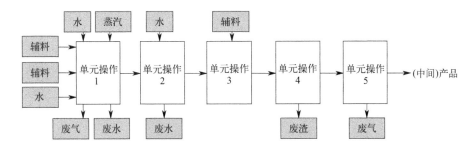

图 5-4　审核重点工艺流程示意图

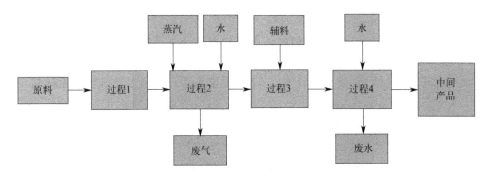

图 5-5　单元操作 1 的工艺流程示意图

（3）编制单元操作工艺流程图和功能说明表

当审核重点包含较多的单元操作，而一张审核重点流程图难以反映各单元操作的具体情况时，应在审核重点工艺流程图的基础上，分别编制各单元操作的工艺流程图（标明进出单元操作的输入、输出物流）和功能说明表。单元操作 1 的工艺流程示意如图 5-5 所示。表 5-6 为某啤酒厂审核重点（酿造车间）各单元操作功能说明表。

表 5-6   单元操作功能说明表

单元操作名称	功能简介
粉碎	将原辅料粉碎成粉、粒,以利于糖化过程物质分解
糖化	利用麦芽所含酶,将原料中高分子物质分解制成麦汁
麦汁过滤	将糖化醪中原料溶出物质与麦糟分开,得到澄清麦汁
麦汁煮沸	灭菌、灭酶、蒸出多余水分使麦汁浓缩至要求浓度
漩流澄清	使麦汁静置,分离出热凝固物
冷却	析出冷凝固物,使麦汁吸氧,降到发酵所需温度
麦汁发酵	添加酵母,发酵麦汁成酒液
过滤	去除残存酵母及杂质,得到清亮透明的酒液

（4）编制工艺设备流程图

工艺设备流程图主要是为实测和分析服务。与工艺流程图主要强调工艺过程不同,它强调的是设备和进出设备的物流。设备流程图要求按工艺流程,分别标明重点设备输入、输出物流及监测点。要注意,工艺流程图或工艺设备流程图都要符合实际流程。

5.5.2　实测和编制物料平衡

5.5.2.1　实测输入输出物流

为在评估阶段对审核重点做更深入、更细致的物料平衡和废弃物产生原因分析,必须实测审核重点的输入、输出物流。

（1）准备及要求

① 准备工作内容。

a. 制订现场实测计划：确定监测项目、监测点；确定实测时间和周期。

b. 校验监测仪器和计量器具。

c. 实测工作要求。

② 监测项目。应对审核重点全部的输入、输出物流进行实测,包括原料、辅料、水、产品、中间产品及废弃物等。物流中组分的测定根据实际工艺情况而定,有些工艺应测（例如电镀液中的 Cu、Cr,铅酸蓄电池生产工艺中的污染物 Pb 等）,有些工艺则不一定都测（例如炼油过程中各类烃的含量及类型等）,原则是监测项目应满足对废弃物流的初步统计与分析。

a. 监测点：监测点的设置须满足物料衡算的要求,即主要的物流进出口要监测,但对因工艺条件所限无法监测的某些中间过程,可用理论计算数值代替。

b. 实测时间和周期：对周期性（间歇）生产的企业,按正常一个生产周期（即一次配料由投入产品产出为一个生产周期）进行逐个工序的实测,而且至少实测三个周期；对于连续生产的企业,应连续（跟班）监测 72h。

c. 同步性：即输入、输出物流的实测要注意在同一生产周期内完成相应的输入和输出物流的实测。

d. 实测的条件：正常工况,按正确的检测方法进行实测。

e. 现场记录：边实测边记录,及时记录原始数据,并标出测定时的工艺条件（温度、压力等）。

f. 数据单位：数据收集的单位要统一,并注意与生产报表及年、月统计表的可比性。

g. 间歇操作的产品，采用单位产品的量进行统计，如 t/t、kg/t 等；连续生产的产品，可用单位时间产量进行统计，如 t/a、t/月、t/d 等。

（2）实测

① 实测输入。物流输入指所有投入生产的输入物；包括进入生产过程的原料、辅料、水、汽以及中间产品、循环利用物等。实测输入应包括：数量；组分（应有利于废弃物流分析）；实测时的工艺条件。

② 实测输出。物流输出指所有排出单元操作或某台设备、某一管线的排出物，包括产品、中间产品、副产品、循环利用物以及废弃物（废气、废渣、废水等）。实测输出应包括：数量；组分（应有利于废弃物流分析）；实测时的工艺条件。

各单元操作数据汇总如表 5-7 所示。

表 5-7　各单元操作数据汇总

单元操作	输入物					输出物					去向
	名称	数量	成分			名称	数量	成分			
			名称	含量	数量			名称	含量	数量	
单元操作 1											
单元操作 2											
单元操作 3											

注：1. 数量按单位产品的量或单位时间的量填写。

2. 成分指输入物和输出物中含有的贵重成分或（和）对环境有毒有害成分。

3. 汇总审校重点数据。在单元操作数据的基础上，将审核重点的输入和输出数据汇总成表，使其更加清楚明了。

（3）汇总数据

① 汇总各单元操作数据。将现场实测的数据经过整理、换算并汇总在一张或几张表上，具体可见表 5-8。

② 汇总审核重点数据。在单元操作数据的基础上，将审核重点的输入和输出数据汇总成表，使其更加清楚明了，表的格式可参照表 5-8。对于输入、输出物料是不能简单加和的，可根据组分的特点自行编制类似表格。

表 5-8　审核重点输入和输出数据汇总

输入		输出	
输入物	数量	输出物	数量
原料 1		产品	
原料 2		副产品	
辅料 1		废水	
辅料 2		废气	
水		废渣	
合计		合计	

5.5.2.2　建立物料平衡

建立物料平衡的目的，旨在准确地判断审核重点的废弃物流，定量地确定废弃物的数量、成分以及去向，从而发现过去无组织排放或未被注意的物料流失，并为产生和研制清洁生产方案提供科学依据。从理论上讲，物料平衡应满足公式：输入＝输出。

（1）进行预平衡测算

根据物料平衡原理和实测结果，考察输入、输出物流的总量和主要组分达到的平衡情况。一般说来，如果输入总量与输出总量之间的偏差在5％以内，则可以用物料平衡的结果进行随后的有关评估与分析，但对于贵重原料、有毒成分等的平衡偏差应更小或应满足行业要求；反之，则须检查造成较大偏差的原因，可能是实测数据不准或存在无组织物料排放等情况，这种情况下应重新实测或补充监测。

（2）编制物料平衡图

物料平衡图是针对审核重点编制的，即用图解的方式将预平衡测算结果标示出来。但在此之前须编制审核重点的物料流程图，即把各单元操作的输入、输出标在审核重点的工艺流程图上。图5-6和图5-7分别为某啤酒厂审核重点（酿造车间）的物料流程图和物料平衡图。当审核重点涉及贵重原料和有毒成分时，物料平衡图应标明其成分和数量，或每一成分单独编制物料平衡图。

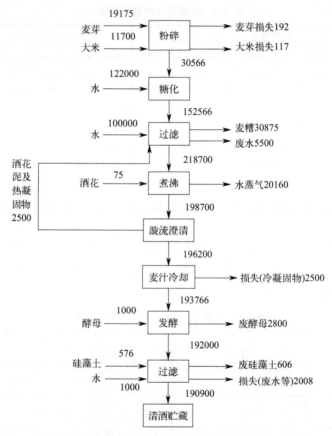

图 5-6　某啤酒厂审核重点（酿造车间）的物料流程图（单位：kg/d）

物料流程图以单元操作为基本单位，各单元操作用方框图表示，输入画在左边，主要的产品、副产品和中间产品按流程提示，而其他输出画在右边。

物料平衡图以审核重点的整体为单位。输入画在左边，主要的产品、副产品和中间产品标在下边，气体排放物标在上边，循环和回用物料标在左下角。

从严格意义上说，水平衡是物料平衡的一部分。水若参与反应，则是物料的一部分。但在许多情况下，它并不直接参与反应，而是作清洗和冷却之用。在这种情况下，当审核重点的耗水量较大时，为了了解耗水过程，寻找减少水耗的方法，应另外编制水平衡图。

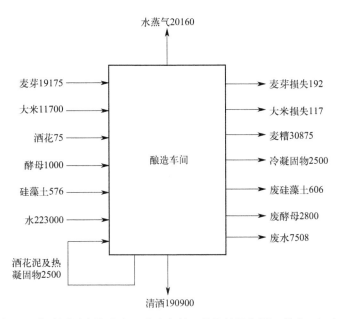

图 5-7　某啤酒厂审核重点（酿造车间）的物料平衡图（单位：kg/d）

（3）阐述物料平衡结果

在实测输入、输出物流及物料平衡的基础上，寻找废弃物及其产生部位，阐述物料平衡结果，对审核重点的生产过程作出评估。主要内容如下：

① 物料平衡的偏差；

② 实际原料利用率；

③ 物料流失部位（无组织排放）及其他废弃物产生环节和产生部位；

④ 废弃物（包括流失的物料）的种类、数量和所占比例以及对生产和环境的影响部位。

5.5.3　分析废物产生原因

对每一个物料流失、废弃物产生部位的每一种物料以及废弃物进行分析，找出它们产生的原因。分析可从影响生产过程的八个方面来进行。

（1）原辅料和能源

原辅料指生产中主要原料和辅助用料（包括添加剂、催化剂、水等）。能源指维持正常生产所用的动力源（包括电、煤、蒸汽、油等）。因原辅料及能源而导致产生废弃物主要有以下几个方面的原因：

① 原辅料不纯或（和）未净化；

② 原辅料储存、发放、运输的流失；

③ 原辅料的投入量和（或）配比的不合理；

④ 原辅料及能源的超定额消耗；

⑤ 有毒、有害原辅料的使用；

⑥ 未利用清洁能源和二次能源。

（2）技术工艺

因技术工艺而导致产生废弃物主要有以下几个方面的原因：

① 技术工艺落后，原料转化率低；

② 设备布置不合理，无效传输线路过长；

③ 反应及转化步骤过长；

④ 连续生产能力差；

⑤ 工艺条件要求过严；

⑥ 生产稳定性差；

⑦ 需使用对环境有害的物料。

（3）设备

因设备而导致产生废弃物主要有以下几个方面的原因：

① 设备破旧、漏损；

② 设备自动化控制水平低；

③ 有关设备之间配置不合理；

④ 主体设备和公用设施不匹配；

⑤ 设备缺乏有效维护和保养；

⑥ 设备的功能不能满足工艺要求。

（4）过程控制

因过程控制而导致产生废弃物主要有以下几个方面的原因：

① 计量检测、分析仪表不齐全或监测精度达不到要求；

② 某些工艺参数（如温度、压力、流量、浓度等）未能得到有效控制；

③ 过程控制水平不能满足技术工艺要求。

（5）产品

产品包括审核重点内生产的产品、中间产品、副产品和循环利用物。因产品而导致产生废弃物主要有以下几个方面的原因：

① 产品储存和搬运中的破损、漏失；

② 产品的转化率低于国内外先进水平；

③ 不利于环境的产品规格和包装。

（6）废弃物

因废弃物本身具有的特性而未加利用导致产生废弃物主要有以下几个方面的原因：

① 对可利用废弃物未进行再次使用和循环使用；

② 废弃物的物理化学性状不利于后续的处理和处置；

③ 单位产品废弃物产生量高于国内外先进水平。

（7）管理

因管理而导致产生废弃物主要有以下几个方面的原因：

① 有利于清洁生产的管理条例、岗位操作规程等未能得到有效执行。

② 现行的管理制度不能满足清洁生产的需要。

a. 岗位操作规程不够严格；

b. 生产记录（包括原料、产品和废弃物）不完整；

c. 信息交换不畅；

d. 缺乏有效的奖惩办法。

（8）员工

因员工而导致产生废弃物主要有以下几个方面的原因：

① 员工的素质不能满足生产需求。

a. 缺乏优秀管理人员；

b. 缺乏专业技术人员；

c. 缺乏熟练操作人员；

d. 员工的技能不能满足所在岗位的要求。

②缺乏对员工主动参与清洁生产的激励措施。

物料和能量损失原因分析可列表 5-9 说明如下。

表 5-9　物料和能量损失原因分析表

序号	问题	原因分析	对应措施
1	原材料消耗高，废物排放量大	原材料加料管理不严；原材料纯度低，有效成分低；生产工艺落后，转化率低；生产过程控制水平低；设备维护不够，跑冒滴漏严重；生产管理不严，有违例或事故排放	严格制定和考核材料发放管理规定；计量器具需校验；安装自动加料控制装置，避免人工控制而产生的不准问题；进厂材料严格检验，不合格执行退换制；必要时进行材料的提纯处理；与国内同行业比较，进行必要的技术改进；检查校验过程控制仪器；改进过程控制参数；改进过程控制技术和仪器；加强维护检查，防止跑冒滴漏；阀门及时更换；加强生产现场管理；严格产品物料消耗成本考核
2	产品合格率低	生产中质量管理不严；设备和工装器具控制有误；生产过程控制水平低；原材料有杂质，影响产品质量；操作人员素质低，误操作多	加强全过程质量控制，完善质量管理责任制；加严抽样检查和人员考核；设备和计量器具的检查校验；加强设备和工装器具的维护；检查校验过程控制仪器；改进过程控制参数；改进过程控制技术和仪器；进厂材料严格检验，不合格执行退换制；必要时进行材料的提纯处理；加强人员培训，上岗技能培训；严格责任制考核；更换岗位

5.5.4　提出和实施无/低费方案

根据废弃物产生原因分析，主要针对审核重点，同样应提出并实施无/低费方案。

5.6　方案产生和筛选

目的和重点：

方案产生和筛选是企业进行清洁生产审核工作的第四个阶段。该阶段的目的是通过方案的产生、筛选、研制，为下一阶段的可行性分析提供足够的中/高费清洁生产方案。该阶段的工作重点：根据评估阶段的结果，制定审核重点的清洁生产方案；在分类汇总基础上（包括已产生的非审核重点的清洁生产方案，主要是无/低费方案），经过筛选确定出两个以上中/高费方案，供下一阶段进行可行性分析，同时对已实施的无/低费方案进行实施效果核定与汇总；编写清洁生产中期审核报告。

5.6.1　方案产生

清洁生产方案的数量、质量和可实施性直接关系到企业清洁生产审核的成效，是审核过程的一个关键环节，因而应广泛发动群众征集，产生各类方案。

① 广泛采集，创新思路。在全厂范围内利用各种渠道和多种形式进行宣传动员，鼓励全体员工提出清洁生产方案或合理化建议。通过实例教育，克服思想障碍，制定奖励措施以鼓励创造性思想和方案的产生。

② 根据物料平衡和针对废弃物产生原因分析产生方案。进行物料平衡和废弃物产生原因分析的目的就是要为清洁生产方案的产生提供依据。因而方案的产生要紧密结合这些结果，只有这样才能使所产生的方案具有针对性。

③ 广泛收集国内外同行业先进技术。类比是产生方案的一种快捷、有效的方法。应组织工程技术人员广泛收集国内外同行业的先进技术，并以此为基础，结合本企业的实际情况，制定清洁生产方案。

④ 组织行业专家进行技术咨询。当企业利用本身的力量难以完成某些方案的产生时，可以借助外部力量，组织行业专家进行技术咨询，这对启发思路、畅通信息将会很有帮助。

⑤ 全面系统地产生方案。清洁生产涉及企业生产和管理的各个方面，虽然物料平衡和废弃物产生原因分析将很大程度有助于方案的产生，但是在其他方面可能也存在着一些清洁生产机会，因而可从影响生产过程的八个方面全面系统地产生方案。

  a. 原辅材料和能源替代；

  b. 技术工艺改造；

  c. 设备维护和更新；

  d. 过程优化控制；

  e. 产品更换或改进；

  f. 废弃物回收利用和循环使用；

  g. 加强管理；

  h. 提高员工素质以及积极性地激励。

⑥ 分类汇总方案。对所有的清洁生产方案，不论是已实施的还是未实施的，不论是属于审核重点的还是不属于审核重点的，均按⑤中所提到的八个方面列表简述其原理和实施后的预期效果。

5.6.2　方案筛选

在进行方案筛选时可采用两种方法，一是用比较简单的方法进行初步筛选，二是采用权重总和计分排序法进行筛选和排序。

（1）初步筛选

初步筛选是要对已产生的所有清洁生产方案进行简单检查和评估，从而分出可行的无/低费方案、初步可行的中/高费方案和不可行方案三大类。其中，可行的无/低费方案可立即实施；初步可行的中/高费方案供下一步进行研制和进一步筛选；不可行的方案则搁置或否定。

① 确定初步筛选因素。可考虑技术可行性、环境效益、经济效益、实施的难易程度以及对生产和产品的影响等几个方面。

a. 技术可行性。主要考虑该方案的成熟程度，例如是否已被企业内部其他部门采用过或被同行业其他企业采用过，以及采用的条件是否基本一致，若在同行业有类似的使用，可安排企业进行实地考察以进一步落实该方案的技术可行性等。

b. 环境效益。主要考虑该方案是否可以减少废弃物（主要为 COD、BOD_5、SO_2、氨氮及 TSP 等）的数量和废弃物的毒性，是否能改善工人的操作环境等。

c. 经济效果。主要考虑投资和运行费用能否承受得起，是否有经济效益，能否减少废弃物的处理处置费用，以及该方案实施后能否带来的经济效益等。

d. 实施的难易程度。主要考虑是否在现有的场地、公用设施、技术人员等条件下即可实施或稍作改进才可实施，以及实施的时间长短等。

e. 对生产和产品的影响。主要考虑方案的实施过程中对企业正常生产的影响程度以及方案实施后对产量、质量的提升等影响。

② 进行初步筛选。在进行方案初步筛选时，可采用简易筛选方法，即组织企业领导和工程技术人员进行讨论来决策。方案的简易筛选方法基本步骤如下：第一步，参照前述筛选因素的确定方法，结合本企业的实际情况确定筛选因素；第二步，确定每个方案与这些筛选因素之间的关系，若是正面影响关系，则打"√"，若是反面影响关系，则打"×"；第三步，综合评价，得出结论。具体见表 5-10。

表 5-10 方案简易筛选方法

筛选因素	方案编号			
	F1	F2	F3	Fn
技术可行性				
经济可行性				
环境可行性				
可实施性（难易程度）				
对生产的影响				
结论				

（2）权重总和计分排序

权重总和计分排序法适合于处理方案数量较多或指标较多、相互比较有困难的情况，一般仅用于中/高费方案的筛选和排序。

方案的权重总和计分排序法基本同审核重点的权重总和计分排序法，只是权重因素和权重值可能有些不同，计算分值时应根据预计的费用、效益和提供的具体措施、方案之间进行横向比较，确定分值（0~10 分）的原则是：

① 环境效益越大，分值越高；

② 经济效益越大，分值越高；

③ 技术越成熟、越易于操作、维护，分值越高；

④ 越易于实施，分值越高；

⑤ 节约能源越多，分值越高；

⑥ 发展前景越好、市场潜力越大，分值越高。

权重因素和权重值的选取可参照以下执行：

① 技术可行性。权重值 $W=6\sim9$，主要考虑技术是否成熟、先进；能否找到有经验的技术人员；国内外同行业是否有成功的先例；是否有成熟的技术，易于操作、维护等。

② 环境可行性。权重值 $W=9\sim10$，主要考虑是否减少了对环境有害物质的排放量及其毒性；是否减少了对工人安全和健康的危害；是否能够达到环境标准等。

③ 经济可行性。权重值 $W=8\sim10$，主要考虑费用效益比是否合理，获得的经济效益大小。

④ 可实施性。权重值 $W=4\sim7$，主要考虑方案实施过程中对生产的影响大小；是否影响生产、是否需要人员培训等。

⑤ 节约能源。权重值 $W=4\sim7$，主要考虑是否节能。

⑥ 发展前景。权重值 $W=4\sim5$，主要考虑是否符合国家产业政策，是否具有市场潜力等。

最后汇总每个方案的得分，排出优先顺序，取前几名的方案再做进一步可行性分析，具体方法见方案可行性分析结果汇总表（表 5-11）。

表 5-11　方案可行性分析结果汇总表

权重因素	权重值(W)	方案得分							
		方案 1		方案 2		方案 3		方案 4	
		R	$R \times W$	R	$R \times W$	R	$R \times W$	R	$R \times W$
技术可行性									
环境可行性									
经济可行性									
可实施性									
节约能源									
发展前景									

（3）汇总筛选结果

按可行的无/低费方案、初步可行的中/高费方案和不可行方案，列表汇总方案的筛选结果。

（4）研制方案

经过筛选得出的初步可行的中/高费清洁生产方案，因为投资额较大，而且一般对生产工艺过程有一定程度的影响，所以需要进一步研制，主要是进行一些工程化分析，从而提供两个以上方案供下一阶段做可行性分析。

① 内容。方案的研制内容包括方案的工艺流程详图、方案的主要设备清单、方案的费用和效益估算、编写方案说明。均应对每一个初步可行的中/高费清洁生产方案编写方案说明，主要包括技术原理、主要设备、主要的技术及经济指标、可能的环境影响等。

② 原则。一般说来，对筛选出来的每一个中/高费方案进行研制和细化时都应考虑以下几个原则：

a. 系统性。考察每个单元操作在一个新的生产工艺流程中所处的层次、地位和作用，以及与其他单元操作的关系，从而确定新方案对其他生产过程的影响，并综合考虑经济效益和环境效益。

b. 综合性。一个新的工艺流程要综合考虑其经济效益和环境效益，而且还要照顾到排放物的综合利用及其利与弊，以及促进在加工产品和利用产品的过程中自然物流与经济物流的转化。

c. 闭合性。闭合性指一个新的工艺流程在生产过程中物流的闭合性。物流的闭合性是指清洁生产和传统工业生产之间的原则区别，即尽量使工艺流程对生产过程中的载体，如水、溶剂等，实现闭路循环，达到无废水或最大限度地减少废水的排放。

d. 无害性。清洁生产工艺应该是无害（或至少是少害）的生态工艺，要求不污染（或轻污染）空气、水体和地表土壤；不危害操作工人和附近居民的健康；不损坏风景区、休憩地的美学价值；生产的产品要提高其环保性，使用可降解原材料和包装材料。

e. 合理性。合理性旨在合理利用原料，优化产品的设计和结构，降低能耗和物耗，减少劳动量和劳动强度等。

（5）继续实施无/低费方案

经过分类和分析，对一些投资费用较少，见效较快的方案，要继续贯彻边审核边削减污染物的原则，组织人员、物力实施经筛选确定的可行的无/低费方案，以扩大清洁生产的发展。

（6）核定并汇总无/低费方案实施效果

对已实施的无/低费方案，包括在预评估和评估阶段所实施的无/低费方案，应及时核定其效果并进行汇总分析。核定及汇总内容包括方案序号、名称、实施时间、投资、运行费、经济效益和环境效益。

（7）编写清洁生产中期审核报告

清洁生产中期审核报告在方案产生和筛选工作完成之后进行，是对前面所有工作的总结。清洁生产中期审核报告的内容如下：

① 前言：筹划和组织。

a. 审核小组。

b. 审核工作计划。

c. 宣传和教育。

要求图表：审核小组成员表、审核工作计划表。

② 预评估。

a. 企业概况。包括产品、生产、人员及环保等概况。

b. 产污和排污现状分析。包括国内外情况对比，产污原因初步分析以及组织的环保执法情况等。

c. 确定审核重点。

d. 清洁生产目标。

要求图表：企业平面布置简图、企业的组织机构图、企业主要工艺流程图、企业输入物料汇总表、企业产品汇总表、企业主要废物特性表、企业历年废物流情况表、企业废物产生原因分析表、清洁生产目标一览表。

③ 评估。

a. 审核重点概况。包括审核重点的工艺流程图、工艺设备流程图和各单元操作流程图。

b. 输入输出物流的测定。

c. 物料平衡。

d. 废物产生原因分析。

要求图表：审核重点平面布置图、审核重点组织机构图、审核重点工艺流程图、审核重点各单元操作工艺流程图、审核重点单元操作功能说明表、审核重点工艺设备流程图、审核重点物流实测准备表、审核重点物流实测数据表、审核重点物料流程图、审核重点物料平衡图、审核重点废物产生原因分析表。

④ 方案产生和筛选

a. 方案汇总。包括所有的已实施、未实施方案，可行、不可行方案。

b. 方案筛选。

c. 方案研制。主要针对中/高费方案。

d. 无/低费方案的实施效果分析。

要求图表：方案汇总表、方案权重总和计分排序表、方案筛选结果汇总表、方案说明表、无/低费方案实施效果的核定与汇总表。

5.7　方案的可行性分析

目的和重点：

可行性分析是企业进行清洁生产审核工作的第五个阶段。该阶段的目的是对筛选出来的中/高费清洁生产方案进行分析和评估，以选择最佳的、可实施的清洁生产方案。该阶段工作重点是：在结合市场调查和收集一定资料的基础上，进行方案的技术、环境、经济的可行性分析和比较，从中选择和推荐最佳的可行方案。

最佳的可行方案是指该项投资方案在技术上先进适用、在经济上合理有利又能保护环境的最优方案。

5.7.1　市场调查

清洁生产方案涉及以下情况时，需首先进行市场调查，为方案的技术与经济可行性分析奠定基础。进行市场调查一般基于以下原因：拟对产品结构进行调整；有新的产品（或副产品）产生。

（1）调查市场需求

应包括以下内容：

① 国内同类产品的价格、市场总需求量；

② 当前同类产品的总供应量；

③ 产品进入国际市场的能力；

④ 产品的销售对象（地区或部门）；

⑤ 市场对产品的改进意见。

（2）预测市场需求

应包括以下内容：

① 国内市场发展趋势预测；

② 国际市场发展趋势分析；

③ 产品开发生产销售周期与市场发展的关系。

（3）确定方案的技术途径

通过市场调查和市场需求预测，对原来方案中的技术途径和生产规模可能会做相应调整。在进行技术、环境、经济评估之前，要最后确定方案的技术途径。每一个方案中应包括 2～3 种不同的技术途径，以供选择，其内容应包括以下几个方面：

① 方案技术工艺流程详图；

② 方案实施途径及要点；

③ 主要设备清单及配套设施要求；

④ 方案所达到的技术经济指标；

⑤ 可产生的环境、经济效益预测；

⑥ 方案的投资总费用。

5.7.2　技术评估

技术评估的目的是研究项目在预定条件下，为达到投资目的而采用的工程是否可行。技术评估应着重评价以下几个方面：

① 方案设计中采用的工艺路线、技术设备在经济合理的条件下的先进性、适用性；

② 与国家有关的技术政策和能源政策的相符性；

③ 技术引进或设备进口要符合我国国情，引进技术后要有消化吸收能力；

④ 资源的利用率和技术途径合理；

⑤ 技术设备操作上安全、可靠；

⑥ 技术成熟（如国内有实施的先例）。

对某一个中/高费方案进行技术分析，一般从以下几个方面进行：

① 提出的方案中有无新鲜的概念，若有，先对概念进行简单介绍和解释；

② 介绍方案主体的组成部分；

③ 介绍提出方案（设备）的工作原理；

④ 说明所提出的方案的优点（或说明别人方案的缺点），这样可以从侧面说明所提出的方案的可行性；

⑤ 所提出的方案、技术在国内外的应用现状，即别人有没有用过，若没用过，是否为别人不敢用，若用过，应举出具体的案例，这样企业才会相信和采纳；

⑥ 关键时候可列表比较，列出一系列图片等，这样更具有说服力。

5.7.3　环境评估

清洁生产方案都应该有显著的环境效益，但也要防止在实施后会对环境有新的影响，因此对生产设备的改进、生产工艺的变更、产品及原材料的替代等清洁生产方案，必须进行环境评估，环境评估是方案可行性分析的核心。评估应包括以下内容：

① 资源的消耗与资源可永续利用要求的关系。

② 生产中废弃物排放量的变化。

③ 污染物组分的毒性及其降解情况。

④ 污染物的二次污染。

⑤ 操作环境对人员健康的影响。

⑥ 废弃物的复用、循环利用和再生回收。

环境评估要特别重视产品和过程的生命周期分析，固、液、气态废物和排放物的变化，能源的污染，对人员健康的影响，安全性。

5.7.4　经济评估

经济评估是对清洁生产方案进行综合性的全面经济分析，是将拟选方案的实施成本与可能取得的各种经济收益进行比较，确立方案实施后的盈利能力，并从中选出投资最少、经济效果最佳的方案，为投资决策提供科学依据。

经济评估是对清洁生产方案从项目投资所产生的经济效益进行全面分析，在技术、环境可行性分析通过后进行。

（1）清洁生产经济效益的统计方法

清洁生产既有直接的经济效益也有间接的经济效益，要完善清洁生产经济效益的统计方法，独立建账，明细分类。清洁生产的经济效益包括图 5-8 和图 5-9 中的几方面的收益。

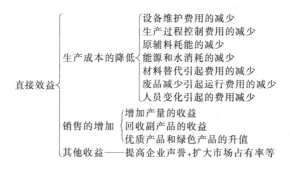

图 5-8　清洁生产的直接效益图

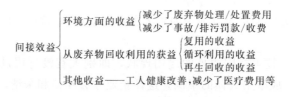

图 5-9　清洁生产的间接效益图

（2）经济评估方法

经济评估主要采用现金流量分析和财务动态获利性分析方法。主要经济评估指标见图 5-10。

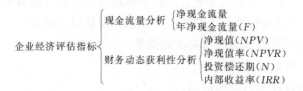

图 5-10　清洁生产的企业经济评估指标图

（3）经济评估指标及计算

① 总投资费用（I）。对项目有政策补贴或其他来源补贴时：

$$总投资费用(I)=总投资-补贴$$

$$总投资=项目建设投资+建设期利息+项目流动资金$$

② 年净现金流量（F）。从企业角度出发，企业的经营成本、工商税和其他税金，以及利息支付都是现金流出。销售收入是现金流入，企业从建设总投资中提取的折旧费可由企业用于偿还贷款，故也是企业现金流入的一部分。净现金流量是现金流入和现金流出的差额，年净现金流量就是一年内现金流入和现金流出的代数和。

$$年净现金流量(F)=销售收入-经营成本-各类税+年折旧费=年净利润+年折旧费$$

③ 投资偿还期（N）。这个指标是指项目投产后，以项目获得的年净现金流量来回收项目建设总投资所需的年限，可用下列公式计算：

$$N=I/F$$

式中　I——总投资费用；

　　　F——年净现金流量。

④ 净现值（NPV）。净现值是指在项目经济生命周期内（或折旧年限内）将每年的净现金流量按规定的贴现率折现到计算期初的基年（一般为投资期初）现值之和。其计算公式为

$$NPV=\sum_{j=1}^{n}\frac{F}{(1+i)^j}-I$$

式中　i——贴现率；

　　　n——项目生命周期（或折旧年限）；

　　　j——年份。

净现值是财务动态获利性分析指标之一。

⑤ 净现值率（$NPVR$）。净现值率为单位投资额所得到的净收益现值。如果两个项目投资方案的净现值相同，而投资额不同，则应以单位投资能得到的净现值进行比较，即以净现值率进行选择。其计算公式是：

$$NPVR=\frac{NPV}{I}\times100\%$$

净现值和净现值率均按规定的贴现率进行计算确定，它们还不能体现出项目本身内在的实际投资收益率。因此，还需采用内部收益率指标来判断项目的真实收益水平。

⑥ 内部收益率（IRR）。项目的内部收益率（IRR）是在整个经济生命周期内（或折旧年限内），累计逐年现金流入的总额等于现金流出的总额，即投资项目在计算期内，使净现值为零的贴现率，可按下式计算：

$$NPV=\sum_{j=1}^{n}\frac{F}{(1+IRR)^j}-I=0$$

计算内部收益率（IRR）的简易方法可用试差法。

$$IRR=i_1+\frac{NPV_1(i_2-i_1)}{NPV_1+|NPV_2|}$$

式中　i_1——当净现值 NPV_1 为接近于零的正值时的贴现率；

　　　i_2——当净现值 NPV_2 为接近于零的负值时的贴现率。

NPV_1、NPV_2 分别为计算贴现率 i_1 和 i_2 时对应的净现值。i_1 与 i_2 可查表获得，i_1 与 i_2 的差值为 $1\%\sim2\%$。

（4）经济评估准则

① 投资偿还期（N）应小于定额投资偿还期（视项目不同而定）。定额投资偿还期一般由各个工业部门结合企业生产特点，在总结过去建设经验和统计资料的基础上，统一确定的回收期限，有的也根据贷款条件而定。一般情况下：中费项目 $N<3$ 年，较高费项目 $N<5$ 年，高费项目 $N<10$ 年。投资偿还期小于定额偿还期，项目投资方案才可接受。

② 净现值为正值：$NPV\geqslant0$。当项目的净现值大于或等于零时（即为正值），则认为此项目投资可行；如净现值为负值，就说明该项目投资收益率低于贴现率，则应放弃此项目投资；当有两个以上投资方案时，应选择净现值最大的方案。

③ 净现值率最大。在比较两个及以上投资方案时，不仅要考虑项目的净现值大小，而且要选择净现值率最大的方案。

④ 内部收益率（IRR）应大于基准收益率或银行贷款利率：$IRR>i$。内部收益率（IRR）是项目投资的最高盈利率，也是项目投资所能支付贷款的最高临界利率。如果贷款利率高于内部收益率，则项目投资就会造成亏损。因此内部收益率反映了实际投资效益，可用以确定能接受投资方案的最低条件。

⑤ 推荐可实施方案。汇总列表比较各投资方案的技术、环境、经济评估结果，确定最佳可行的推荐方案。

5.8　方案实施

目的和重点：

方案实施是企业清洁生产审核的第六个阶段，目的是通过推荐方案（经分析可行的中/高费最佳可行方案）的实施，使企业实现技术进步，获得显著的经济和环境效益；通过评估已实施的清洁生产方案成果，激励企业推行清洁生产。该阶段工作重点是：总结前几个审核阶段已实施的清洁生产方案成果，统筹规划推荐方案的实施。

5.8.1　组织方案实施

（1）统筹规划

可行性分析完成之后，从统筹方案实施的资金开始，直至正常运行与生产，这是一个非常烦琐的过程，因此有必要统筹规划，以利于该段工作的顺利进行。建议首先把其间所做的工作一一列出，制订一个比较详细的实施计划和时间进度表。需要筹划的内容有：

筹措资金；设计；征地、现场开发；申请施工许可；兴建厂房；设备选型、调研设计、加工或订货；落实配套公共设施；设备安装；组织操作、维修、管理班子；制定各项规程；人员培训；原辅料准备；应急计划（突发情况或障碍）；施工与企业正常生产的协调；试运行与验收；正常运行与生产。

需要指出的是，在时间进度表中，还应列出具体的负责单位，以利于责任分工。统筹规划时建议采用甘特图形式制订实施进度表。某建材企业的实施方案进度见表5-12。

表 5-12　某建材企业的实施方案进度表

内容	2020 年												负责单位
	1月	2月	3月	4月	5月	6月	7月	8月	9月	10月	11月	12月	
1. 设计													专业设计院
2. 设备考察													环保科
3. 设备选型、订货													环保科
4. 落实公共设施服务													电力车间
5. 设备安装													专业安装队
6. 人员培训													烧成车间
7. 试运行													环保科
8. 正常生产													烧成车间

（2）筹措资金

资金的来源有两个渠道：

① 企业内部自筹资金。企业内部资金包括两个部分，一是现有资金，二是通过实施清洁生产无/低费方案，逐步积累资金，为实施中/高费方案做准备。

② 企业外部资金。包括：国内借贷资金，如国内银行贷款等；国外借贷资金，如世界银行贷款等；其他资金来源，如国际合作项目赠款、环保资金返回款、政府财政专项拨款、发行股票和债券融资等。

若同时有数个方案需要投资实施，则要考虑如何合理有效地利用有限的资金。在方案可分别实施且不影响生产的条件下，可以对方案实施顺序进行优化，先实施某个或某几个方案，然后利用方案实施后的收益作为其他方案的启动资金，使方案滚动实施。

（3）实施方案

推荐方案的立项、设计、施工、验收等，按照国家、地方或部门的有关规定执行。无/低费方案的实施过程还要符合企业的管理要求和项目的组织、实施程序。

5.8.2　汇总已实施的无/低费方案的成果

已实施的无/低费方案的成果主要有两个方面：环境效益和经济效益。通过调研、实测和计算，分别对比各项环境指标，包括物耗、水耗、电耗等资源消耗指标以及废水量、废气量和固废量等废弃物产生指标在方案实施前后的变化，获得无/低费方案实施后的环境效益；分别对比产值、原材料费用、能源费用、公共设施费用、水费、污染控制费用、维修费、税金以及净利润等经济指标在方案实施前后的变化，从而获得无/低费方案实施后的经济效益。

最后对该轮清洁生产审核中无/低费方案的实施情况作阶段性总结。

5.8.3　评价已实施的中/高费方案的成果

为了积累经验，进一步完善所实施的方案，对已实施的方案，除了在方案实施前要做必要、周详的准备，并在方案的实施过程中进行严格的监督管理外，还要对已实施的中/高费方案成果进行技术、环境、经济和综合评价。将实施产生的效益与预期的效益相比较，用来进一步改进实施。对于计划实施的方案，应给出方案预计产生的效益分析汇总。

（1）技术评价

主要评价各项技术指标是否达到原设计要求，若没有达到要求，则提出改进措施等。

（2）环境评价

环境评价主要对中/高费方案实施前后各项环境指标进行追踪，并与方案的设计值相比较，考察方案的环境效益以及企业环境形象的改善。

通过方案实施前后的数据，可以获得方案的环境效益，又通过方案的设计值与方案实施后的实际值的对比，即方案理论值与实际值进行对比，可以分析两者差距，可对方案进行完善。

（3）经济评价

经济评价是评价中/高费清洁生产方案实施效果的重要手段，分别对比产值、原材料费用、能源费用、公共设施费用、水费、污染控制费用、维修费、税金以及净利润等经济指标在方案实施前后的变化以及实际值与设计值的差距，从而获得中/高费方案实施后所产生的经济效益情况。

（4）综合评价

通过对每一个中/高费清洁生产方案进行技术、环境、经济三方面的分别评价，可以对已实施的各个方案成功与否作出综合、全面的评价结论。此评价一定是方案实施后实际的评价，而不是前期的预计评价，因此，该评价更多的是注重实实在在结果的核对与总结。

5.8.4　分析总结已实施方案对企业的影响

无/低费和中/高费清洁生产方案经过征集、设计、实施等环节，使企业面貌有了改观，有必要进行阶段性总结，以巩固清洁生产成果。

（1）汇总环境效益和经济效益

将已实施的无/低费和中/高费清洁生产方案成果汇总成表，内容包括实施时间、投资运行费、经济效益和环境效益，并进行分析。

（2）对比各项单位产品指标

虽然可以定性地从技术工艺水平、过程控制水平、企业管理水平、员工素质等众多方面考察清洁生产带给企业的变化，但最有说服力、最能体现清洁生产效益的是考察审核前后企业各项单位产品指标的变化情况。

一方面通过定性、定量分析，企业可以从中体会清洁生产的优势，总结经验以利于在企业内推行清洁生产；另一方面也要利用以上方法，从定性、定量两方面与国内外同类型企业的先进水平进行对比，寻找差距，分析原因以利于改进，从而在深层次上寻求清洁生产的机会。

（3）宣传清洁生产成果

在总结已实施的无/低费和中/高费方案清洁生产成果的基础上，组织宣传材料，在企业内广为宣传，为继续推行清洁生产打好基础。

5.9　持续清洁生产

目的和重点：

持续清洁生产是企业清洁生产审核的最后一个阶段，目的是使清洁生产工作在企业内长期、持续地推行下去。该阶段工作重点是建立推行和管理清洁生产工作的组织机构、建立促进实施清洁生产的管理制度、制订持续清洁生产计划以及编写清洁生产审核报告。

5.9.1　建立和完善清洁生产组织和管理制度

清洁生产是一个动态的、相对的概念，是一个连续的过程，因而需有一个固定的机构、稳定的工作人员来组织和协调这方面工作，以巩固已取得的清洁生产成果，并使清洁生产工作持续地开展下去。

（1）明确任务

企业清洁生产组织机构的任务有以下四个方面：

① 组织协调并监督实施本次审核提出的清洁生产方案；

② 经常性地组织对企业职工的清洁生产教育和培训；

③ 选择下一轮清洁生产审核重点，并启动新的清洁生产审核；

④ 负责清洁生产活动的日常管理。

（2）落实归属清洁生产机构

要想起到应有的作用，及时完成任务，必须落实其归属问题。企业的规模、类型和现有机构等千差万别，因而清洁生产机构的归属也有多种形式，各企业可根据自身的实际情况具体掌握。可考虑以下几种形式：

① 单独设立清洁生产办公室或部门，直接归属厂长领导（或由管生产技术的副总经理管理）；

② 在安全环保部门中设立清洁生产机构；

③ 在管理部门或技术部门中设立清洁生产机构。

不论是以何种形式设立的清洁生产机构，企业的高层领导都要有专人直接领导该机构的工作，因为清洁生产涉及生产、环保、技术、管理等各个部门，必须有高层领导的协调才能有效地开展工作。

（3）确定专人负责

为避免清洁生产机构流于形式，确定专人负责是很有必要的，且负责人需具备以下能力：

① 熟练掌握清洁生产审核知识；

② 熟悉企业的环保情况；

③ 了解企业的生产和技术情况；

④ 较强的工作协调能力；

⑤ 较强的工作责任心和敬业精神。

（4）建立和完善清洁生产管理制度

清洁生产管理制度包括把审核成果纳入企业的日常管理轨道、建立和完善清洁生产激励机制和保证稳定的清洁生产资金来源。

① 把审核成果纳入企业的日常管理轨道。把清洁生产的审核成果及时纳入企业的日常管理轨道，是巩固清洁生产成效、防止走过场的重要手段，特别是通过清洁生产审核产生的一些无/低费方案，如何使它们形成制度显得尤为重要。

a. 把清洁生产审核提出的加强管理的措施文件化，形成制度；

b. 把清洁生产审核提出的岗位操作改进措施写入岗位的操作规程，并要求严格遵照执行；

c. 把清洁生产审核提出的工艺过程控制的改进措施写入企业的技术规范。

② 建立和完善清洁生产激励机制。在奖金、工资分配、晋升、降级、上岗、下岗、表彰、批评等诸多方面，充分与清洁生产挂钩，建立清洁生产激励机制，以调动全体职工参与清洁生产的积极性。

③ 保证稳定的清洁生产资金来源。清洁生产的资金来源可以有多种渠道，例如贷款、集资等，但是清洁生产管理制度的一项重要作用是保证实施清洁生产所产生的经济效益，全部或部分地用于清洁生产和清洁生产审核，以持续滚动地推进清洁生产。建议企业财务对清洁生产的投资和效益单独建账。

5.9.2 制订持续清洁生产计划

清洁生产并非一朝一夕就可完成，因而应制订持续清洁生产计划，使清洁生产有组织、有计划地在企业中进行下去。持续清洁生产计划应包括以下几项：

① 清洁生产审核工作计划。新一轮清洁生产审核的启动并非一定要等到本轮审核的所有方案都实施以后才进行，只要大部分可行的无/低费方案得到实施，取得初步的清洁生产成效，并在总结已取得的清洁生产经验的基础上，即可开始新的一轮审核。

② 清洁生产方案的实施计划。清洁生产方案指经本轮审核提出的可行的无/低费方案和通过可行性分析的中/高费方案。

③ 清洁生产新技术的研究与开发计划。根据本轮审核发现的问题，研究与开发新的清洁生产技术、企业职工的清洁生产培训计划。

5.10 清洁生产审核结论

该阶段就本轮清洁生产审核工作进行总结并提出若干建议，主要内容包含以下几个方面：

① 企业清洁生产水平现状评价（包括生产工艺、管理水平、技术水平）。

② 企业产污、排污现状所处水平及其真实性、合理性评价。

③ 本轮清洁生产审核目标完成情况。

④ 方案实施对企业的节能降耗成果总结。

⑤ 本轮清洁生产审核污染物减排效果。

⑥ 拟实施清洁生产方案效益预测。

复习思考题

1. 简述清洁生产审核的工作流程。
2. 简述清洁生产方案的产生及筛选方法。
3. 简述清洁生产可行性分析的工作流程。
4. 简述经济评估的方法与准则。
5. 简述清洁生产方案实施的工作流程。
6. 简述持续清洁生产包括哪些内容。

第 6 章

清洁生产指标体系与清洁生产评价

建立科学的清洁生产指标体系，在开展和实施清洁生产工作的过程中，以及贯彻和落实《中华人民共和国清洁生产促进法》起到决定性作用。其具有标杆功能，能为企业现有清洁生产水平和比较其在行业内的位置提供客观依据或标准，便于企业选择合适的清洁生产技术，促使企业积极推行清洁生产工作。

清洁生产评价是包括对企业的原辅材料选用、生产的全过程、产品及服务的全过程进行综合评价，以评定该企业的清洁生产水平在国内外同行业所处的位置，能够有效增强企业的市场竞争力，使企业获得环境效益、社会效益及经济效益的综合统一提升，并有效促进企业制定相应的清洁生产措施及管理制度，达到可持续发展以及节能、降耗、减污、增效的目的。

6.1　清洁生产指标体系概述

6.1.1　清洁生产指标体系的定义

由相互联系、相对独立、互相补充的系列清洁生产评价指标所组成的，用于衡量清洁生产状态的指标集称为清洁生产指标体系。

为有效促进清洁生产在组织或更高层面的推动及社会的可持续发展，建立一个合理并适用的清洁生产体系是非常关键的。

6.1.2　清洁生产指标体系建立的必要性

清洁生产指标体系的建立是现行清洁生产评价工作的必要条件，它明确了生产全过程控制的主要内容和目标，使得企业和管理部门对清洁生产的实际效果和管理目标具体化，把清洁生产由抽象的概念变成直观的可操作、可量化、可对比的具体内容。通过定性和定量的评价，使企业看清清洁生产工作所获得的各方面效益，来推动企业自愿开展清洁生产的积极性。另外，清洁生产指标体系可以为科研部门的新技术研究与开发的选题，工程设计单位的企业技术改造或新、改、扩建项目的设计，环境影响评价单位的环境影响评价，清洁生产主管部门的企业清洁生产项目审批，提供必要的技术支持。

6.1.3　清洁生产指标的选取原则

清洁生产的评价指标是指国家、地区、部门和企业，根据一定的科学、技术、经济条件，在一定时期内规定的清洁生产所必须达到的具体目标和水平。可以确定指标制定的基本原则有以下几个：

（1）全过程评价原则

全过程评价就是借助生命周期评价的方法确定清洁生产指标的范围，不但对整个生产过程实行全分析，即对原材料、能源、污染物产生及其毒性进行分析评价，还要对产品本身的清洁程度和环境经济效益进行评价。充分体现"节能、降耗、减污、增效"的宗旨。

（2）污染预防的原则

指标范围不需要涵盖所有的环境、社会、经济等指标，主要反映出项目实施过程中所使用的资源量及产生的废物量，包括使用能源、水或其他资源的情况。

（3）定量原则

由于指标所涉及面比较广，为了使所确定的清洁生产指标反映目标项目的主要情况又简便易行，在设计时要充分考虑指标体系的可操作性，为清洁生产指标的评价提供有力的依据。

（4）明确目标原则

规定实现指标的时间，可以是长远的规划目标，也可是短期目标；规定执行指标的具体地区、行业、企业和车间等；每项指标必须与经济责任制挂钩，指标值可以分解落实，从地区到企业、车间、班组都有与其责任相应的目标值，容易获得较全面、较客观的数据支持。

（5）规范性原则

指标必须有统一规范、例行性和程序化的管理。

（6）持续改进原则

清洁生产是一个持续改进的过程，要求企业在达到现有指标的基础上向更高的目标迈进，因此，指标体系也应该相对应地体现持续改进的原则，引导企业根据自身现有的情况，选择不同的清洁生产目标以实现持续改进。

6.2　我国清洁生产指标体系构架

为加快形成统一、系统的清洁生产技术支撑体系，国家发展改革委、环境保护部（现生态环境部）会同工业和信息化部等有关部门对已发布的清洁生产评价指标体系、清洁生产标准、清洁生产技术水平评价体系进行整合修编。为统一规范、强化指导，国家发展改革委、环境保护部（现生态环境部）、工业和信息化部组织编制了《清洁生产评价指标体系编制通则》（试行稿），于 2013 年 6 月发布并施行。清洁生产指标体系的编制，有助于贯彻《中华人民共和国环境保护法》和《中华人民共和国清洁生产促进法》，提高资源利用率，减少和避免污染物的产生，保护和改善环境，指导行业编制清洁生产评价指标；有助于比较不同地区、行业、企业清洁生产情况，评价组织开展清洁生产的状况，指导组织正确选择符合可持续发展要求的清洁生产技术。

清洁生产指标体系应包括两个方面的内容，首先是适用于不同行业的通用性指标，第二是适用于某个行业的特定指标。要注意的是，每一方面又由众多不同指标构成。清洁生产指标体系一般按照宏观指标和微观指标分类。

6.2.1 宏观清洁生产指标

宏观清洁生产指标主要用于社会和区域层面上。在这些层面上，清洁生产指标常与循环经济指标和生态工业指标重叠。

宏观清洁生产指标由经济发展、循环经济特征、生态环境保护、绿色管理四大类指标构成。

经济发展指标又分为经济发展水平指标（GDP 年平均增长率、人均 GDP、万元 GDP 综合能耗、万元 GDP 新鲜水耗等）和经济发展潜力指标（清洁生产投入占 GDP 的比例、清洁生产技术对 GDP 的贡献率等）。

循环经济特征指标，主要有资源生产率（用来综合表示产业和人民生活中有效利用资源情况）和循环利用率（表示投入经济社会的物质总量中循环利用量所占的比率）。

生态环境保护指标，主要有环境绩效指标、生态建设指标和生态环境改善潜力等指标。

绿色管理指标，主要有政策法规制度指标、管理与意识指标等。

6.2.2 微观清洁生产指标体系

微观清洁生产指标主要用于组织层面。一般，指标体系根据清洁生产的原则要求和指标的可度量性，进行指标选取。根据评价指标的性质，可分为定量指标和定性指标两种类型。定量指标选取有代表性的，能反映"节能""降耗""减污"和"增效"等有关清洁生产最终目标的指标，综合考评企业实施清洁生产的状况和企业清洁生产程度。定性指标根据国家有关推行清洁生产的产业发展和技术进步政策、资源环境保护政策规定以及行业发展规划选取，用于考核企业对有关政策法规的符合性及其清洁生产工作实施情况。定量指标和定性指标体系一般皆包括一级评价指标和二级评价指标，可根据行业自身特点设立多级指标。行业清洁生产评价指标体系由一级指标和二级指标组成。一级评价指标是指标体系中具有普适性、概括性的指标。二级评价指标是一级评价指标之下，可代表行业清洁生产特点的、具体的、可操作的指标。根据清洁生产的一般要求，这些微观清洁生产指标体系中的资源指标和污染物排放指标等常为定量指标，原辅材料指标、产品指标、管理水平指标等一般为定性指标。

定性要求一般以文字表述，根据对各产品的生产工艺和装备、环境管理等方面的要求及国内企业目前的水平划分不同的级别，促进企业不断提高；而定量要求一般以数值表述。

一级指标包括以下内容：

（1）资源能源消耗指标

是指在生产过程中，生产单位产品所需的资源与能源量等反映资源与能源利用效率的指标。

应从有利于减少资源能耗、提高资源能源利用效率方面提出资源能源消耗指标及要求。具体指标可包括单位产品综合能耗、单位产品取水量、单位产品原/辅料消耗、一次能源消耗比例等指标，因行业性质不同，根据具体情况可做适当调整。

原辅材料的相关指标包括：

① 毒性：原材料所含毒性成分对环境造成的影响程度。

② 生态影响：原材料取得过程中的生态影响程度。

③ 可再生性：原材料可再生或可能再生的程度。

④ 能源强度：原材料在采掘和生产过程中消耗能源的程度。

⑤ 可回收利用性：原材料的可回收利用程度。

在正常的生产和操作情况下，生产单位产品对资源和能源的消耗程度可以部分地反映一个企业的技术工艺和管理水平，反映企业的生产过程在宏观上对生态系统的影响程度。因为在同等条件下，资源、能源消耗量越高，对环境的影响程度越大。

资源消耗指标可以由单位产品的新鲜水消耗量、主要原材料单耗、主要原材料利用率以及水重复利用率等表示。

能源消耗指标主要以单位产品电耗量、煤耗量以及综合能耗指标等表示。

（2）产品特征指标

是指影响污染物种类和数量的产品性能、种类和包装，以及反映产品贮存、运输、使用和废弃后可能造成的环境影响等的指标。

清洁生产对产品的性能也有特定的要求。从整个生命周期考虑，产品的销售、使用、维护以及报废后的处理处置均会对环境造成影响，因此应该考虑产品的设计和寿命优化，以增加产品的利用效率并减少对环境的影响。应从有利于包装材料再利用或资源化利用，产品易拆解、易回收、易降解，环境友好等方面提出产品指标及要求。具体指标可包括有毒有害物质限量、易于回收和拆解的产品设计、产品合格率等，因行业性质不同，根据具体情况可做适当调整。产品特征指标在产品生命周期中不同阶段包括：

① 销售阶段。产品的销售过程中，即从工厂到运送给零售商和用户的过程中对环境造成的影响程度。

② 维护阶段。产品的质量、性能以及维护造成的环境影响情况。

③ 寿命优化。在多数情况下产品的寿命是越长越好，因为可以减少对生产该种产品物料的需求，但有时并不尽然。如某一高耗能产品的寿命越长则总能耗越大，随着技术进步有可能产生同样功能的低耗能产品，而这种节能产品产生的环境效益有时会超过节省物料的环境效益，在这种情况下，高耗能产品的寿命越长对环境的危害越大。寿命优化就是要使产品的使用寿命、技术寿命（指产品的功能保持良好的时间）、美学寿命（指产品对用户具有吸引力的时间）处于优化状态，达到环境影响和使用性能的最佳结合。

④ 报废阶段。产品失去使用价值而报废后处理处置过程对环境的影响程度。

（3）污染物产生指标

是指单位产品生产（或加工）过程中，产生污染物的量（末端处理前）。

污染物或废物被称为"放错地方的资源"，而污染物产生指标能反映生产过程状况，直接说明工艺的先进性或管理水平的高低。应从有利于从源头上减少污染物产生、有毒有害物质替代等方面提出污染物产生指标及要求。通常情况下，污染物产生指标分三类，即水污染物产生指标、大气污染物产生指标和固体废物产生指标。具体指标包括单位产品废水产生量、单位产品化学需氧量产生量、单位产品二氧化硫产生量、单位产品氨氮产生量、单位产品氮氧化物产生量和单位产品粉尘产生量，以及行业特征污染物等，因行业性质不同，根据具体情况可做适当调整。

① 水污染物产生指标。水污染物产生指标又可细分为两类，即单位产品废水产生量指标和单位产品主要水污染物产生量指标。

② 大气污染物产生指标。大气污染物产生指标和水污染物产生指标类似，也可细分为

单位产品废气产生量指标和单位产品主要大气污染物产生量指标。

③ 固体废物产生指标。对于固体废物产生指标，可简单地定义为单位产品主要固体废物产生量。

（4）资源综合利用指标

是指反映生产过程中所产生废物可回收利用特征及废物回收利用情况的指标。

清洁生产在重视源头削减的同时，也强调对产生的污染物和废物回收利用和资源化处理。

应从有利于废物或副产品再利用、资源化利用和高值化利用等方面提出资源综合利用指标及要求。具体指标可包括余热余压利用率、工业用水重复利用率、工业固体废物综合利用率等，因行业性质不同，根据具体情况可做适当调整。

（5）生产工艺及装备指标

是指产品生产中采用的生产工艺和装备的种类、自动化水平、生产规模等方面的指标。

应从有利于引导采用先进适用技术装备、促进技术改造和升级等方面提出生产工艺及装备指标和要求。具体指标可包括装备要求、生产规模、工艺方案、主要设备参数、自动化控制水平等，因行业性质不同，根据具体情况可做适当调整。

（6）清洁生产管理指标

是指对企业所制定和实施的各类清洁生产管理相关规章、制度和措施的要求，包括执行环保法规情况、企业生产过程管理、环境管理、清洁生产审核、相关环境管理等方面的指标。

清洁生产要求企业由落后的粗放型经营方式向集约型的经营方式转变，因此，管理水平的高低对于清洁生产具有较大的影响。

应从有利于提高资源能源利用效率，减少污染物产生与排放方面提出管理指标及要求。具体指标可包括清洁生产审核制度执行、清洁生产部门设置和人员配备、清洁生产管理制度、强制性清洁生产审核政策执行情况、环境管理体系认证、建设项目环保"三同时"执行情况、合同能源管理、能源管理体系实施等，因行业性质不同，根据具体情况可做适当调整。

（7）限定性指标选取

限定性指标为对节能减排有重大影响的指标，或者法律法规明确规定严格执行的指标。原则上，限定性指标主要包括但不限于单位产品能耗限额、单位产品取水定额、有毒有害物质限量，行业特征污染物，行业准入性指标，以及二氧化硫、氮氧化物、化学需氧量、氨氮、放射性物质、噪声等污染物的产生量，因行业性质不同，根据具体情况可做适当调整。

此外，各指标的评价基准值是衡量该项指标是否符合清洁生产基本要求的评价基准。在行业清洁生产评价指标体系中，评价基准值分为Ⅰ级基准值、Ⅱ级基准值和Ⅲ级基准值三个等级。其中Ⅰ级基准值代表国际清洁生产领先水平值，Ⅱ级基准值代表国内清洁生产先进水平值，Ⅲ级基准值代表国内清洁生产一般水平值。

6.3 清洁生产评价

目前，清洁生产指标体系的建立正在不断完善的过程之中，清洁生产评价方法也不够健全和规范，清洁生产审核与评价结果也较粗糙、可操作性差。因此，在完善清洁生产指标体系的基础上，建立和实施一套科学的清洁生产评价方法，比较和认定各种清洁生产方案，对企业推进清洁生产，实施可持续发展具有重要意义。

6.3.1　清洁生产评价与常规环境影响评价的联系和区别

目前公认的工业污染控制最佳途径即为清洁生产，生态环境部已明确要求将其纳入建设项目环境影响评价，环评工作中也常可见到清洁生产的内容。

清洁生产评价与常规环境影响评价是相辅相成的，其主要区别表现在：

① 从评价依据看，常规环境影响评价主要依据工程可行性研究或设计报告，清洁生产评价却不拘于此。

② 从评价对象和内容看，常规环境影响评价主要针对拟定的整体工艺过程，进行末端产污、治污、排污评价。清洁生产评价主要针对生产过程单元的全过程污染控制分析，增加了原料和产品评价。

③ 从评价目标和重点看，常规环境影响评价以污染物达标排放为主，清洁生产评价则以从源头消减污染物排放量和降低废物毒性为主。

将清洁生产概念引入环境影响评价中，在环境影响报告书中对清洁生产予以定量评价，对于加强环境影响评价在环境管理中的作用具有重大意义。主要表现在：

① 环境影响评价和清洁生产均追求对环境污染的预防，无论是预防污染物排放对环境的污染还是预防污染物的产生，其最终目标是一致的。

② 清洁生产与环境影响评价的相容性。环境影响评价是对拟建项目环境污染问题防患于未然的一项环境管理制度。清洁生产是以污染预防为核心，将工业污染防治重点由末端治理改为生产全过程削减的全新生产方式。环境影响评价和清洁生产均旨在预防污染，这是两者相容性的基础；清洁生产具有节能、降耗和减污等诸多优点，将清洁生产与环评相结合，有利于清洁生产的有效推行；结合清洁生产内容，同时丰富了环评的内容，也提高了环评的实用性。两者的结合可以起到相得益彰的作用。

当然，目前由于实践过程中经验不足，开展相关工作时间尚短，开展工作时还存在一些问题，现归纳如下：

① 务实问题。有时环评报告中提出一些看似很有价值的清洁生产方案，实际却无法落实，特别是废物综合利用方面，许多方案由于资金、技术限制及供需关系等实际是无法实现的。比如某金属加工厂产生的含油砂污泥，在环评报告中被认为可作为建筑材料而化废为宝，但实际上很少有单位专门利用这些废渣；环评报告与建设项目可行性报告之间有时并不一致，环评报告提出的清洁生产措施部分属于替代方案，这些替代方案除了少数属于管理内容的无/低费方案是可以实施的，较大的工艺改进方案一般均为不行动方案，清洁生产方案就此成了摆设，未能实施。

② 主管单位确定问题。清洁生产主管单位不明确，将导致推诿扯皮，影响清洁生产的落实。从环境影响评价报告中经常可以发现，虽然环保部门审批的环评报告书提出了一些清洁生产工艺和措施，但由商务部和工业局审批的建设项目可行性报告书实际已经确定了生产工艺，建设项目一般都按照建设项目可行性报告书执行，因此清洁生产建议无法实行。

要解决上述问题，可以考虑根据行业分类设立清洁生产标准，目前我国已经发布相关各行业的清洁生产标准，还在进一步健全和完善的过程中，培训专业的清洁生产审核员，持证上岗；落实建立清洁生产中心，专门管理清洁生产工作。

6.3.2　清洁生产评价与节能评估

节能评估是指根据节能法规、标准，对投资项目的能源利用是否科学合理进行分析评估。

节能评估的主要内容包括：评估依据；项目概况；能源供应情况评估（包括项目所在地能源资源条件以及项目对所在地能源消费的影响评估）；项目建设方案节能评估（包括项目选址、总平面布置、生产工艺、用能工艺和用能设备等方面的节能评估）；项目能源消耗和能效水平评估（包括能源消费量、能源消费结构、能源利用效率等方面的分析评估）；节能措施评估（包括技术措施和管理措施评估）；存在问题及建议等。

清洁生产评价与节能评估侧重点不一样：清洁生产评价注重生产全过程的资源消耗及环境保护相关问题；节能评估注重新建、改建、扩建项目能源消耗情况，工艺、设备是否符合国家相关法律法规及产业政策。

6.3.3　清洁生产评价与清洁生产审核的区别

清洁生产评价是针对拟建工程的计划和方案，以有效预防污染为主要目的，其评价主要以对策形式出现，带有相对明显的战略性；评价方法主要采用系统分析法、类比调查法、统计分析法、资料查询法、专家咨询法和模拟实验等。

清洁生产审核是针对工程现状，以事实为依据，以现状整改、提高效益为主要目的，其审核结果主要以具体措施形式出现，带有相对明显的战术性；主要采用现场监测考察、物料衡算、技术经济分析等方法。

清洁生产评价更注重划分单元和筛选评价因素，清洁生产审核则更注重确定审核重点和筛选清洁生产方案。

6.3.4　定量条件下的评价

从清洁生产的战略思想和内涵看，评价指标体系的设定应把握好以下三个环节的要求：
① 生产过程。要求节约原材料和能源，淘汰有毒原材料，减降所有废弃物的数量和毒性；
② 产品。要求减少从原料提炼到产品最终处置的全生命周期影响。
③ 服务。要求将环境因素纳入设计和所提供的服务中。

表 6-1　清洁生产定量评价指标体系

指标	序号	单项指标名称	含义与计算	说明
资源能源消耗指标	1	物耗系数	主要原辅料年用量之和/(t/M)	
	2	能耗系数	能源年消耗量/(kJ/M)	
	3	清洁水耗系数	清洁水年用量/(t/M)	
	4	资源有毒有害系数	有毒有害原材料和能源年用量之和/(t/M)	
污染物产生指标	5	废水产生系数	废水年产生量/(t/M)	M——产品年产量(规模)
	6	废气产生系数	废气年产生量/(t/M)	
	7	固体废物生产系数	固体废物年产生量/(t/M)	
	8	产污增长系数	"三废"中污染物年产生总量增长率/年产值增长率	
	9	产污有毒系数	年产生"三废"中有毒有害污染物的量/(t/M)	

续表

指标	序号	单项指标名称	含义与计算	说明
环境经济效益	10	环保投资偿还期	初始环保投资额/[元/(B−C)]	B——环保投资年总效益；C——年环保运转费用
	11	环保成本	年环境代价/(元/M)	
	12	环境系数	年环境代价/(元/年产值)	
产品清洁	13	清洁产品系数	产品有毒有害成分的量/产品总量	
	14	产品技术寿命	产品功能保持良好的时间	

6.3.5　定量与定性相结合条件下的评价

要对项目进行清洁生产评价，必须针对清洁生产指标确定出既能反映主体情况又简便易行的评价方法。而清洁生产指标涉及面广，完全量化难度较大，实际评价过程拟针对不同的评价指标，确定不同的评价等级；对于易量化的指标评价等级可分细一些，不易量化的指标的等级则分粗一些，最后通过权重法将所有指标综合起来，从而判定项目的清洁生产程度。

（1）指标等级的确定

原辅材料指标、产品指标、管理水平指标在目前的情况下难以量化，属于定性指标，可以划分为较为粗略的等级。原辅材料指标和产品指标分为高、中、低三个等级，管理水平指标分为两个等级。定性指标数值的确定一般采用参考专家意见打分的方法。

资源指标和污染物排放指标易于量化，可以做定量评价，划分为较为详细的5个等级，即清洁、较清洁、一般、较差、很差。定量指标的数值可根据国内外同行业生产指标调查类比来确定。

为了统计和计算方便，定性评价和定量评价的等级分值范围均定为0~1。

① 定性指标等级。

a. 高：表示所使用的原材料和产品对环境的有害影响比较小。

b. 中：表示所使用的原材料和产品对环境的有害影响中等。

c. 低：表示所使用的原材料和产品对环境的有害影响比较大。

可参照《危险货物品名表》(GB 12268—2012)、《危险化学品名录》和《国家危险废物名录》等规定，结合本企业实际情况确定。

对定性评价分三个等级，按基本等量、就近取整的原则来划分不同等级的分值范围，具体见表6-2。

表6-2　定性指标的等级评分标准

项目	分值范围	低	中	高
等级分值	[0,1.0]	[0,0.30]	[0.30,0.70]	[0.70,1.0]

注：确定分值时取两位有效数字。

② 定量指标等级。

a. 清洁：有关指标达到本行业领先水平。

b. 较清洁：有关指标达到本行业先进水平。

c. 一般：有关指标达到本行业平均水平。

d. 较差：有关指标为本行业中下水平。

e. 很差：有关指标为本行业较差水平。

对定量指标依据同样的原则，但划分为五个等级，具体见表6-3。

表 6-3　资源指标和污染物产生指标（定量指标）的等级评分标准

项目	分值范围	很差	较差	一般	较清洁	清洁
等级分值	[0,1.0]	[0,0.2]	[0.2,0.4]	[0.4,0.6]	[0.6,0.8]	[0.8,1.0]

注:确定分值时取两位有效数字。

一般来说将国际先进水平作为最高的指标数值，参考国内的清洁生产评价方法，几项评价指标的具体划分见表 6-4。

表 6-4　清洁生产评价指标

评价指标		说明
原辅材料指标	毒性 生态影响 可再生性 能源强度	按照原辅材料的毒性、生态影响、可再生性、能源强度等分为三个等级进行打分:1 级表明基本没有毒性和生态影响，可再生性好，生产原辅材料消耗的能源强度较小，分值在 0.7～1 分范围内;2 级的分值在 0.4～0.6 分范围内;3 级的分值在 0.3 分以下
产品指标	使用性能 寿命优化 报废处理	按照产品的使用性能、寿命优化、报废后的处理分为三个等级:1 级表明产品在使用过程中对环境基本没有污染，使用寿命和美观寿命最佳，报废后基本可以回收，分值在 0.7～1 分范围内;2 级的分值在 0.4～0.6 分范围内;3 级分值在 0.3 分以下
资源指标	单位产品耗水量 单位产品能源消耗 单位产品物耗量	达到国际先进水平的为 1 级，接近国际先进水平为 2 级，达到和接近国内先进水平的为 3、4 级，低于国内先进水平的为 5 级。"接近"指的是在参考值指标的 10% 左右。1 级分值为 0.9～1 分，2 级分值为 0.7～0.8 分，3 级为 0.5～0.6 分，4 级为 0.3～0.4 分，5 级为 0.2 分以下
污染物排放指标	废水排放量 COD 排放量 固废排放量	与资源指标的分级体系与分值大致相同，同样参考国际、国内同行业生产指标
管理水平指标	企业清洁生产方针 职工清洁生产意识	由于管理水平概念比较笼统，企业的清洁生产方针和职工清洁生产意识分为两个等级。1 级表明企业和职工对清洁生产有所了解并在实际生产过程中有所应用，分值在 0.6～1 分之间。2 级表明企业和职工对于清洁生产了解得较少，清洁生产措施较少，分值在 0～0.5 分

要注意，由于每个企业采用的原辅材料、生产的产品、生产工艺过程、污染物排放等内容有很大的区别，所以每个企业选择的具体指标会不同。

（2）综合评价

清洁生产指标的评价方法采用百分制，首先对原辅材料指标、产品指标、资源消耗指标和污染物产生指标按等级评分标准分别进行打分，若有分指标则按分指标打分，然后分别乘以各自的权重值，最后累加起来得到总分。通过总分值等的比较可以基本判定建设项目整体所达到的清洁生产程度，另外各项分指标的数值也能反映出该建设项目所需改进的地方。

① 权重值的确定。权重值是衡量各评价指标在清洁生产评价指标体系中的重要程度。在权重值的确定时，不同的计算方法具有各自的特点和适用条件，应依据行业特点，单独使用某种计算方法或综合使用多种计算方法。

清洁生产评价的等级分值范围为 0～1。为数据评价直观起见，考虑到指标的通用性，对清洁生产的评价方法采用百分制，一般设定指标的权重值在 1～10 之间，具体数值由指标的数量和在企业中的重要程度决定，所有权重值的和为 100。

如为了保证评价方法的准确性和适用性，在各项指标（包括分指标）的权重确定过程中，1998 年在原国家环境保护总局的 "环境影响评价制度中的清洁生产内容和要求" 项目研究中，采用了专家调查打分法。专家范围包括:清洁生产方法学专家、清洁生产行业专家、环评专家、清洁生产和环境影响评价政府管理官员。调查统计结果见表 6-5。

表 6-5　清洁生产指标权重值专家调查结果

项目	原辅材料指标					产品指标				资源指标			污染物产生指标	总权重值
	毒性	生态影响	可再生性	能源强度	可回收利用性	销售	使用	寿命优化	报废	能耗	水耗	其他物耗		
权重	7	6	4	4	4	3	4	5	5	11	10	8	29	100
	25					17				29				

　　专家对生产过程的清洁生产指标比较关注，对资源指标和污染物产生指标分别都给出最高权重值 29；原辅材料指标次之，权重值为 25；产品指标最低，权重值为 17。污染物产生指标权重值为 29，此类指标根据实际情况可选择包括几项大指标（如废水、废气、固体废物），每项大指标又可含几项分指标。因为不同企业的污染物产生情况差别太大，所以未对各项大指标和分指标的权重值加以具体规定，可依据实际情况灵活处理，但各项大指标权重值之和应等于 29，每一大指标下的分指标权重值之和应等于大指标的权重值。如果污染物产生指标包括三项大指标，如废水、废气、固体废物，它们的权重值可以分别取为 10、10、9，则废水所包含的分指标权重分值应为 10，废气、固体废物的依次为 10 和 9；如果此项大指标仅包括一项指标，如造纸厂，污染物产生主要是废水，那么废水指标的权重就是污染物产生指标的权重，即为 29，废水指标所包括的几项分指标，权重值之和也应为 29。

　　资源指标包括三项指标，即能耗、水耗、其他物耗，它们的权重值分别为 11、10、8。如果这三项指标中每一项指标下面还分别包括几项分指标，则根据实际情况另行确定它们的权重，但分指标的权重之和应等于资源指标的权重值，即为 29。

　　产品指标包括四项，即销售、使用、寿命优化、报废，它们的权重值分别为 3、4、5、5。

　　目前随着我国清洁生产指标体系的不断完善，国家发展和改革委员会等相关部门针对不同行业的特点，颁布了一系列的清洁生产评价指标体系。例如，2018 年 12 月 29 日，为贯彻落实《中华人民共和国清洁生产促进法》，建立健全系统规范的清洁生产技术指标体系，指导和推动企业依法实施清洁生产，国家发展改革委同生态环境部、工业和信息化部整合修编了《钢铁行业（烧结、球团）清洁生产评价指标体系》《钢铁行业（高炉炼铁）清洁生产评价指标体系》《钢铁行业（炼钢）清洁生产评价指标体系》《钢铁行业（钢压延加工）清洁生产评价指标体系》《钢铁行业（铁合金）清洁生产评价指标体系》《再生铜行业清洁生产评价指标体系》《电子器件（半导体芯片）制造业清洁生产评价指标体系》《合成纤维制造业（氨纶）清洁生产评价指标体系》《合成纤维制造业（锦纶 6）清洁生产评价指标体系》《合成纤维制造业（聚酯涤纶）清洁生产评价指标体系》《合成纤维制造业（维纶）清洁生产评价指标体系》《合成纤维制造业（再生涤纶）清洁生产评价指标体系》《再生纤维素纤维制造业（粘胶法）清洁生产评价指标体系》及《印刷业清洁生产评价指标体系》等 14 个行业清洁生产评价指标体系文件，予以发布，并于公布之日起施行。2020 年 12 月 31 日，国家发展改革委同生态环境部、工业和信息化部制定了《化学原料药制造业清洁生产评价指标体系》《硫酸行业清洁生产评价指标体系》《再生橡胶行业清洁生产评价指标体系》《锗行业清洁生产评价指标体系》《住宿餐饮业清洁生产评价指标体系》及《淡水养殖业（池塘）清洁生产评价指标体系》6项行业清洁生产评价指标体系，自2021年4月1日起实施。这些清洁生产评价指标体系针对不同行业制定，每个行业需遵照该行业的清洁生产评价指标体系进行评价。

②确定企业清洁生产的等级。清洁生产综合水平评价采用分级对比评价法，按照如下公式计算清洁生产水平得分，即

$$E = \sum A_i W_i$$

式中　E——评价对象清洁生产水平等级得分；

　　　A_i——评价对象第i种指标的清洁生产水平得分；

　　　W_i——评价对象第i种指标的权重。

根据获得的综合得分，可划分项目清洁生产水平的等级，见表6-6。

表6-6　总体评价结果等级划分

项目	指标分数	说明
清洁生产	>80分	企业原辅材料的选取对环境的影响、产品对环境的影响、生产过程中资源的消耗程度以及污染物的排放量均处于同行业国际先进水平
较先进	70～80分	总体处于国内或省内先进水平，某些指标处于国际先进水平
一般	55～70分	总体在省内处于中等、一般水平
落后	40～55分	企业的总体清洁生产水平低于国内一般水平，其中某些指标的水平在国内可能属较差或很差之列
淘汰	<40分	总体水平处于国内较差或很差水平，不仅消耗了过多的资源，产生了过量的污染物，而且在原材料的利用以及产品的使用及报废后的处置等方面均有可能对环境造成超出常规的不利影响

清洁生产是一个相对的概念，因此清洁生产指标的评价结果也是相对的。从上述清洁生产的评价等级和标准的分析可以看出，如果一个项目综合评分结果大于80分，则该项目原辅材料的选取对环境的影响、产品对环境的影响、生产过程中资源的消耗程度以及污染物的产生量均处于同行业领先水平，因而从现有的技术条件看，该项目属于"清洁生产"项目。若综合评分结果在40～55分，可判定该项目为"落后"项目，即该项目的总体水平低于一般水平，其中某些指标的水平可能属"较差"或"很差"水平，不仅消耗了过多的资源，产生了过量的污染物，而且在原辅材料的利用以及产品的使用及报废后的处置等方面均有可能对环境造成超出常规的不利影响。

6.3.6　清洁生产评价程序

企业进行清洁生产的评价需按一定的程序有计划、分步骤地进行。判定清洁生产的定量评价基本程序如图6-1所示。

其中项目评价指标的原始数据主要来源于清洁生产审核过程中预评估、评估阶段中的资源、能源、原辅材料、工艺、设备、产品、环保、管理等分析数据。要注意的是，这些数据直接影响后续评价，需核实后才能使用。类比项目参考指标主要来源于国家行业标准、环境质量标准或对类比项目的实测、考察等调研资料。

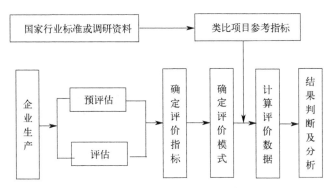

图 6-1　清洁生产评价的程序

复习思考题

1. 简述清洁生产指标体系的定义及评价指标的选取原则。
2. 简述清洁生产评价与清洁生产审核的区别。
3. 清洁生产评价是如何进行等级划分的？

第 7 章

清洁生产的推行和实施

7.1 清洁生产推行和实施的原则

7.1.1 清洁生产推行的原则

清洁生产是一种新的环保战略，也是一种全新的思维方式，推行清洁生产是社会经济发展的必然趋势，必须对清洁生产有明确的认识。结合我国国情，参考国外实践，我国现阶段清洁生产的推动方式，要以行业中环境绩效、经济效益和技术水平高的企业为龙头，由他们对其他企业产生直接影响，带动其他企业开展清洁生产。推进清洁生产应遵从以下基本原则：

（1）调控性

政府的宏观调控和扶持是清洁生产成功推行的关键。政府在市场竞争中起着引导、培育、管理和调控的作用，通过政府宏观调控可以规范清洁生产市场行为，营造公平竞争的市场环境，从而使清洁生产在全国范围内有序推进。政府的宏观调控不仅通过产业政策和经济政策的引导来实现，而且要完善清洁生产法治建设，通过加强清洁生产立法和执法来全面推进我国清洁生产的实施。

（2）自愿性

推行清洁生产牵涉到社会、经济和生活的各个方面，需要各行业、各企业和个人积极参与，只有通过大力宣传，使社会所有单元都了解清洁生产的优势并自愿参与其中，通过建立和完善市场机制下的清洁生产运作模式，依靠企业自身利益来驱动，清洁生产才能迅速全面推进。

（3）综合性

清洁生产是一种预防污染的环境战略，具有很强的包容性，需要不同的工具去贯彻和体现。在清洁生产的推行过程中，要以清洁生产思想为指导，将清洁生产审计、环境管理体系、环境标志等环境管理工具有机地结合起来，互相支持，取长补短，达到完整的统一。

（4）现实性

清洁生产的实施受到经济、技术、管理水平等多方面条件的影响，因此制定清洁生产推进措施应充分考虑我国当前的生态形势、资源状况、环保要求及经济技术水平等，有步骤、分阶段地推进，忽视现实条件、好高骛远、希望一蹴而就来推进清洁生产的做法最终必将失败，充分考量清洁生产的实施要求和企业的现实条件，分步推进才是持续清洁生产的保证。

（5）前瞻性

作为先进的预防性环境保护战略，清洁生产服务体系的设计应体现前瞻性，清洁生产服务体系包括清洁生产的政策、法律、市场规则等，共同制定和实施需要一定的程序，周期相对较长，修订不易，因而在制定时必须有发展的眼光，充分考虑和预测社会、经济、技术以及生态环境的发展趋势。

（6）动态性

随着科学技术的进步、经济条件的改善，清洁生产的推进有不同的内涵，因此清洁生产是持续改进的过程，是动态发展的，一轮清洁生产审核工作的结束，并不意味着企业清洁生产工作的停止，而应看作是持续清洁生产工作的开始。

（7）强制性

全面推行清洁生产是我国社会经济可持续发展的重要保障，是突破我国经济高速发展过程中的低效高耗、生态环境破坏严重等瓶颈问题，实现经济转型的重大战略决策，其推行过程中必然对某些局部利益和当前利益产生影响，因此可能会受到抵制，这就需要在一定程度上采取强制措施，强制推行。

7.1.2　企业清洁生产实施的原则

由于不同行业之间千差万别，同一行业不同企业的具体情况也不相同，所以企业在实施清洁生产过程中的侧重点各不相同。但一般来说，企业实施清洁生产应遵循以下五项原则：

（1）环境影响最小化原则

清洁生产是一项环境保护战略，因此其生产全过程和产品的整个生命周期均应趋向于对环境的影响最小，这是实施清洁生产最根本的环境目标。

（2）资源消耗减量化原则

清洁生产要求以最少的资源生产出尽可能多且满足社会需求的优质产品，通过节能、降耗、减污来降低生产成本，提高经济效益，这有助于提高企业的竞争力，符合企业追求商业利润的要求，因此资源消耗减量化原则又是持续清洁生产的内在动力。

（3）优先使用再生资源原则

人类社会经济活动离不开资源，不可再生资源的耗竭将直接威胁人类社会的可持续发展，因此，企业在实施清洁生产过程中必须遵循优先使用再生资源的原则，以保证社会经济的持续发展，同时这也是企业持续发展的保证。

（4）循环利用原则

物流闭合是无废生产与传统工业生产的根本区别。企业实施清洁生产要达到无废排放，其物料在一定程度上需要实现内部循环。如将工厂的供水、用水、净水统一起来，实现用水的闭合循环，达到无废水排放。循环利用原则的最终目标是有意识地在整个技术圈内组织和调节物质循环。

（5）原料和产品无害化原则

清洁生产所采用的原料和产品应不污染空气、水体和地表土壤，不危害操作人员和居民的健康，不损害景区、休憩区的美学价值。

7.2　清洁生产实施的主要方法与途径

　　清洁生产是一个系统工程，需要对生产全过程以及产品的整个生命周期采取污染预防和资源消耗减量的各种综合措施，不仅涉及生产技术问题，而且涉及管理问题。推进清洁生产就是在宏观层次上（包括清洁生产的计划、规划、组织、协调、评价、管理等环节）实现对生产的全过程调控和在微观层次上（包括能源和原材料的选择、运输、储存，工艺技术和设备的选用、改造，产品的加工、成型包装、回收、处理，服务的提供以及对废弃物进行必要的末端处理等环节）实现对物料转化的全过程控制，通过将综合预防的环境战略持续地应用于生产过程、产品和服务中，尽可能地提高能源和资源的利用效率，减少污染物的产生量和排放量，从而实现生产过程、产品流通过程和服务过程对环境影响的最小化，同时实现社会经济效益的最大化。

　　工农业生产过程千差万别，生产工艺繁简不一。因此，推行清洁生产应该从各行业的特点出发，在产品设计、原料选择、工艺流程、工艺参数、生产设备、操作规程等方面分析生产过程中减污增效的可能性，寻找清洁生产的机会和潜力，促进清洁生产的实施。近年来，国内外的实践表明，通过资源的综合利用、改进产品设计来革新产品体系、改革工艺和设备、强化生产过程的科学管理及促进物料再循环和综合利用等是实施清洁生产的有效途径。

7.2.1　资源的综合利用

　　资源的综合性，首先表现为组分的综合性，即一种资源通常都含有多种组分；其次是用途的综合性，同一种资源可以有不同的利用方式，生产不同的产品可以找到不同的用途。资源的综合利用是推行清洁生产的首要方向，因为这是生产过程的"源头"。如果原料中的所有组分通过工业加工过程的转换都能变成产品，这就实现了清洁生产的主要目标，见图 7-1。

原料 → ┌过程┐ → 产品

图 7-1　原料的综合利用

　　这里所说的综合利用，有别于"三废"的综合利用，这里是指并未转换为废料的物料，通过综合利用就可以消除废料的产生。资源的综合利用也可以包括资源节约利用的含义，物尽其用意味着没有浪费。

　　资源综合利用，增加了产品的生产，同时减少了原料费用，减少了工业污染及其处置费用，降低了成本，提高了工业生产的经济效益，可见是全过程控制的关键部位。资源综合利用的前提是资源的综合勘探、综合评价和综合开发，其联系见图 7-2。

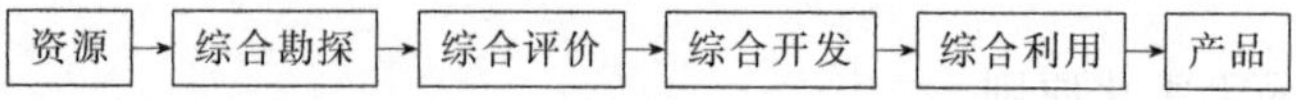

资源 → 综合勘探 → 综合评价 → 综合开发 → 综合利用 → 产品

图 7-2　资源综合利用

　　（1）资源的综合勘探

　　资源的综合勘探要求对资源进行全面、正确的鉴别，考虑其中所有的成分。随着科学技术的发展，对资源的认识范围正在扩大。如 20 世纪 70 年代初，苏联学者密尔尼科夫院士提出了综合开发地下资源的概念。按照他的概念，地下资源包括如下内容：

①　矿床，它可分为单一矿体和综合矿体。前者是矿物化学组成相近的两个矿体或相近的一组矿体，后者是矿物的化学组成相差甚大的一组矿体，如矿体中有铁矿、铝土矿、白垩、沙子、黏土等。

②　矿山剥离废石。

③　选矿和冶金的废料，如选矿场的尾矿，冶金厂的炉渣、尾矿，选矿场、冶金厂的废水等。

④　地下淡水、矿坑水和热水，如某一铅矿山每年可供水 1 亿立方米，用于半沙漠地区的灌溉，经济效益不在矿石之下。

⑤　地热。

⑥　天然和人工的地下洞穴，可用来安置工业设备存放原料或收纳废料。

在勘探的时候应该顾及上述六条内容。

（2）资源的综合评价

资源的综合评价，以矿藏为例，不但要评价矿藏本身的特点，如矿区地点、储量、品味、矿物组成、矿物学和岩相学特点、成矿特点等，还要评价矿藏的开发方案、选矿方案、加工工艺产品形式等，如同时要评价矿区所在地交通、动力、水源、环境经济发展特点、相关资源状况等，综合评价的结果应储存在全国性的资源数据库内。

（3）资源的综合开发

资源的综合开发，首先是在宏观决策层次上，从生态经济大系统的整体优化出发，从实施持续发展战略的要求出发，规划资源的合理配置和合理投向，在使资源发挥最大效益的前提下，组织资源的综合开发。其次在资源开采、收集、富集和贮运的各个环节中要考虑资源的综合性，避免有价值组分遭到损失。对于矿产资源来说，随着高品位矿产资源的逐渐耗竭，中、低品位资源高效利用技术的突破，在缓解资源危机、促进清洁生产方面的重要性将更加突出。例如：我国已探明磷矿资源总量居世界第二位，但以中低品位为主，P_2O_5 平均含量不足 17%，P_2O_5 含量大于 30% 的富矿仅占总量的 8%，自然资源部已把磷矿列为我国 2010 年后不能满足国民经济发展需要的 20 种矿产之一。在现有技术经济条件下，我国中、低品位磷矿成为一种"食之无味，弃之可惜"的资源。因此，开发中、低品位磷矿资源高效利用技术已成为一项紧迫的重大战略任务，在 2006 年 6 月召开的两院院士大会上，中国工程院课题组提出 17 项重大节约工程中，"磷资源节约及综合利用工程"为其中一项。华南农业大学新肥料资源研究中心经过十多年的研究，研发出系列"中、低品位磷矿资源的高效利用技术"，并获得 5 项国内外发明专利，该技术突破了现有磷肥生产的资源局限，无须对中低品位的磷矿进行精选，且生产过程无须加入硫酸或少量加入硫酸即可，这一新技术有望为国内处于低谷的传统磷肥产业注入活力，提高其市场竞争力，对磷肥产业提高经济效益和磷矿资源的合理利用均具有重大的战略意义。

（4）资源的综合利用

资源的综合利用，首先要对原料的每个组分列出清单，明确目前有用和将来有用的组分，制定利用的方案。对于目前有用的组分要考察他们的利用效益；对于目前无用的组分，显然在生产过程中将转化为废料，应将其列入科技开发的计划，以期尽早找到合适的用途。在原料的利用过程中应对每一个组分都建立物料平衡，掌握它们在生产过程中的流向。

实现资源的综合利用，需要实行跨部门、跨行业的协作开发，一种可取的形式是建立原料开发区，组织以原料为中心的利用体系，按生态学原理，规划各种配套的工业，形成生产链，在区域范围内实现原料的"吃光榨尽"。

7.2.2 改进产品设计

改进产品设计的目的在于将环境因素纳入产品开发的全过程，使其在使用过程中效率高、污染少，在使用后易回收再利用，在废弃后对环境危害小。近年来，产品的绿色设计、生态设计等设计理念的贯彻实施，是清洁生产实施的重要手段。

目前，这种以不影响产品的性能和寿命前提下尽可能体现环境目标为核心的产品设计主要涉及以下几方面：

（1）消费方式替代设计

利用电子邮件替代普通信函、无纸办公等。

（2）产品原材料环境友好型设计

它包括尽量避免使用或减少使用有毒有害化学物质、优先选择丰富易得的天然材料替代合成材料、优先选择可再生或次生原材料等。

（3）延长产品生命周期设计

它包括加强产品的耐用性、适应性、可靠性等以利于长效使用以及易于维修和维护等。

（4）易于拆卸的设计

其目的在于产品寿命完结时，部件可翻新和重新使用，或者可安全地把这些零件处理掉。

（5）可回收性设计

即设计时应考虑这种产品的未来回收及再利用问题。它包括可回收材料及其标志、可回收工艺及方法、可回收经济性等，并与可拆卸设计息息相关。如一些发达国家已开始执行汽车拆卸回收计划，即在制造汽车零件时，就在零件上标出材料的代号，以便在回收废旧汽车时，进行分类和再生利用。

7.2.3 革新产品体系

在当前科学技术迅猛发展的形势下，产品的更新换代速度越来越快，新产品不断问世。人们开始认识到，工业污染不但发生在生产产品的过程中，有时还发生在产品的使用过程中，有些产品使用后废弃，分散在环境中，也会造成始料未及的危害。如作为制冷设备中的冷冻剂以及喷雾剂、清洗剂的氟氯烃，生产工艺简单，性能优良，曾经成为广泛应用的产品，但自 1985 年发现其为破坏臭氧层的主要元凶后，现已被限制生产和限期使用，由氨、环丙烷等其他对环境安全的物质代替。

以甲基叔丁基醚（MTBE）替代四乙基铅作为汽油抗爆剂，不仅可以防止铅污染，而且还能有效提高汽油辛烷值，改善汽车性能，降低汽车尾气中 CO 含量，同时降低汽油生产成本。因此，自 20 世纪 90 年代初至今，MTBE 的需求量、消费量一直处于高增长状态，目前世界汽油用 MTBE 年产能力超过 2100 万吨。然而，MTBE 是一种对水的亲和力极大而对土壤几乎没有亲和力、在非光照条件下难降解、具有松油气味的有机物，其从地下储油箱（油库）渗漏并进入地下水源中能造成严重污染（水中 MTBE 含量达到 2pg/L 即有明显的松油气味，对人们的身体健康会产生严重影响，无法饮用）。美国地质调查局在 1993 和 1994

年对美国 8 个城市地下水进行调查，发现 MTBE 是地下水中含量排第二位的有机化合物（第一位是三氯甲烷）。在美国加利福尼亚，地下储油箱对地下水的污染是最严重的。1995 年末，圣英尼卡城市管理局检测了该城饮用水井中的 MTBE，结果于 1996 年 6 月被迫关闭了一些水井，致使这座城市损失了 71％的市内水源，约占其耗水量的 1/2，为了解决水荒，不得不从外部调水，一年就要花 3500 万美元。此外，在美国的湖泊和水库也发现有 MTBE 的污染，它们来自轮船的发动机和地表径流，甚至内华达州的高山上也受到它的污染。为此，美国加州以水污染为由，禁止使用 MTBE，美国国家环境保护部门也有类似动作。以 MTBE 替代四乙基铅解决了汽车尾气铅污染等问题，但又出现了水体污染新问题，这不仅说明了环境问题的复杂多变性和人类改善环境斗争的长期性、艰巨性，同时说明更新产品体系对清洁生产的必要性和迫切性。

在农业生产中，主要的农业生产资料——肥料和农药产品体系同样在不断地更新。肥料产品由单纯的有机肥到化学肥料，极大地提高了农业生产力，特别是粮食产量，据联合国粮农组织估计，发展中国家粮食的增产中 55％来自化学肥料的使用。然而，目前普通化学肥料利用率低、浪费巨大、污染严重的问题已成为阻碍农业清洁生产的重要因素之一。在我国，完全放弃化学肥料回归单纯的有机肥料是无法满足 14 亿多人口的生活甚至生存需求的。因此，研制开发高效、无污染的环境友好型肥料，提高肥料的利用率，在保证增产的同时减少肥料损失造成的污染，是当今肥料科技创新的重要任务。在国家 863 项目支持下，以控释肥料，生物肥料，有机、无机复合肥料等为代表的环境友好型肥料产品的研制开发为肥料产品的更新提供了有力的技术保障，是今后肥料的发展方向。同样，农药由剧毒、高残留的有机氯和有机磷农药到低毒、高效、低残留的氨基甲酸酯类农药的更新，有力地促进了农业清洁生产，目前正朝着环境友好型的植物性杀虫剂的开发应用以及生物防治方向发展。

由此可见，污染的预防不但体现在生产全过程的控制之中，而且还要落实到产品的使用和最终报废处理过程中。对于污染严重的产品要进行更新换代，不断研究开发与环境相容的新产品。

7.2.4 改革工艺和设备

工艺是从原材料到产品实现物质转化的基本软件。一个理想的工艺是：工艺流程简单，原材料消耗少，无（或少）废弃物排出，安全可靠，操作简便，易于自动化，能耗低，所用设备简单等的。设备的选用是由工艺决定的，设备是实现物料转化的基本硬件。改革工艺和设备是预防废物产生、提高生产效率和双量、实现清洁生产最有效的方法之一，但是工艺技术和设备的改革通常需要投入较多的人力和资金，因而实施时间较长。

工艺设备的改革主要采取如下四种方式：

（1）生产工艺改革

开发并采用低废或无废生产工艺和设备来替代落后的老工艺，提高生产效率和原料利用率，消除或减少废物，是生产工艺改革的基本目标。例如：采用流化床催化加氢法代替铁粉还原法旧工艺生产苯胺，可消除铁泥渣的产生，废渣量由 2500kg/t 产品减少到 5kg/t 产品，并降低了原料和动力消耗，每吨苯胺产品蒸汽消耗可由 35t 降为 1t，电耗由 220kW·h 降为 130kW·h，苯胺收率达到 99％。

　　采用高效催化剂提高选择性和产品收率，也是提高产量、减少副产品生产和污染物排放量的有效途径。例如北京某合成橡胶厂生产丁二烯的丁烯氧化脱氢装置原采用钼系催化剂，由于转化率和选择性低，污染严重，后改用铁系 B-02 催化剂，选择性由 70% 提高到 92%，丁二烯收率达 60%，且大大削减了污染物的排放，见表 7-1 和表 7-2。

表 7-1　丁烯氧化脱氢废水排放对比（以生产 1t 丁二烯计）

催化剂名称	废水量/(t/t)	COD/(kg/t)	—C=O/(kg/t)	—COOH/(kg/t)	pH 值
铁系 B-02 催化剂	19.5	180	12.6	1.78	6.32
钼系催化剂	23	220	39.6	30.6	2~3

表 7-2　丁烯氧化脱氢废气排放对比（以生产 1t 丁二烯计）

催化剂名称	废气排放量/(m³/h)	CO/(m³/h)	CO₂/(m³/h)	烃类/(m³/h)	有机氧化物/(kg/h)
铁系 B-02 催化剂	1974	12.83	268.71	12.37	0.04
钼系催化剂	4500	319	669	54.5	139.7

　　在工艺技术改造中采用先进技术和大型装置，以期提高原材料利用率，发挥规模效益，在一定程度上可以帮助企业实现减污增效。

　　需要强调的是，废物的源削减应与工艺开发活动充分结合，从产品研发阶段起就应考虑到减少废物量，从而减少工艺改造中设备改进的投资。1991 年，美国一家大型化工厂改进了其烯烃生产工艺，不仅消除了对甲醇的需求，而且每年削减苯和甲醇的排放量 68.1t。该厂重新设计了生产装置，并且将裂解炉气干燥器调整到预冷却器的前方，这项工艺改革措施消除了在预冷器中加入甲醇，以防止水合物的形成，并且使未受甲醇污染的苯可返回到生产工艺中使用。该项目投资 700 万美元，但每年节省甲醇费用仅 25 万美元，按照这种投资偿还率，如果不考虑减少苯对员工和社区的污染危害则很难实施。但是，如果将这一方案结合到新装置设计中，则新增投资很少即可实现。

　　（2）改进工艺设备

　　可以通过改善设备和管线或重新设计生产设备来提高生产效率，减少废物量。如优选设备材料，提高可靠性、耐用性；提高设备的密闭性，以减少泄漏；采用节能的泵、风机、搅拌装置等。例如：北京某石油化工厂乙二醇生产中的环氧乙烷塔原设计采用直接蒸汽加热，废水中 COD 负荷很大；后来改用间接蒸汽加热，不但减少了废水量和 COD 负荷，而且还降低了产品的单位能耗，提高了产品的收率，每年减少污水处理费用 20.8 万元，节约物料消耗 31.17 万元，经济效益和环境效益十分显著。

　　波兰某钢铁厂生产的钢铁制品最后一道工序是进行表面处理和涂饰。原来采用压缩空气枪进行喷涂，其涂料利用率低、废料产生量大、污染严重。该厂对喷涂工序开展了废料审计工作，试图通过改革工艺和改进管理，达到提高喷涂质量、减少涂料消耗以及降低污染物排放量的目的。审计结果表明，改变现状的关键在于替代目前使用的压缩空气喷枪。压缩空气喷枪和较为先进的高压喷枪、静电喷枪工作性能比较及高压喷枪和静电喷枪的经济指标测算见表 7-3 和表 7-4。波兰这家企业通过采用比较先进的喷枪，明显地降低了涂料的消耗，提高了物料的利用率，减少了废料的排放和处理费用，降低了成本，改进了质量，改善了劳动条件和提高了企业的形象，得到这些综合效益的投资很小，而且这些投资在很短的时间内即可收回。

表 7-3　三种喷枪的工作性能比较

性能指标	压缩空气喷枪	高压喷枪	静电喷枪
喷涂效率/%	30～50	65～70	85～90
涂料用量/m³	8.0	6.8	5.6
溶剂用量/m³	6.5	1.6	1.6
肥料量/kg	2400	1400	500

表 7-4　高压喷枪和静电喷枪的经济指标计算

经济指标	高压喷枪	静电喷枪
投资/美元	4800	13000
节省费用/(美元/年)	38500	39400
投资回收期/月	1.5	4

（3）优化工艺控制过程

在不改变生产工艺或设备的条件下进行操作参数的调整，优化操作条件常常是最容易且最便宜的减废方法。大多数工艺设备都是采用最佳工艺参数（如温度、压力和加料量）设计的，以取得最高的操作效率，因而在最佳工艺参数下操作，避免生产控制条件波动和非正常停车，可大大减少废物量。

以乙烯生产为例，由设备管理不好或者公用工程（水、电、蒸汽）可靠性差以及各科设备、仪表性能不佳等原因，会导致设备运转不稳定，甚至局部或全部停车，一旦停车，物料损失和污染均十分严重。3×10^5 t/a 规模的乙烯设备每停车 1 次，火炬排放的物料约为 1000 t（以原料计），直接经济损失约 40 万元；如按照产品价值计算间接经济损失，则可达 700万元。从停车到恢复正常生产期间，各塔、泵等还会出现临时液体排放，增加废水中油、烃类的含量，有毒有害物质含量也会成倍增加。

（4）加强自动化控制

采用自动控制系统调节工作操作参数，维持最佳反应条件，加强工艺控制，可增加生产量，减少废物和副产品的产生，如安装计算机控制系统监测和自动复原工艺操作参数，实施模拟结合自动设定点调节。在间歇操作中，使用自动化系统代替手工处置物料，通过减少操作失误，降低产生废物及泄漏的可能性。

中国经济发展中仍存在技术含量偏低、技术装备和工艺水平有待提升、创新能力不够强、高新技术产业化比重低、能耗高、能源消费结构不够合理等问题，这些问题已经成为制约中国经济可持续发展的主要因素，亟需利用高新技术进行改造和提升。在改革工艺和设备中首先应分析产品的生产全过程，将那些消耗高、浪费大、污染严重的陈旧设备和工艺技术替换下来，通过改革工艺和设备，使生产过程实现少废化或无废化。

7.2.5　生产过程的科学管理

有关资料表明，目前的工业污染约有 30% 以上是由生产过程中管理不善造成的，只要加强生产过程的科学管理、改进操作，不需花费很大的成本，便可获得明显减少废弃物和污染的效果。在企业管理中要建立一套健全的环境管理体系，使环境管理落实到企业中的各个层次，分解到生产过程的各个环节，贯穿于企业的全部经济活动中，与企业的计划管理、生产管理、财务管理、建设管理等专业管理紧密结合起来，使人为的资源浪费和污染物排放减至最小。

主要管理方法如下：

① 调查研究和废弃物审计。摸清从原材料到产品的生产全过程的物料、能量和废弃物产生的情况，通过调查，发现薄弱环节并改进。

② 坚持设备的维护保养制度，使设备始终保持最佳状况。

③ 严格监督，对于生产过程中各种消耗指标和排污指标进行严格的监督，及时发现问题，堵塞漏洞，并把群众的切身利益与企业推行清洁生产的实际结合起来进行监督、管理。

7.2.6 物料再循环和综合利用

工业生产中产生的"三废"污染物质从本质上讲，都是生产过程中流失的原材料、中间产物和副产物。因此，对"三废"污染物进行有效的处理和回收利用，既可以创造财富，又可以减少污染。开展"三废"综合利用是消除污染、保护环境的一项积极而有效的措施，也是企业挖潜、增效截污的一个重要方面。在企业的生产过程中，应尽可能提高原材料利用率和降低回收成本，实现原料闭路循环。在生产过程中比较容易实现物料闭路循环的是生产用水的闭路循环。根据清洁生产的要求，工业用水组成原则上应是供水、用水和净水组成一个紧密的体系。根据生产工艺要求，一水多用，按照不同的水质需求分别供水，净化后的水重复利用。我国已经开展了一些实用的综合利用技术，如小化肥厂冷却水、造气水闭路循环技术，可以大大节约水资源，减少水体热污染；电镀漂洗水无排或微排技术，实行了漂洗水的闭路循环，因而不产生电镀废水和废渣；利用硝酸生产尾气制造亚硝酸钠；利用硫酸生产尾气制造亚硫酸钠等。

此外，一些工业企业产生的废物，有时难以在本厂有效利用，有必要组织企业间的横向联合，使废物进行复用，使工业废物在更大的范围内资源化。肥料厂可以利用食品厂的废物加工肥料，如味精废液 COD 很高，而其丰富的氨基酸和有机质可以加工成优良的有机肥料。目前，一些城市已建立了废物交换中心，为跨行业的废物利用协作创造了条件。

7.2.7 必要的末端处理

在目前技术水平和经济发展水平条件下，实行完全彻底的无废生产是很困难的，废弃物的产生和排放有时还难以避免，因此需要对它们进行必要的处理和处置，使其对环境的危害降至最低。此处的末端处理与传统概念的末端处理相比区别如下：

① 末端处理是清洁生产不得已而采取的最终污染控制手段，而不应像以往那样处于实际上的优先考虑地位；

② 厂内的末端处理可作为送往厂外集中处理的预处理措施，因而其目标不再是达标排放，而只需要处理到集中处理设施可以接纳的程度；

③ 末端处理重视废弃物资源化；

④ 末端处理不排斥继续开展推行清洁生产的活动，以期逐步缩小末端处理的规模，乃至最终以全过程控制措施完全替代末端处理。

为实现有效的末端处理，必须开发一些技术先进、处理效果好、投资少、见效快、可回收有用物质、有利于组织物料再循环的实用环保技术。目前，我国已经开发了一批适合国情的实用环保技术，需要进一步推广。同时，有些环保难题尚未得到很好的解决，需要环保部门、有关企业和工程技术人员继续共同努力。

7.3　清洁生产实施的支持与保障体系

　　我国清洁生产的实践表明，现行条件下，由于企业内部存在一系列实施清洁生产的障碍约束，要使清洁生产主体的企业完全自发地采取自觉主动的清洁生产行动是极其困难的。单纯依靠培训和企业清洁生产示范推动清洁生产，其作用也不能保证清洁生产广泛、持久地实施。通过政府建立起适应清洁生产特点和需要的政策、法规，营造有利于调动企业实施清洁生产的外部环境，将是促进我国清洁生产向纵深发展的关键。自 1993 年我国开始推行清洁生产以来，在促进清洁生产的经济政策和产业政策的颁布实施以及相关法律法规建设方面取得了较快的发展，为推动我国清洁生产向纵深发展提供了一定的政策法规保障。

7.3.1　我国环境和资源保护法规对清洁生产的保障

　　从形式意义上看，除了 1999 年 10 月通过的《太原市清洁生产条例》外，在 2002 年 6 月 29 日第九届全国人大常委会通过《中华人民共和国清洁生产促进法》之前，我国并没有专门性的清洁生产立法。但从实质意义上看，我国有关环境、能源与科技发展等许多法律制度中，已经或多或少地包含了引导清洁生产的内容。

　　我国《环境与发展十大对策》（1992 年）强调了清洁生产，要求建设项目技术起点要高，尽量采用能耗物耗小、污染物排放量少的清洁工艺。1993 年 10 月第二次全国工业污染防治工作会议的重要内容就是实现"三个转变"，推行清洁生产。《中国 21 世纪议程》（1994 年）将清洁生产列为重点项目之一。《中华人民共和国国民经济和社会发展"九五"计划和 2010 年远景目标纲要》中把推行清洁生产作为一项重要的环境保护措施。《国家环境保护"九五"计划和 2010 年远景目标》中明确提出，将"结合技术进步，积极推行清洁生产"作为工业污染防治的主要任务之一。《"十四五"全国清洁生产推行方案》提出了加快推行清洁生产的总体要求，部署了工业、农业和其他领域推动清洁生产的重点任务和重大工程，明确了清洁生产科技创新、产业培育、模式创新、组织保障等重大措施。

　　1987 年颁布实施并经修订（修正）的《中华人民共和国大气污染防治法》、1984 年通过并经修订（修正）实施的《中华人民共和国水污染防治法》和 1995 年颁布实施并经修订（修正）的《中华人民共和国固体废物污染环境防治法》等环境污染防治法律法规，均明确提出实施清洁生产的全面要求，规定发展清洁能源，鼓励和支持开展清洁生产，尽可能使污染物和废物减量化、资源化和无害化。如《大气污染防治法》中规定：国家对大气污染防治的研究推广予以鼓励，并鼓励和支持清洁能源的开发；对严重污染大气环境的落后生产工艺和设备的淘汰进行了严格规定；对清洁能源的使用和支持鼓励做了规定。又如《固体废物污染环境防治法》中规定：国家鼓励和支持清洁生产，减少固体废物的产生量；国家鼓励、支持综合利用资源，对固体废物实行充分回收和合理利用，并采取有利于固体废物综合利用活动的经济、技术政策和措施。此外，《中华人民共和国固体废物污染环境防治法》和《中华人民共和国水污染防治法》都规定了有关清洁生产的内容。

　　《中华人民共和国节约能源法》（1997 年）力图推动节能技术和工艺设备的采用，提高能源利用率，促进国民经济向节能型转化，同时减少污染物，禁止新建耗能过高的工业项目，淘汰耗能过高的产品、设备。《国务院关于环境保护若干问题的决定》（1996 年）中明确规定，所有建设和技术改造项目，要提高技术起点，采用能耗物耗小，污染产生量少的清洁生产工艺。《建设项目环境保护管理条例》（1998 年）规定：工业建设项目应当采用能耗物耗小、污染物产生量少的清洁生产工艺。1997 年 4 月国家环境保护局制定的《关于推行清洁生产的若干意见》，对结合现行环境管理制度的改革、推行清洁生产，提出了基本框架、思路和具体做法。

在推行清洁生产时，我国将其与工业产业结构、产品结构的调整相结合，要求在制定产业政策时，严格限制或禁止可能造成严重污染的产业、企业和产品，要求工业企业采用能耗物耗小、污染物产生量少且有利于环境保护的原料和先进工艺、技术和设备，采用节约用水、用能、用地的生产方式。1995 年以后，修改的《中华人民共和国大气污染防治法》、《中华人民共和国水污染防治法》和制定的《中华人民共和国固体废物污染环境防治法》、《中华人民共和国环境噪声污染防治法》中，都明确规定了严格限制或禁止生产、销售、使用、进口严重污染环境的落后工艺和设备。《国务院关于环境保护若干问题的决定》（1996年）和 1996 年 9 月经国务院同意、国家环境保护总局发布的《关于贯彻〈国务院关于环境保护若干问题的决定〉有关问题的通知》，作出对严重污染的"十五小"企业实行取缔、关闭或责令停产、转产的关、停、禁、转、改的规定。2010 年，环境保护部颁布的《关于深入推进重点企业清洁生产的通知》（环发〔2010〕54 号），提出对紧密结合重金属污染防治、抑制部分行业产能过剩和重复建设，明确了近期重点企业清洁生产工作的目标、任务和要求，将重点企业清洁生产制度与我国现行各项环境管理制度创新性地相衔接。

7.3.2　我国现行的环境管理制度与清洁生产

我国环境管理制度经过了几十年的发展和不断完善，基本形成了适合我国国情的一整套行之有效的管理制度。但整体来看，污染物末端治理、达标排放的政策贯穿于环境管理的各项制度之中。执行环境影响评价制度和"三同时"制度的主要目的在于，使一切新建、改建、扩建及技术改造项目的污染控制措施的设计者能够根据生产设计给定的污染物排放状况设计满足达标排放要求的处理设施；在定量考核中规定污染控制的达标率指标；限期治理是对严重影响环境质量的重点污染源施加的强制性的限期达到排放标准的措施；污染物集中控制即在特定区域内根据污染源的布局，寻求合理的末端处理策略，以便达到更加经济有效的目的；而排污许可证制度则是以确保区域环境质量为目标而确定排污总量，对各污染源下达允许排放的指标。相对于浓度控制而言，许可证总量控制是一个巨大的进步，但仍未跳出污染物末端治理的圈子。

我国工业污染防治需要"转变传统发展模式，积极推进清洁生产，走可持续发展道路"，同样，环境管理制度必须跳出污染物末端治理的圈子，贯彻全过程控制思想，才能从根本上扭转生态环境恶化的局面，实现环境和经济协调发展。

（1）环境保护规划制度与清洁生产

环境保护规划是对一定时间内环境保护目标任务和措施的规定。根据《中华人民共和国环境保护法》规定，县级以上地方人民政府环境保护主管部门会同有关部门，根据国家环境保护规划的要求，编制本行政区域的环境保护规划，报同级人民政府批准实施。在现行的环境保护规划中，侧重于对规划范围内污染治理方案进行比选，但对各污染企业工艺过程缺乏分析，缺乏清洁生产工艺建议。因此，在环境保护规划中贯彻清洁生产理念应成为今后规划的重点。

（2）环境影响评价制度与清洁生产

环境影响评价针对项目的工程特征和环境特征进行评价，预测项目建成后对环境可能造成不良影响的范围和程度，从而规定避免污染、减少污染和防止破坏的对策，为项目实现优化选址、合理布局、最佳生产设计提供科学依据。建设项目的环境影响评价作为一项环境管理制度在我国实行以来，对新污染的控制和老污染的治理起到了积极的作用。

多年来，环境影响评价工作重点放在对污染源排放的污染物的治理方案上或达标排放的污染物对外环境的影响预测上，而对生产过程中如何节能减污、降耗以及生产全过程的污染控制，即清洁生产则评价甚少，为使环境影响评价在我国社会主义现代化建设中发挥其应有的作用，应用环境影响评价制度来促进清洁生产的实施，需要在以下几方面加强和改进：

① 对建设项目的整体情况予以评价，包括其原材料、生产方案和重要工艺，废物的排放量和排放方式，特别重视对环境容量的评价，按总量控制的要求进行审批、验收。

② 明确制度的适用范围，特别是对环境影响的认定要有科学统一的标准。

③ 完善公众参与评价的程序和机制，加强大型区域开发、自然开发、工程建设评价的可操作性。

④ 仿效国外的有关制度，评价者应当对环境影响报告书中提及的建设项目中的多个环节在运用最佳可行技术的基础上，提供详尽可行的替代方案。

（3）"三同时"制度与清洁生产

"三同时"制度是我国最早的环境管理制度，早在 1973 年第一次全国环境保护会议审查通过的《关于保护和改善环境的若干规定（试行草案）》中就已提出，并在 1979 年颁布的《中华人民共和国环境保护法（试行）》和 1989 年颁布的《中华人民共和国环境保护法》中对"三同时"制度从法律上进行确认，实施几十年以来，在环境保护工作中发挥了巨大作用。

完善该制度的主要方向是对其强制性加以变更，根据不同情况区别对待。具体做法是：如果企业在生产和产品使用中采用新材料、新工艺，降低了对环境的影响而达到环境标准，可以少建或不建环保设施，以便节约更多的资金应用于生产和技术开发，同时鼓励企业减少排污，提高污染治理的积极性。

（4）排污收费制度与清洁生产

我国的排污收费制度是在 20 世纪 70 年代末期，根据"谁污染谁治理"的原则，借鉴国外经验，结合我国国情开始实施的。我国排污收费制度规定，在全国范围内对污水、废气、固体废物、噪声、放射性物质等各类污染物的各种污染因子，按照一定收费标准收取一定数额的费用，并规定排污费可以计入生产成本，排污费专款专用，主要用于补助重点排污源治理等。

（5）限期治理制度与清洁生产

限期治理是以污染源调查、评价为基础，以环境保护规划为依据，突出重点，分期分批地对污染危害严重、群众反映强烈的污染物、污染源和污染区域采取的限定治理时间、治理内容及治理效果的强制性措施。这是一种完全的污染末端治理管理制度，但进一步完善该制度，加强对污染企业的强制污染治理力度，使采用落后工艺和设备生产的企业在污染治理中需要付出较高成本，有利于促使企业采用先进工艺和设备，实现清洁生产。

① 制定和颁布有关该制度的具体实施和管理方法，使该制度的有关规定具体明确统一，增加可操作性。

② 限期治理的对象要转向完不成排污总量削减指标或超总量排污的企事业单位，以解决分散处理与集中控制的矛盾。

③ 加强该制度的强制性和惩罚性，善于运用罚款手段，从另一方面加强企业预防污染的压力，以增强该制度在生产、服务全过程中的减污作用。

④ 改变限期治理中项目不分大小、按行政管辖关系由政府分级管理的做法，而以有利于制度的全面推行、有利于环境总体质量的改善、有利于环境监督管理为原则，来调整环境管理职权的划分，扫除管理体制上的障碍。

（6）排污许可证制度与清洁生产

排污许可证制度以改善环境质量为目标，以污染物总量控制为基础，规定排污单位许可排放什么污染物，即许可污染物、许可污染物排放去向等。完善这一制度，应当做到：

① 应将清洁生产的思想充分融入许可证的审批和发放工作中，不但要求达标排污，而且对于申请进行的开发建设、生产销售活动中所使用的原材料、工艺流程、废物回收也提出严格的要求，进行全面审查。

② 总体上应结合总量控制和污染集中控制，建立一个区域性的闭合系统，真正实现许可证这一支柱制度对于清洁生产的推动作用。

③ 在实行总量控制的前提下，可以引入排污权交易制度，促使污染者加强生产管理并积极采用对环境有利的先进的清洁生产工艺技术。从我国在 6 个城市进行的大气排污交易政策的试点来看，排污权交易制度在我国应从立法上得以确认，特别在水污染和大气控制方面，对适用范围、交易规则、监督管理、违法责任等内容均应做出明确具体的规定。

（7）污染物集中控制制度与清洁生产

污染物集中控制是在一个特定的范围内，为保护环境所建立的集中治理设施和采用的管理措施，是强化环境管理的一种重要手段。该制度在污染防治战略和投资战略上带来了重大转变，有助于调动社会各方面治理污染的积极性，有利于集中人力、物力、财力解决重点污染问题，有利于节省防治污染的总投入，有利于采用新技术，提高污染治理效果，有利于提高投资利用率，加速有害废物资源化。

完善该项制度的方向也在于变更其强制性，具体做法如下：

① 在污染源相对集中、污染物相似，能实现规模效益的区域，应优先考虑集中控制，对不宜集中处理或集中处理有困难的特殊污染物，仍以分散处理为主。

② 已建成了污染物集中控制设施的区域，新建项目可以不必建处理设施或只建预处理设施，已建成项目的污染物可以纳入集中控制的区域，经申请，环保部门应允许其停止运转污染物治理设施。

③ 污染物集中处理实行有偿服务，排污单位按照处理量多少、污染物成分及处理难易程度筹集建设资金和缴纳处理费，已缴纳处理费的单位可以不再缴纳排污费。

④ 该制度实施时还应当注意掌握环境容量及新建项目增加的排污量，按总量程制的要求进行审批、验收。

7.4　企业实施清洁生产的障碍及对策分析

7.4.1　我国清洁生产实施现状

清洁生产是世界各国最近几十多年来工业污染防治经验的结晶。自从联合国环境规划署工业与环境规划活动中心提出清洁生产概念并积极推行清洁生产以来，美国、德国、丹麦、荷兰、英国、加拿大、澳大利亚和日本等国都兴起了清洁生产浪潮，并获得了很大成功。同世界上其他致力于清洁生产的国家一样，我国也一直在向企业宣传清洁生产的概念并积极进行实践。多年来，我国实施清洁生产的实践取得了较大的进展，主要表现在如下几方面：

（1）确立清洁生产地位，颁布有关法律法规

1993 年 10 月在上海召开的第二次全国工业污染防治会议上，国务院、国家经贸委及国家环保总局的高层领导提出清洁生产的重要意义，明确了清洁生产在我国工业污染防治中的地位以来，其后的环境法律法规均体现了清洁生产思想，增加了促进和倡导清洁生产的条文。2003 年 1 月 1 日起施行的《中华人民共和国清洁生产促进法》为推进我国清洁生产的全面实施提供了法律保障。

（2）企业示范

自 1993 年以来，在环保部门、经济综合部门以及工业行业管理部门的推动下，全国共有 24 个省、自治区、直辖市已经开展或正在启动清洁生产示范项目，涉及的行业包括化学、轻工、建材、冶金、石化、电力、飞机制造、医药、采矿、电子、烟草、机械、纺织印染以及交通等，取得了良好的效果。

（3）培训

截止到 2000 年 5 月，国内通过不同途径已组织了 550 个清洁生产培训班，共有 16000多人次接受了清洁生产培训。其中，举办清洁生产审计员基础课程培训班 11 期，培训清洁生产外部审计员 240 名；清洁生产基础知识培训班 80 期，培训学员约 5000 人；企业清洁生产内审员培训班 450 期，培训学员 10000 人次。国家清洁生产中心自 2001 年开始举办清洁生产审核师培训班，截至 2006 年底已举办了 122 期，共培训人员 6439 人。截至 2006 年底，清洁生产审核机构为地方培训人员 48372 人。通过多种培训和示范，使不同层次的管理者了解了清洁生产，清洁生产技术人员也获得了专门的清洁生产知识和技能。

（4）机构建设

到 2000 年末，全国已建立了 21 个清洁生产中心，包括 1 个国家级中心；4 个工业行业中心，即石化、化工、冶金和飞机制造业；16 个地方中心，即北京市、上海市、天津市、陕西省、黑龙江省、山东省、江西省、辽宁省、内蒙古自治区、新疆维吾尔自治区、甘肃省、呼和浩特市、太原市、咸阳市、长沙市和本溪市。为了进一步推动清洁生产工作在我国的深入开展，加强清洁生产审核机构的建设，原国家环保总局确定并发布了首批 46 家清洁生产审核试点机构，其中包括：2 个大专院校的清洁生产中心；12 个行业的研究院所及清洁生产中心；21 个省级环保院所及清洁生产中心；11 个市级环保院所、监测中心及清洁生产中心。2005 年 12 月 31 日，原国家环保总局出台了《重点企业清洁生产审核程序的规定》，推进了我国清洁生产审核的进程，清洁生产审核咨询机构的数量也大大增加。

7.4.2　清洁生产实施取得的效益

清洁生产区别于传统的环境管理手段，其最大的优势在于能够给企业带来环境、经济、社会多种效益。节能、降耗、减污、增效突出体现了清洁生产给企业带来的各种效益。

① 提高设备运行效率，原辅材料、能源和水的利用率及产品产量和质量，使企业在节能、降耗两方面获得综合经济效益。

② 减少废弃物产生量、提高废弃物现场回收利用效率、降低废弃物的处理成本及污染物排放费用等，使企业在减污方面获得综合经济效益。

③ 有效帮助企业实现污染物浓度与污染物总量稳定达标等相关环境管理要求，避免和减少污染环境的风险。

④ 有效加强企业现场管理、生产管理和环境管理水平，提高工人操作水平和员工素质，改善生产环境，有助于提升企业环境、健康与安全的整体管理水平。

⑤ 通过清洁生产技术的应用，切实推动企业技术改造与进步，提升企业清洁生产技术水平。

⑥ 有效提高企业环境与社会形象，满足国家社会及国际上对于企业在社会责任方面的新要求。

7.4.3 实施清洁生产的主要障碍

尽管我国近几十年来有不少重点企业在清洁生产方面进行了许多有益的探索，起到了一定的示范作用，但由于存在环境意识不强、对清洁生产认识不深、资金不足、信息相对闭塞、技术水平较低、缺乏完善的政策体系支持等多方面的障碍，阻碍了清洁生产的全面推行。

（1）观念障碍

首先，由于环境问题爆发在时间上的滞后性和在空间上的广泛性，容易麻痹人们的环境意识，淡化包括广大消费者在内的全民清洁生产意识的培养，致使作为清洁生产主体的企业缺乏来自清洁生产方面的压力，如强大的舆论压力、消费者抵制非清洁产品的市场压力等。其次，企业管理者和经营者对清洁生产存在诸多认识误区，使实施清洁生产缺乏内在动力。企业管理者和经营者误将清洁生产等同于单纯的环保措施，对清洁生产在可持续发展中的重要作用和对增强企业综合竞争力的作用缺乏足够的认识；有的企业担心清洁生产的介入会打破原有的生产程序和操作习惯，增加管理难度；有的企业将清洁生产当成了企业的包袱，当作获得"绿色通行证"的权宜之计。企业员工对清洁生产认识不足，由于工作安全而不愿意改变现状、担心失败，使企业缺乏促使清洁生产的合力，缺乏群策群力的技术支持。

（2）组织管理障碍

企业实施清洁生产涉及部门多，协调工作困难。清洁生产涉及企业生产和经营管理的各个环节，清洁生产的领导开展工作是在人民政府及其各部门分工负责、协调一致基础上展开的，但是对于相关职能部门的具体工作未做详细具体的规定。在外部监督缺失的情况下，这种机制在某种程度上可以调动相关职能部门，调控清洁生产的积极性、主动性，但在具体的管理实践中极有可能导致各自为政、相互扯皮的混乱局面。

（3）技术障碍

技术不足是企业推行清洁生产的瓶颈障碍。设备陈旧、工艺落后是我国能耗高、资源浪费、污染严重的一个重要原因。在陈旧的设备上"朽木雕花"是企业清洁生产遇到的一个重要技术障碍和困扰企业进行清洁生产投资的棘手问题，也是企业出现片面重技改思想倾向的根源。特别对于广大中小企业而言，自主开发能力和采用高新技术的能力很弱，而又缺乏在现有技术经济条件下的实用清洁生产技术。大中型企业同样存在技术上的不足，国内清洁生产服务、咨询、审核等中介机构服务量小，导致生产者无法全面了解有关清洁原料、清洁工艺、清洁技术、清洁设备、清洁产品和废物清洁处置利用的供求信息，进一步限制了企业清洁生产的推行。

（4）经济障碍

资金不足是企业推行清洁生产的根本障碍。从长远来看，清洁生产虽然会给企业带来可观的经济、环境效益，但清洁生产方案的实施需要短期内大量的资金投入，而许多企业由于经济效益不佳，资金缺乏，所以无法推行；而一些已经开展清洁生产的企业，绝大多数只是停留在实施一些无/低费方案上，因而很难实现持续清洁生产。此外，清洁生产的投、融资渠道不畅，部分企业连年技改，贷款庞大，利息负担重，都会导致企业实施清洁生产的热情不高，缺乏开展清洁生产的动力，成为清洁生产实施的又一个经济障碍。

（5）政策原因

我国经济发展中的环境和资源的价值长期被低估或忽视，这样导致企业长期低廉或无偿使用资源与环境而无须承担相应的成本和代价，不仅虚夸了经济增长，扭曲了企业的生产和经营行为，还影响了企业开展清洁生产的积极性。另外，由于我国排污收费标准较低，收到的费用不足以治理污染物；同时，又由于收费中"讨价还价"问题的存在，结果使得企业缴纳排污费要比治理废弃物"合算"得多，这就在很大程度上挫伤了企业开展清洁生产的积极性，同时也留下了收费者和排污者共事环境"地租"的隐患。

此外，激励机制和约束机制相对滞后，影响清洁生产的进程。我国促进清洁生产的宏观和微观政策远未形成体系，有关清洁生产的产业、财税、金融乃至行政表彰与鼓励政策的建立及完善相对滞后，以法律法规为标志的清洁生产约束机制的配套建设也相对滞后。这在一定程度上，制约了企业管理理念的更新，生产、经营方式的转变，影响了清洁生产的进程。

7.4.4 推动清洁生产实施的对策

（1）加强宣传教育和人员培训

针对普遍存在的环境问题滞后性，清洁生产意识淡薄等问题，应充分运用电视、报纸、广播等媒体，有计划地做一些科普宣传。在学校教育，特别是中小学教育中，增加环境保护和经济社会可持续发展的内容，扫除"环境盲"，形成全社会保护环境、节约资源的道德风尚。通过宣传使人们明确其自身行为的环境效应。特别是要对具有决策职责的一把手进行环境意识、清洁生产意识的宣传与教育，使其认识到"为官一任，造福一方"，不应只顾及眼前的、暂时的政绩、业绩，而要考虑长远的、关系子孙后代的利益，并将可持续发展思想自觉运用到其经济社会的决策中去。在全国上下形成一种厉行节约、循环使用、爱护环境的良好习惯，为清洁生产的开展奠定意识基础。

扩大宣传范围，增加公众对清洁生产概念的了解。通过宣传争取企业的理解、支持和合作。宣传对象还应包括银行及金融机构，必须使他们了解清洁生产及其经济回报、较低的债务风险和信贷风险，把清洁生产列入他们的贷款要求中。进行岗位示范培训，提高职工的技能，特别是对企业领导人员和工程设计人员、清洁生产审核人员的培训，尤为重要。

（2）建立专门的清洁生产领导机构，协调和指导清洁生产活动

企业高层领导要直接参与清洁生产推行工作，组建专门的清洁生产领导机构，由企业主要领导亲自负责，并设立专职人员，指导清洁生产工作的开展。

在企业清洁生产专门机构人员的组成上，要求配备各专业人才。这些人员要熟悉企业生

产工艺，对清洁生产的内涵和技术方法比较了解，由此组成的领导机构才能正常发挥其指导功能。由企业负责人牵头清洁生产专门机构，才能有效地协调企业各个部门之间的关系，使企业清洁生产顺利实施。

（3）调动一切因素，解决技术难题

针对技术障碍，首先要在企业内部发动各方面技术力量，集思广益，调动企业干部、职工的积极性，大家一起建言献策。同时加快企业技术和管理人才的培养，建立人才的引进与流动机制，提高企业的技术创新能力和管理能力，如建立清洁生产技术信息网络，加强企业与科研机构的横向联系，并广泛进行国际合作，开发先进的清洁生产技术、提高自身的技术开发与应用能力，提高自身的管理水平。同时，在清洁生产技术的研制上，也应充分发挥专利制度的作用，保护专利者的知识产权，从而在技术的转让和采用上，很好地适应逐渐完善的市场机制。其次，可以聘请有关技术专家，帮助调研国内外同行业的先进技术，了解发展趋势，通过引进、消化吸收和再创新等步骤，寻求解决技术难题的办法。

此外，政府鼓励和支持清洁生产技术开发、组织科技攻关对于解决清洁生产技术难题同样具有重要作用。

（4）挖掘资金渠道，多途径解决经济障碍

第一，要积极进行企业内部挖潜，积累资金；第二，在制订投资计划时，应考虑清洁生产方案；第三，优先实施无/低费方案，并获得效益；第四，通过各种无息、低息环保项目贷款获取资金。

此外，国家在外部环境上应通过产业、金融和税收政策为企业推行清洁生产开辟更广泛的融资渠道，如辽宁省清洁生产中心，通过国际合作建立了清洁生产周转金的转向资金，通过周转金贷款审批制度的建立，极大增强了金融机构和企业参与清洁生产的内在动力，向清洁生产市场驱动机制的建立和健全迈出了坚实的一步。

（5）完善相应的政策和法律法规，持续推动清洁生产

推进清洁生产的发展，必须要有良好的政策激励和严格的法律规范，并严格执法。我国在现阶段，《中华人民共和国清洁生产促进法》已确立了一些具有法律效力的鼓励措施，如：针对清洁生产进行研究、示范和培训，实施国家清洁生产重点技术改造项目，列入国务院和县级以上地方人民政府同级财政安排的有关技术进步专项资金的扶持范围；对利用废物生产产品的和从废物中回收原料的，税务机关按照国家有关规定，减征或者免征增值税；企业用于清洁生产审核和培训的费用，可以列入企业经营成本等，关键在于加大执行力度，确保这些措施落到实处，使企业的清洁生产行动给社会和企业都带来实实在在的效益。同时，在法律、法规方面，除了要严格执行《中华人民共和国环境保护法》和《中华人民共和国清洁生产促进法》外，还必须有针对性地加强行业、产品等生产中一切不利于生态环境发展的法律、法规建设，使破坏环境、滥用资源者承担应有的责任，付出应有的代价，这是推进清洁生产广泛、深入发展的根本保证。只有在加强环境保护和严格执行清洁生产的法律、法规的环境下，人们才能逐渐摒弃那些不利于环境建设的落后的生产技术、生产工艺和不利于环境保护、有害于消费者身心健康的产品，从而大大地加快清洁生产的发展进程。

（6）其他对策

企业在进行新建、扩建、改建项目之前必须先进行强制性的环境影响评价，其重点是清洁生产评价；扩大宣传，增强全民的清洁生产意识，对污染严重又不进行清洁生产的企业可以公布在相关的媒体上，加强公众和社会的监督；国家建立清洁生产综合信息库（包括技

术、管理、全国清洁生产进展状况等），定期发布清洁生产信息。

复习思考题

1. 简述清洁生产推行的原则。
2. 简述企业清洁生产实施原则。
3. 应用环境影响评价制度来促进清洁生产的实施，需要在哪几方面加强和改进？

第 8 章

生产过程的清洁生产

生产过程的清洁生产是指在生产过程中实施的清洁生产活动。联合国环境规划署在清洁生产定义中指出：对生产过程来说，清洁生产意味着节约能源和原材料，淘汰有害的原材料，减少和降低所有废物的数量和毒性。生产过程的清洁生产是清洁生产领域中最为基本的内容，是清洁生产的中间环节，也是当前清洁生产实践最为普遍的形式。

8.1 生产过程概述

8.1.1 生产过程及其特征

企业的生产过程是一个输入、转化、输出的过程，即各种原材料进入企业，经过生产转化，形成一种新的使用价值的产品的全过程。生产过程是企业各项工作的基础，是企业实施生产活动的核心。企业不同，生产过程各有差别，但归纳起来可大致划分为以下几个部分：

① 生产技术准备过程。主要指在投入正式生产操作前的有关生产技术准备工作，包括产品设计、工艺设计、工艺装备的设计和制造、物质准备、产品试制与鉴定、标准化工作、定额工作、劳动组织的配置、设备的合理摆放和调整等。生产技术准备过程决定着企业生产是否能够顺利进行。

② 基本生产过程。指直接把劳动对象变为产品的过程，习惯上称为产品的加工过程，是实现产品使用价值的最基本阶段。它又可划分为两大类，一类是加工装配式生产过程，即先分别通过各种加工作业制造零件，然后通过装配活动把零件组合成部件，最后装配成产品的过程，如机械、电子等企业都采用这种生产过程；另一类为流程式生产过程，即通过一系列化学或物理处理，使原料变为产品的过程，如冶金、纺织、化工、水泥等企业都采用这种过程。基本生产过程对产品质量、成本影响很大，也决定着"三废"排放和环境影响的大小。

③ 辅助生产过程。主要指为保证基本生产过程的正常运转所进行的各种辅助性的生产活动，如为支持正常生产所提供的动力生产、工具制造、设备检修等。它们从属于基本生产过程。

④ 生产服务过程。指为基本生产过程、辅助生产过程提供服务的过程，比较典型的是原材料、半成品的供应、运输、保管及产品检验等。

上述各生产过程中，核心是基本生产过程。生产过程按照工艺加工性质，可划分为若干相互联系的工艺阶段（生产阶段）。如机械工厂一般分为准备、加工、装配三个工艺阶段，铜冶炼厂一般可分为粗炼、精炼、电解三个工艺阶段，水泥工厂一般可分为生料制备、熟料煅烧、水泥粉磨三个工艺阶段。若对工艺阶段进一步细分，又可以分为许多相互联系的工序。所谓工序，是指一个或一组工人，在同一个工作地点对同一个劳动对象进行加工的生产环节。工序是组成生产过程的最小单位，是企业生产技术工作、生产管理和组织工作的基础。组织生产过程就是要合理地安排生产工作，组织好各工序之间的配合。实施清洁生产，就要根据清洁生产的目标、任务和要求，以工序为基础，具体落实各生产过程、各工艺阶段和各工序的清洁生产措施和具体工作。

生产过程具有三个明显的特征：

① 生产过程的彼此关联性。生产过程是将生产资源转化为产品的活动组合，输入资源是实施过程的基础或依据，转化是将资源先后转换成在制品、半成品、产成品的实施过程，输出产品则是完成过程的结果。生产过程的这些大分段和其中的小环节都是彼此相关、不可缺少的。清洁生产必须着眼于生产过程彼此关联的特点，实施全过程的清洁化，采取严密措施控制全过程的"三废"产生与排放，切实控制到每个工艺阶段、每道工序的清洁生产状况及其原因分析和改进办法。

② 生产过程的系统层次性。系统的最高层代表企业生产全部过程的计划、组织和控制，其下层子系统（车间）代表完成生产活动的局部生产过程或特定的工艺阶段，最基层是代表工序单元过程的设备、装置及其作业活动。作为系统最基层的工序生产作业，是企业生产过程系统的基础。生产过程的系统层次性表明，在对生产过程实施清洁生产时，既要从子系统的单元过程入手，又要在整个过程系统上进行综合。只有通过这种自下而上与自上而下的结合，才能有效地使一个生产系统不断地朝着更清洁的生产方向发展。

③ 生产过程的周期循环性。生产过程从资源输入到生产转化，再到产品输出，是一个完整的生产周期，前一个生产周期宣告结束即表示下一个生产周期开始，周而复始。生产过程的周期循环性，对清洁生产具有重要意义。如生产过程一切良好，资源利用充分，质量有良好保证，"三废"控制达标，生产得以正常循环；而对于生产过程中出现的异常状况，包括资源超越、质量波动、"三废"超标等，应立即会诊分析，采取改进措施，防止异常状况恶化循环，避免其对生产和环境带来危害。又如生产资源的使用，既可以使用自然资源，也可以使用再生资源，而从环保角度考虑更应该采用能够循环使用的再生资源，把可能会被当作废物抛弃的物料回收，重新投入生产过程循环利用，不但减少浪费，节约成本，更重要的意义在于达到减少环境污染的清洁生产目的。

8.1.2　生产过程对环境的影响

在人类活动中，生产活动是与环境发生作用最频繁的部分。随着社会生产力水平不断提高和人口数量不断增加，生产活动越来越深入和扩大，向自然界索取和消耗的资源越来越多，生产出的产品越来越丰富，而生产过程中产生和排放的废气、废水和废物也越来越多，造成日益恶化的环境污染，破坏生态平衡。生产过程对环境的影响主要包括以下三大类：

第一类是原材料和能源使用所造成的环境影响。这主要是可再生资源和不可再生资源的消耗。地球上可供开采利用的资源，特别是不可再生资源总是有限的，如石油、煤炭等化石能源，虽然开采和工业化利用还不到 200 年，现在却已经越来越稀缺。如果不及早研究和开发新的能源，社会经济将面临无动力运行的危险。第二类是生产过程本身所造成的环境影响，主要有噪声污染、振动污染、电磁污染、土地占用和景观退化等。这些影响往往不为人们所重视和警觉，但它们却是自然环境和人类健康的"慢性杀手"。第三类是由产业"三废"所引起的直接或间接的环境影响，主要有气候变暖、臭氧层损耗、光化学氧化物合成、酸雨、水体富营养化、人体毒性和生态毒性等，这是造成环境污染、破坏生态平衡、危及人类安全的主要原因。

生产过程对环境的影响，随着生产过程的变化和产业区别而不同。人类社会的初期，主要依靠简陋的工具、双手和体力捕获动物和采集植物，其生产和生活方式与高级动物的无根本区别，人类活动对自然环境破坏很小。人类社会进入到农业社会，人们从游牧到定居，开垦土地，制造简单的金属工具，利用畜力，人类已经能够利用自身的力量影响和局部改变自然环境。18世纪的产业革命，由于科学技术的发展，生产力大大提高，生产生活资料从利用分散的可再生能源转向利用集中的不可再生的化石燃料能源，从种植、养殖生物到开发和加工矿产原料，制造工业产品。在产业革命基础上发展起来的现代农业，在化肥工业、农业机械、遗传控制技术和合成杀虫剂等共同作用下，农业的生态环境受到了极大的影响。而现代工业生产过程比农业生产过程要消耗更多、更大规模的自然资源和能源，发生更加频繁和更大规模的物理或化学反应，所产生的"三废"更多、更复杂，对环境污染规模更大且难以处理，甚至根本无法治理。因此说，环境问题始于农业，而从20世纪50年代开始的现代环境问题，主要是从工业污染开始的，也主要是由工业生产过程中大量产生和排放的"三废"所造成的。

8.2 生产工艺的清洁化

生产工艺和生产设备是实施生产过程的基础和保证。实现生产过程清洁化的前提条件，除了产品设计清洁化外，还有生产工艺的清洁化。

8.2.1 改革生产技术和工艺

实施清洁生产，必须对原有的不清洁或不甚清洁的生产工艺技术进行改革，采用清洁的生产技术和清洁的生产工艺。所谓清洁生产技术，是指对生态系统不产生负面或消极的影响，或者产生的负面或消极的影响在生态系统自身允许范围内，以及在减少这种负面或消极影响方面取得明显进步的生产技术。所谓清洁生产工艺，是指在原料加工、使用、废弃等过程中无污染或少污染，无排放或少排放，尽量实现物料自循环，以及高效率的安全生产过程，在生产过程中要保证无毒排放或产生的副产品无毒。清洁的生产工艺可以将生产过程中可能产生的废料减量化、资源化、无害化，甚至将废物消灭在生产过程中。废物的减量化，就是改善生产技术和工艺，采用先进的设备，提高原料利用率，使原材料尽可能转化为产品从而使废物达到最小量。废物资源化是将生产环节中的废物综合利用，转化为下一步生产的资源，变废为宝。废物无害化就是减少或消除将要离开生产过程的废物的毒性，使之不危害环境和人类。

8.2.2 采用先进的生产设备和清洁的生产设备

所谓先进的生产设备，是指比原同类设备更具有节能、降耗、提高原材料利用率或提高生产效率和产品质量等特点的设备和装置。在现代生产的条件要求下，先进的生产设备也必须是清洁的生产设备。严格意义上的清洁生产设备，除了更具备先进设备的节能、降耗、提高原材料利用率等特点外，还要具有良好的密闭生产系统，以防止物料和废物的泄漏，实现物料自循环以及废物综合利用。因此，在生产过程中，要大力改进生产设备，采用先进的生产设备，优先采用不产生或少产生废物和污染（包括噪声污染等）的设备，提高设备效率，改进设备的运行条件，使生产设备为生产过程清洁化提供必备的条件和保证。

8.2.3　实施工艺创新

工艺是利用各种生产工具对原材料或半成品按照设计预期的产品要求进行加工及处理的方法和过程。工艺直接关系到产品制造方案的设计、生产路线的确立、原材料的选择、生产设备的配置、工艺装备的准备、产品质量的检测及产品的包装和运输等诸多环节，是建立生产制造系统的基础。工艺能力是社会生产力水平的主要标志，各个历史时期的工艺能力决定了产品的生产制造水平。随着时代的发展，工艺也在继承的基础上不断地创新、进步。无论是开发新产品以寻求新的经济增长点，还是提高产品质量以占领高端市场，或是降低原材料及能源消耗以节约生产成本，消除或减少环境污染以承担企业的社会责任，种种原因都可以成为企业工艺创新的原动力。清洁生产活动实质上也主要是通过创新，尤其是工艺创新的过程来实现清洁生产所要达到的种种目的。

清洁生产与工艺创新有机结合，往往使企业发展能得到事半功倍的效果。清洁生产体现在工艺技术的创新上，具体包括采用先进的工艺设备，提高工艺管理水平，提高综合利用能力等环节。通过工艺创新，采用更先进的工艺设备，能够降低能源的消耗，提高原材料的利用率，提高产品的品质及格率，为企业创造直接的经济效益。通过工艺创新提高工艺管理水平，强化工艺管理力度，严格执行工艺纪律，可以减少跑、冒、滴、漏现象，降低生产过程中产品废品率，为开展清洁生产活动打下良好的基础。通过工艺创新，使原材料得到更充分的利用，将原材料更多地转化为产品，并有可能开发出新的产品品种，为企业提供新的经济增长点。通过工艺创新，可以减少或消除传统工艺中产生的废弃物，实现源头防治污染，降低企业污染物排放及治理污染所产生的费用支出，为企业间接地带来经济效益，特别是使企业能更好地承担社会责任，为改善环境、保护生态做出贡献。

8.2.4　改进工艺方案

工艺方案是在产品圈样的工艺分析与审查后，根据工作图、产品技术条件、精度、强度、检验标准等制定的。它的内容包括工艺原则、物耗能耗、关键工序、物质条件、工艺路线、工艺装备系数和经济效果分析等。工艺方案是制定工艺规程、设计与修改工艺准备的指导性技术文件，决定着生产过程的展开与效果。应当参照同行企业排污先进水平和精准预防技术进行对比分析，从产品改变、原材料替代、工艺技术改革、工艺过程优化、原料配方调整、强化作业管理和废物回收利用等方面，结合工厂实际提出各种削减污染的改进方案；并且这种改进方案应该是在进行清洁生产审核，广泛发动职工和专家人员提建议、献方案的基础上形成的改进方案。在对改进方案进行汇总、筛选、评估和择优后，结合工厂、车间生产过程中的具体情况实施改进的工艺方案，以求取得清洁生产的良好效果。

8.3   生产过程的清洁化

生产过程的清洁化，实质上是进行生产过程的优化，即要求生产过程的进行尽可能减少对环境的影响。为此，必须对生产过程进行改进或重新设计，从生产技术选择、生产环节安排、生产过程能耗、生产工艺革新、运行操作管理等各方面具体着手优化生产过程，以达到节能降耗，减少"三废"产生和排放，减少对人体健康损害和环境破坏的风险。

8.3.1   选择对环境影响小的生产技术

生产技术对环境的影响，最甚为化学技术，其次是物理技术，再次是生物技术。因此，选择生产技术，能采用物理技术的，就不要采用化学技术；能采用生物技术的，就不要采用化学技术和物理技术。一般来说，企业中产品设计与工艺设计是相互分离的，大多数情况下，设计人员并不总有机会去选择生产技术，而工艺技术人员也并不总有机会参与产品设计。因此，应大力倡导设计人员与工艺技术人员的相互沟通和协同配合，以使生产过程中能采用对环境影响小又不至于降低产品质量和生产效率的生产技术。

8.3.2   尽可能减少生产环节

企业生产过程主要体现为产品生产流程。某种产品的生产流程，包括若干生产环节。生产环节越多，生产步骤越长，所使用的能源和原材料（在制品）就越多，中间环节步骤代谢物常常作为废物排放，因此所造成的污染机会也越大。如某产品有五个生产环节，每个环节转化率为70%，那么总的转化率是16.8%；如果将其缩减为三个环节，那么总的转化率是34.3%。显然三个环节的原材料转化率比五个环节的转化率高出许多。这不仅提高了原材料的利用率，而且大大减少了废弃物，对环境的影响也大大减小。可见，改进生产流程，减少生产环节，是提高资源利用率和减少污染排放的强有力措施。

8.3.3   减少生产过程能耗

企业能耗主要集中在生产过程的能耗，而生产过程的能耗往往是造成工业污染的重要根源。因此，实现生产过程的清洁化，必须采取切实有效的措施减少能源消耗，高效利用能源和清洁利用能源，这不仅能减少生产污染，而且能有效地降低生产成本。首先，努力改进生产工艺条件，优先采用节能工艺，具体落实各种节能技术和节能措施，包括改进设备能耗和采用节能设备，改善热绝缘，实行余热回收利用等，如能耗大的化工行业和冶金行业，应用热电联产技术，提高能源利用率。其次，要清洁利用常规能源，如采用洁净煤技术，逐步提高液体燃料、天然气的使用比例。最后，应尽可能采用清洁能源，包括可再生能源的利用和新能源的开发利用，如水电资源的充分开发利用，太阳能、生物质能、风能、潮汐能、地热能的开发利用。可再生能源和新能源一般都是无污染或极少污染的能源，其在生产过程中的应用，必然能够有效地减少生产过程能耗对环境的影响，为企业生产过程的清洁化创造重要条件。

8.3.4　减少生产废弃物

企业产品工艺加工中产生各种边角余料和残渣，以及输送、挥发、沉淀、泄漏、误操作等造成物料的流失，这些都形成了工业生产中污染的来源。实行清洁生产要求优化生产过程，以提高生产效率，减少物料流失和废弃物产生。具体措施可以是选择合适的工业成型工艺和专用规格材料，使工艺加工中尽可能减少边角料；要求生产操作工人提高生产技术水平和工作责任心以及采取相应的严密管理措施，增加在制品合格率，减少废品损失和物料流失；建立从原材料投入到废物循环回收利用的生产闭合圈，采用工艺内部再循环工艺及厂内物料循环系统对废物进行再循环利用。厂内物料循环利用有多种形式：一是将回收的流失物料作为原料，直接返回到生产流程中；二是将生产过程中产生的废料经适当处理后作为原料或替代物返回生产流程中；三是废料经处理后作为其他生产过程的原料或作为副产品回收。通过生产过程中各种具体的工艺控制和管理措施，特别是加强工艺内部和工厂内部物料循环利用，必将大大减少生产过程废弃物的产生和排放。

8.3.5　改进运行操作管理

实现生产过程的清洁化，除了技术、设备等物化因素外，更重要的是人的因素，这主要体现在运行操作和管理上。很多工业生产产生的废物污染，一定程度上是由生产过程中管理不善造成的。实践表明，强化管理至少能削减 409 种污染物的产生。清洁生产是一场新的工业革命，必须转变传统的旧式生产观念，建立起一套完善的、严格的运行操作管理系统和健全的环境管理体系，使人为的资源浪费和污染物排放减至最小。加强和改进运行操作管理的内容包括：安装必要的高质量监测仪表，加强计量监督，及时发现问题；加强设备检查维护、维修，杜绝跑、冒、滴、漏现象；建立有环境考核指标的岗位责任制与管理职责，防止产生事故；完善可靠翔实的统计和审核，实行产品全面质量管理，实施有效的生产调度，合理安排批量生产日程，加强生产现场管理；实行技术革新，改进操作方法，厉行节约用水、用电、用料；原材料合理购进、储存与妥善保管；产成品合理包装、储存与运输；加强人员培训，提高职工技术操作水平、工作责任心和职业素养；建立激励机制和公平的奖励制度，以调动职工的积极性、主动性和创造性；落实安全生产和工业卫生措施，实现安全文明生产。

复习思考题

1. 简述生产过程三个明显特征。
2. 生产工艺清洁化包括哪几个方面？
3. 生产过程清洁化包括哪几个方面？

第二篇

案 例 篇

第 9 章

不同行业清洁生产案例

9.1 钢铁行业清洁生产案例

9.1.1 企业概况

此钢铁厂是冶金行业烧结厂之一，建于 20 世纪 50 年代末，主要生产用于高炉炼铁的烧结矿。经过几十年的发展，全厂现有 90m² 烧结机 5 台、75m² 烧结机 3 台，职工近 1300人，年生产能力达 720 万吨左右。

由于烧结生产过程中产生并排放一定量的废气、废水、废渣等污染物，该厂先后投入大量资金，对污染物排放进行环保治理。目前全厂共有电除尘器 16 台、多管除尘器 16 台和一座每小时处理能力为 400t 的污水处理站，使厂区环境质量得到较好改善。由于环境治理、生产管理、环保管理工作比较出色，该厂在同行业中技术经济指标、环保指标处于先进水平。

随着全国及同行业中清洁生产审核试点工作不断开展，该厂领导认识到了清洁生产在节能、降耗、减污、增效方面的重要性，积极主动参加清洁生产审核试点活动。

9.1.2 清洁生产审核

从 1999 年 9 月到 2000 年 11 月，在国家和行业清洁生产专家的指导下，按照清洁生产审核七个步骤，对烧结生产工艺进行清洁生产审核，组织实施了清洁生产方案，取得了显著经济效益和环境效益。实践证明，清洁生产对于控制生产过程中的能耗、物耗，以及废弃物的产生和排放有着十分重要的作用。清洁生产是企业在市场经济体制下实现经营生产和环境保护协调发展的唯一途径。

（1）筹划和组织

该企业按审核要求首先组建了清洁生产审核领导小组，由主管生产和环保工作的厂长担任小组组长，小组成员有：厂长助理、生产科长、环保科长、技术科长、机动科长、计财科长、烧结车间主任、修理车间主任。在厂领导小组之下设审核工作小组，组长由生产科长担任，副组长由环保科长、技术科长担任，组员有厂级环保专业员、技术工艺专业员、生产专业员、机动设备专业员、车间技术员等。为确保小组在管理职能和技术力量上的权威性，小组成员进行了明确责任分工。为了培养工作小组成员的审核工作能力，清洁生产专家在企业管理者和审核小组成员中进行了专门培训，提高了他们对清洁生产的认识，克服了各种障碍，掌握了清洁生产审核方法和程序。同时，审核小组通过黑板报、例会、工作会等多种形式对企业的全体员工开展了广泛的宣传和教育，增强了他们的清洁生产意识，从而为顺利开展清洁生产审核工作奠定良好基础。

（2）清洁生产评估

通过对企业生产状况、管理水平及整个生产过程的调查结果的分析和评估，根据企业各部门原材料和能源的消耗情况、废弃物的排放情况及存在的清洁生产机会，清洁生产专家和审核小组成员筛选出减少烧结机头烟尘排放、减少烧结机尾烟尘排放、减少冷却段烟尘排放、减少筛分粉尘排放、烧结机余热利用五个备选审核重点。采用权重总和计分排序法，从废弃物产生量、环境影响、能源消耗量、污染物处置费用、清洁生产潜力、改善企业形象六个方面，对五个备选审核重点分别进行打分，最终确定减少烧结机头烟尘、SO_2 排放和烧结机余热利用为本轮的审核重点，并设置了审核重点的清洁生产目标：重点控制烟尘、SO_2 排放量，近期削减 30%，远期削减 50%；节约能源方面，近期减少公司蒸汽消耗 20%，远期减少 90%。

清洁生产专家和审核小组还注重边审核边实施的原则，通过在全厂范围内散发清洁生产建议表，征集无低费清洁生产方案，并组织实施这些无低费方案，获得了良好的效果。如：加强设备检修维护，杜绝用油设备滴油、漏油现象；加强职工培训，提高操作技术水平，杜绝因操作问题引起的烟囱冒烟等。审核小组对无低费方案的实施及时总结和宣传，以激励全体员工参与清洁生产工作，增加对清洁生产的信心。

烧结生产过程可以分为七个单元操作：配料、混合、烧结、冷却、热交换、筛分、成品。除计划大、中修停产外，生产连续稳定进行。为此，本轮审核输入、输出物流的数据主要依据该厂车间生产实测数据，结合理论计算和类比相关资料确定。数据确定后，绘制审核重点的生产工艺流程图、生产工艺物料流程及平衡图、烧结余热回收利用能量平衡图。

针对物料平衡结果，审核小组从影响生产过程的八个方面对废弃物产生的原因进行分析，分析结果见表9-1。针对这些原因，提出了相应的清洁生产方案。

表 9-1   烧结废弃物产生原因分析

序号	影响因素	原因分析
1	原辅料	1. 所用的矿粉含硫较高，导致二氧化硫排放量较大 2. 轧皮中含油量高，燃烧时导致机头烟气带色 3. 冬季原料中添加的防冻液为有机物，造成烟色重 4. 配加的除尘灰颗粒较细，导致机头外排浓度大 5. 使用煤、焦粉等燃料造成燃料燃烧污染
2	设备	1. 机头配置的多管除尘器除尘效率低，除尘效果不理想 2. 烧结机台车边缘隔热垫结构不合理，容易损坏，造成台车边缘掉炉条，导致外排浓度大 3. 烧结机润滑系统漏油，油从轨道等处被抽入大烟道，在多管形成油泥黏灰，影响除尘效率，造成机头外排废气烟色较重 4. 台车轨道、风箱、烟道及除尘器本体漏风，影响除尘的效率，导致外排量增加 5. 有些除尘设备年久失修、老化，不能满足实际需要 6. 没有有效的脱硫设施
3	工艺技术	1. 烧结终点后移，导致冷却段烟囱外排浓度增大 2. 变料频繁，生产稳定性差，外排不好控制
4	管理	1. 有些领导的环保意识还不够强，往往强调生产，忽视环保 2. 奖惩力度不够，不能充分调动职工的积极性 3. 没有对职工主动参与清洁生产的激励措施

序号	影响因素	原因分析
5	员工	1. 部分职工的环保观念淡薄 2. 设备检修维护人员技术水平低,有些设备问题不能及时解决 3. 有的操作人员对本岗位设备性能缺乏了解 4. 无铺底料操作 5. 烧结机跑生料和台车布料产生严重偏析 6. 烧结机掉炉条或炉条严重松散 7. 除尘器放灰时将灰斗放空
6	过程控制	1. 烧结料的水、碳以及烧结终点控制不好,导致烧结矿强度不够,产生碎料、散料,使尘量增加,或出现大量红块,炉条变形脱落,导致恶性冒烟事故 2. 自动控制、计量检测分析仪表不齐全,监测数据少
7	产品	烧结矿在破碎、筛分及运输过程中会产生一定数量的粉尘
8	废弃物	由于设备漏油及轧皮含油,燃烧时会产生一定的有害物质,发生光化学反应使烟气变色

（3）方案产生、筛选和可行性分析

根据评估阶段对废弃物产生原因的分析,本轮审核共提出清洁生产方案19个,其中A类无低费方案8个,B类中费方案9个,C类高费方案2个。所有方案中A类方案全部实施,C类方案因投资较大,技术不成熟,暂不予考虑。通过采用权重总和计分排序法对B类方案进行筛选,选出9、11号方案首先予以实施,见表9-2、表9-3。

可行性分析:为在预定条件下达到投资目标,对筛选出来的中费清洁生产方案需要进行技术、环境、经济可行性分析和评估。本轮审核中,可行性分析的最终结果见表9-4。

表9-2　清洁生产方案汇总

编号	分类	方案内容	方案类型
1	A	加强清洁生产宣传,使之形成制度化,提高职工环保意识	加强管理
2	A	加强职工培训,提高操作技术水平,杜绝因操作问题引起的烟囱冒烟	加强管理
3	A	加强设备检修维护,杜绝用油设备滴油、漏油现象	加强管理
4	A	严格执行该厂制定下发的防冒烟措施	加强管理
5	A	制定有效的奖惩措施,调动职工主动参与清洁生产的积极性	加强管理
6	A	加强对领导干部的环保教育培训	加强管理
7	A	加强除尘设备检修维护力度,提高除尘效率,减少污染物外排	加强管理
8	A	进一步强化生产设备及除尘设备,减少跑漏风,提高风机利用率,提高除尘效率	加强管理
9	B	采用烧结机余热回收技术,降低蒸汽消耗	技术改造
10	B	机头多管除尘改为电除尘,提高除尘效率,降低机头烟尘排放量	技术改造
11	B	改变原料结构,用低硫矿粉取代高硫矿粉,降低二氧化硫排放量	技术改造
12	B	对进厂含油原料进行脱油处理,减少因轧皮含油造成的烟气带色问题	技术改造
13	B	改进台车边缘隔热垫结构,减少边缘掉炉条,防止机头冒烟	技术改造
14	B	利用小球团烧结技术,减少燃料消耗和废气排放量,节能降耗	技术改造
15	B	将防冻液改为白灰防冻,避免因燃烧有机物造成机头烟色重的问题	技术改造
16	B	机尾$3^{\#}$、$4^{\#}$电除尘器大修改造	技术改造
17	B	工业散料集中加湿	技术改造
18	C	开展科研合作,研究固碳、脱硫方案,降低二氧化硫排放量	技术改造
19	C	机头上脱硫设施,降低二氧化硫排放量	技术改造

表 9-3　清洁生产方案权重总和计分排序

权重因素	权重值(W)	各备选方案审核得分(R＝1～10)								
		方案 9	方案 10	方案 11	方案 12	方案 13	方案 14	方案 15	方案 16	方案 17
环境效益	10	8	9	9	8	7	8	8	7	8
经济可行性	9	8	7	9	8	8	8	8	6	8
技术可行性	8	9	9	9	7	7	7	7	8	8
可实施性	6	8	9	10	9	7	5	6	7	8
节约能源	8	9	6	7	6	6	9	6	6	8
发展前景	5	8	9	8	7	6	7	6	7	8
总分∑(RW)		384	368	399	345	318	345	322	313	368
排序		2	3	1	5	8	5	7	9	3

注：R 为得分，W 为权重。

表 9-4　可行性分析结果

项目	方案 9	方案 11	方案 14
方案内容	余热利用	原料优化	工艺改进
获得何种利益	经济、环境效益	经济、环境效益	经济、环境效益
国内外同行业水平	成熟	成熟	国内先进
方案投资	300 万元	不用另外投资	2000 万元
影响废弃物	烟尘	烟尘、SO_2	粉尘
影响产品	无	无	无
技术评估简述	先进成熟可靠	先进成熟可靠	先进成熟可靠
环境评估简述	环境效益较好	环境效益突出	环境效益较好
经济评估简述	较好	好	一般

（4）方案实施

首先，成立了由厂主管部门负责的工作组，制定方案 9、方案 11 的实施计划，方案 14 因场地原因不具备实施条件。该厂自筹资金对方案 9、方案 11 组织实施，取得了较好的经济、环境效益。

（5）持续清洁生产

为了持续清洁生产，以现有清洁生产审核小组和环保科为基础，作为持续推行清洁生产的常设机构，负责日常的清洁生产和环保工作，直接由主管厂长领导。为使清洁生产有计划、有组织地持续进行，审核小组制订了清洁生产计划，见表 9-5。此外，还把清洁生产纳入日常生产管理中，检验清洁生产的成效。

表 9-5　持续清洁生产计划

计划分类	主要内容	开始时间	结束时间	负责部门
下一轮清洁生产审核工作计划	1. 确定新一轮审核重点，并提出新的清洁生产目标 2. 进一步实测输入输出物流，进行物料衡算 3. 产生方案，分析筛选方案，组织方案的实施 4. 对方案实施效果进行汇总，分析方案对企业的影响	2001 年 1 月	2001 年 12 月	环保科
本轮审核清洁生产方案的实施计划	1. 逐步实施已发现和寻找到的无/低费方案 2. 分析、评估和实施可行性分析通过的中高费方案	2001 年 1 月	2001 年 12 月	环保科 技术科 机动科
企业职工的清洁生产培训计划	对职工讲解清洁生产知识和方法，清洁生产的背景及发展趋势，提高职工清洁生产意识和技能，同时结合本厂实际已取得的清洁生产成果，补充完善环保管理制度和"三规一制"		每年两次	环保科 劳人科

（6）清洁生产审核成效

作为一种新的环境保护概念，清洁生产与传统的末端治理有着本质的区别。它将整体预防的环境战略持续应用于生产全过程中，它从末端治理的被动反应转变为主动行动。通过采用一系列的清洁生产技术和方法实现经济发展和环境保护的"双赢"，如原材料和能源的替代、技术工艺和设备的改进、加强管理等。与传统的末端治理不同，清洁生产强调企业全体员工的共同参与。为确保清洁生产的顺利实施并获得最大的成效，号召企业全体员工共同参与、提高员工清洁生产意识十分必要。因此，企业的管理者应注重通过多种方式对员工的教育和培训。此外，建立相应的奖惩制度，激发员工的工作积极性也很重要，这些都会对清洁生产方案的实施有很好的促进作用。

通过这一轮清洁生产审核工作，该厂取得了较为显著的环境、经济和社会效益。审核前，该厂存在部分设备维护保养差，物耗、能耗高，员工素质能力不高，污染相对严重，对清洁生产的认识不足等问题。通过清洁生产培训及审核，企业管理者、审核小组成员及员工对清洁生产、清洁生产的效益、清洁生产审核的方法和程序都有了更加深入的了解。本轮清洁生产审核中，审核小组共提出清洁生产方案 19 个。其中无/低费方案八个，中费方案五个组织了实施。两个高费方案待完善和条件成熟后再予以实施。通过这些方案的实施基本达到了预期的目标。企业审核前后取得的清洁生产成效见表 9-6、表 9-7。

表 9-6　清洁生产前后污染物外排及能源消耗情况对比

项目	烟尘外排		粉尘外排		SO$_2$ 外排		蒸汽消耗
	总量 /(t/年)	单位产品外排 /(kg/t)(烧结矿)	总量 /(t/年)	单位产品外排 /(kg/t)(烧结矿)	总量 /(t/年)	单位产品外排 /(kg/t)(烧结矿)	/(万吨/年)
审核前	2176	0.311	2103	0.287	6711	0.958	21.60
审核后	850	0.118	1200	0.166	3200	0.444	16.84
削减	61%	62%	43%	42%	52%	54%	22.04%

表 9-7　清洁生产前后技术经济指标对比

项目	利用系数	固体燃料	电耗	工序能耗	单位产品成本
单位	t/(m^2·h)	kg/t	(kW·h)/t	kg/t	元/t
审核前	1.292	49.70	44.19	65.33	285.87
审核后	1.295	44.46	44.05	56.62	283.39
增减	+2.32%	−10.54%	−0.32%	−13.33%	−0.87%

注：利用系数指烧结机每小时每平方米产矿量，即烧结机利用率。

9.2　化工行业清洁生产

9.2.1　硫酸厂清洁生产案例

9.2.1.1　企业概况

某公司硫酸生产线是以硫铁矿为原料制 98% 硫酸的工业生产过程，采用"两转两吸"工艺进行硫酸生产。基于生产过程中存在的问题，公司硫酸生产线推行清洁生产审核。

公司通过对硫酸生产线实施清洁生产审核，投资 16.1 万元，提高了硫酸生产线清洁生产水平，取得了较好的经济效益和环境效益。

9.2.1.2 生产工艺

公司硫酸生产线工艺流程如图 9-1 所示。

硫铁矿由加料机送至沸腾炉，炉底鼓入空气，沸腾炉出口烟气经重力除尘、旋风除尘、静电除尘、文丘里除尘、湿式填料塔除尘后，经电除雾、烟气干燥，烟气经加热后，送至两转两吸系统，二级吸收塔排出的尾气进入尾气处理塔，净化后的尾气由烟囱排放。

沸腾炉排出的残渣和旋风除尘器、静电除尘器排出的粉尘经喷淋加湿冷却后排入渣池，定期清理，送钢铁厂作生产原料。

文丘里除尘、湿式填料塔除尘采用酸性废水进行湿式除尘，除尘后废水经沉降池处理后回用，酸泥定期清理，与沸腾炉残渣一起处理。

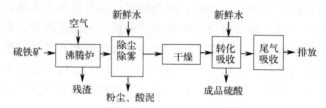

图 9-1 硫酸生产线工艺流程图

9.2.1.3 清洁生产审核

（1）企业生产原材料、能源消耗及废物排放分析

公司硫酸生产线主要原材料消耗、能耗和"三废"的产生和排放如表 9-8 所示。

表 9-8 主要原材料消耗、能耗和"三废"产生和排放

类别	指标	单位	现状值
主要原材料消耗	硫铁矿（标矿）	kg/t（成品硫酸）	1100
	新鲜水	t/t（成品硫酸）	6.25
	催化剂	使用年度	0.076
能耗	综合能耗	kgce/t[①]（成品硫酸）	70.8
"三废"产生和排放	废水	m³/t（成品硫酸）	1.05
	废气	m³/t（成品硫酸）	60.8
	固废	t/t（成品硫酸）	1.3

① kgce/t 即 kilograms consumed energy/ton，是能耗量，用标准煤表示，即千克标准煤/吨。表示生产吨产品所消耗的标准煤质量（以千克计）。

依据表中的统计结果，对比《硫酸行业清洁生产评价指标体系（试行）》的相关指标情况，吨成品硫酸的硫铁矿消耗指标较高。

产生的"三废"主要为废气和固废，废气排放符合《硫酸工业污染物排放标准》（GB 26132—2010）要求。产生沸腾炉残渣、粉尘以及酸泥供钢铁厂作为原料，催化剂废物由厂家进行回收。

（2）生产工艺评价及问题分析

① 硫酸生产工艺采用"两转两吸"工艺，对沸腾炉产生的 SO_2 烟气，转化吸收生产 98% 的成品硫酸，属于国内先进制酸工艺。

② 采用酸洗净化的工艺去除烟气的粉尘和有毒有害物质，减少了烟气净化过程中二氧

化硫的损失，提高了原料利用率。

③ 硫酸吸收后尾气采用稀酸进行吸收，废气排放符合排放标准要求，同时对稀酸进行回收。

④ 固体废物方面，废催化剂由厂家回收，沸腾炉残渣、除尘器粉尘、酸泥由钢铁厂综合利用。

⑤ 公司吨成品硫酸生产消耗标矿1100kg，通过与硫酸行业清洁生产指标体系中的评价基准值的比较，本轮清洁生产审核重点解决的问题是降低单位硫酸产品的标矿消耗。

⑥ 吸收设备采用泡沫塔，不利于三氧化硫的吸收。

⑦ 沸腾炉残渣中硫含量较高，硫铁矿焙烧不完全。

⑧ 员工清洁生产意识及安全意识不强。

（3）清洁生产审核

在对生产线生产管理现状进行考察和分析的基础上，从原辅材料和能源、技术工艺、设备、过程控制、产品、废物、管理、员工等八个方面进行清洁生产方案的产生，筛选出14个方案实施，取得了相应的环境效益和经济效益，具体如表9-9所示。

表 9-9 清洁生产方案及效果

序号	方案名称	方案简介	投入	实施效果	
				环境效益	经济效益
1	加强原料管理	加强原料场的日常检查	0	防止物料流失	提高原料利用率
2	加强残渣管理	对残渣及时处理	0	防止残渣流失	提高废物回收率
3	减少除尘器排尘烟气泄漏	定期对除尘设施进行检查、维护	0	预防泄漏气体	提高烟气回收率
4	尾气酸洗，洗气液回用	尾气有害物质回收利用	0.1万元	减少尾气中有害物质的排放，回收稀硫酸50kg/d	产生效益0.3万元/年
5	员工清洁生产意识培训	清洁生产培训，加大清洁生产的宣传，提高员工清洁生产意识	0	—	—
6	优化控制焙烧炉空气供给	控制尾气中NO_x	0	减少向大气排放污染物	—
7	残渣中未反应的硫铁矿回炉	将残渣中大块未完全反应的炉渣分选出来返回焙烧炉	0	降低残渣中硫含量	—
8	循环水净化处理	对进入回用水池和中水池的循环水延长沉降时间，降低循环水颗粒含量	0	减少设备磨损，提高设备使用效率	—
9	管道检查维护	加强管道检查维护，防止"跑、冒、滴、漏"发生	0	节水，减少烟气泄漏	提高资源利用率
10	回水池防渗	增加水泥墙厚度	1.0万元	防止因渗漏污染环境	提高循环水利用率
11	加强设备管理	勤检查，对风机、泵每周注一次黄油	0	减少设备事故，延长设备的使用寿命	—
12	水管更换	将铁管更换为PVC管，延长使用寿命，铁管每年更换一次，每次1万~2万元	4万元	节省钢管消耗	节约2万元/年
13	泡沫塔改造	将泡沫塔改造为填料塔	11万元	万吨硫酸减少SO_x296kg(折合SO_3)	增产硫酸1000t/年，约40万元/年
14	加强清洁生产管理	加强工艺清洁生产管理，提高生产过程的清洁生产水平	0	减少废物对环境污染，提高原料利用率	—

公司在对硫酸生产线开展清洁生产审核过程中投资 16.1 万元，对筛选出来的 14 个方案全部实施，据统计，年实现经济效益 42.3 万元，其中年增加成品硫酸 1000t，年节约钢管 80m，年节水（地下水）约 4000t，年减排约 SO_x 800kg（折合 SO_3），年减少废催化剂 5kg，等等。

据计算，生产线硫铁矿消耗由 1100kg/t，降为 990kg/t，万吨成品硫酸 SO_x 的减排量约 296kg（折合 SO_3），取得了较好的经济效益和环境效益。

根据清洁生产审核后硫酸线生产各相关指标，对照硫酸行业清洁生产指标体系，公司硫酸生产线满足国内清洁生产水平要求。企业通过清洁生产审核，提高了硫铁矿利用率，降低了废气中 SO_2 浓度，提升了公司清洁生产水平，达到国内清洁生产水平。

通过清洁生产改善了企业各项相关生产指标，提升了企业管理水平和员工的清洁生产意识及综合素质，实现了污染预防、节能降耗减污增效的目的。

9.2.2 制碱行业清洁生产审核案例

9.2.2.1 企业概况

某大型制碱厂位于苏州市某工业园区内，厂内建有回用水处理系统，回用水源包括循环水站排污水、脱盐水站排水、全厂未预见水量排水和污水处理站出水等，各种废（污）水经地下管网汇入处理系统，采用以膜法为主体的处理工艺，最终达到出水回用于循环冷却水系统、废水零排放的要求。系统设计水量为 550m^3/h，设计要求至 DTRO（碟管式反渗透）出口，保证系统产水率不低于 85%，提浓处理后，保证系统总产水率不低于 90%，总脱盐率不低 80%。

9.2.2.2 生产工艺

设计采用预处理—超滤—反渗透的回用处理工艺，对反渗透浓水采用管式超滤—反渗透的处理工艺，最后采用 DTRO—蒸发工艺对二次浓水进行零排放处理。出水达到回用水质要求，回用作循环冷却水系统补充水。

污水处理站达标废水、循环水站排污水、脱盐水站浓排水与未预见水量排水经地下管网收集后一起进入调节池，经提升泵提升，先进入曝气生物滤池（BAF）来去除水中的有机污染物和氨氮，出水自流进入石灰软化澄清池中进行软化处理，并依次加入石灰乳、PAC（聚合氯化铝）药剂、PAM（聚丙烯酰胺）药剂进行混凝沉淀，沉淀后的澄清水调节 pH 值后进入滤池进行过滤。滤池出水加压后进入膜处理工段。

膜处理工段包括超滤、反渗透、浓水反渗透及提浓工段 4 部分。超滤能够有效过滤一些有机物质、微生物、胶体等，可以为反渗透的正常运行提供保障。超滤产水进入反渗透系统，脱除水中的可溶性盐分、胶体、有机物及微生物。反渗透产水回用，浓水进入后续工艺继续处理。首先向反渗透浓水中加入纯碱和烧碱，通过反应沉淀去除部分盐分和溶解固体，再利用管式超滤膜截留废水中的固体颗粒后，进入浓水反渗透系统。浓水反渗透产水回用，二次浓水进入提浓工段进行零排放处理。提浓工段先采用 DTRO 工艺进行处理，产水回用，DTRO 浓水进入蒸发装置，做最终的零排放处理（图 9-2）。

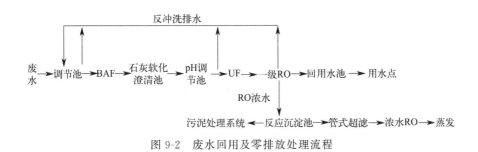

图 9-2　废水回用及零排放处理流程

9.2.2.3　清洁生产审核

（1）污水回用系统

① 曝气生物滤池。由于进水中有机物难降解，COD_{Cr} 处理负荷不大于 1.0kg/（m³·d），氨氮（NH_3-N）处理负荷不大于 0.45kg/（m³·d），保证出水氨氮的质量浓度小于 5mg/L。曝气生物滤池工艺采用升流式，设计处理能力为 679m³/h。设 6 座，每座进水量按 113m³/h 设计，单格面积为 63m²，有效水深为 6.5m，尺寸为 7.0m×9.0m×7.0m。每格池内装填 3～5mm 陶粒滤料，高度为 3.2m；垫层采用 4～8mm 砾石，厚度为 0.3m。采用气水联合反洗，配备反洗水泵及反洗风机。反洗周期为 1d 或根据实际运行情况调整。反洗水自流进入调节池。

② 澄清池。设计处理能力为 679m³/h，停留时间大于 1.5h；澄清池设计 2 座。池底污泥由排泥泵排入污泥收集池，再用泵将高浓度污泥排入全厂污水处理站内的污泥处理系统，脱水外运处置。出水保证 ρ（悬浮物）≤10mg/L，控制出水碳酸盐硬度不大于 1mmol/L。

③ 超滤装置。超滤系统包括了超滤膜组件、超滤反洗水泵、反洗风机、100μm 反洗过滤器、反洗加药装置等。超滤装置设计 3 个系列，每个系列净产水量≥172m³/h，均能单独运行或反洗，也可同时运行。本项目选用 GEZeeWeed1500 超滤膜元件，膜材质为 PVDF，单支膜面积为 51.1m²，设计通量小于 50L/（m²·h），每个系列安装 75 支膜。超滤装置采取全量过滤和错流过滤相结合的过滤方式。在进水水质较好时，采用全量过滤；水质差时，可切换为错流过滤，以增加操作弹性、节约用水。每套超滤装置反洗排水安装流量控制装置，以控制水的回收率。

④ 反渗透装置。反渗透系统包括反渗透膜组件，反渗透高压泵（每套反渗透装置的高压泵进、出口都装有低压保护开关和高压保护开关），反渗透分段清洗装置，反渗透出水口关断门、止回门、防爆膜片等。本工程反渗透装置设计 2 个系列，每个系列的净产水量大于或等于 150m³/h，每个系列组装在 1 个组合架上，每列均能单独运行，也可同时运行。采用陶氏（DOW）BW30FR-400/34i 型号膜元件，采用一级二段布置，一级反渗透膜平均通量不大于 18L/（m²·h），系统回收率为 75%；每个系列安装 228 支膜，一段与二段膜数量按 2∶1 布置，实现系统脱盐率大于或等于 98%。

（2）浓水反渗透处理系统

一级反渗透浓水的含盐量高，TDS 质量浓度高达 5000mg/L，其水质见表 9-10。本工程对一级反渗透浓水先采用沉淀与过滤预处理后，再采用反渗透处理。

表 9-10 一级反渗透浓水水质

$\rho(TDS)/(mg \cdot L^{-1})$	$\rho(全硅)/(mg \cdot L^{-1})$	$\rho(Ca^{2+})/(mg \cdot L^{-1})$	$\rho(Mg^{2+})/(mg \cdot L^{-1})$
5540	0.37	300	182.4
$\rho(COD_{cr})/(mg \cdot L^{-1})$	$\rho(余氯)/(mg \cdot L^{-1})$	pH 值	
96.13	2.78	7	

① 反应沉淀池。一级反渗透浓水量为 128m³/h，管式膜回流量为 479.9m³/h，反应沉淀池总的处理能力按 610m³/h 进行设计。反应沉淀池为混凝土结构，分 2 个反应区和 1 个沉淀区，由于反渗透浓水中有阻垢剂的影响，反应区分 2 个部分，分别投加纯碱和烧碱，2 个反应区的总容积按停留时间 12min 进行设计，通过不同强度的搅拌使反应充分完全。沉淀区容积按总处理水量停留时间 30min 进行设计，并且沉淀区装填斜管填料，强化沉淀效果，沉淀污泥通过污泥泵循环至反应区前端，强化沉淀反应，提高反应效率；剩余污泥排往污泥池。

② 管式超滤装置。管式超滤膜的结构是膜被浇铸在多孔材料管的内部。废水透过膜后，再透过多孔支撑材料，进入产水侧（水被净化），被膜截留的固体颗粒在水流的高速冲刷下，不会停留在膜的表面。与普通的中空纤维超滤膜相比，管式超滤膜可以承受很高的污泥浓度（2%～5%）。同时，管式超滤膜具有优异的强度，抗污染、抗氧化、耐酸碱性能好（pH 值适用范围为 2～12），大通量工作压力高，工作温度高（可达 80℃），使用寿命长等优点。广泛用于垃圾渗透液、含油废水、电子废水、制药废水、焦化废水等高浓度工业污水，食品、发酵液、茶饮料等物料分离诸多领域。

本工程采用管式超滤膜系统净出力为 120m³/h，由并联 2 列管式膜装置、循环泵、清洗水泵及配套清洗水箱组成。每列管式超滤膜装置由 6 支特里高 10 寸（1 寸＝3.33 厘米）膜（膜面积为 67.2m²/支）串联组成。膜表面循环流速为 3.5～4.5m/s。单台循环泵流量为 240m³/h，扬程 0.75MPa；单台清水泵的流量为 60m³/h，扬程为 0.3MPa。在正常运行状态下，经反应沉淀池和管式超滤膜处理后，出水浊度不大于 0.5NTU，$\rho(Ca^{2+}) \leqslant 20mg/L$，$\rho(Mg^{2+}) \leqslant 20mg/L$。

③ 浓水反渗透装置。浓水反渗透装置设计 1 套，设计出力为 81m³/h，按一级两段（16：9）排列，回收率为 75%，段间设置增压泵。膜元件采用陶氏（DOW）BW30FR-400/34i 抗污染反渗透膜，共计 150 支。

（3）提浓处理系统

反渗透浓水的成分复杂，含无机盐、有机物，也有预处理、脱盐等过程使用的少量化学品，如阻垢剂、酸和其他反应产物。浓盐水的处理是高含盐废水"零排放"的关键技术。本工程对二级反渗透浓水先采用 DTRO 装置进一步提浓，再采用蒸发装置进行分盐处理，最终实现废水零排放。其中蒸发装置为外购，这里不加以说明。DTRO 装置采用处理垃圾渗滤液的美国 PALL 公司的 DTRO 膜产品，脱盐率在 95% 以上。DTRO 膜具有超强抗污染能力，使其在处理较差水质时能够保证更长时间连续稳定地运行而不需要频繁清洗。

（4）结论

① 某大型制碱厂回用水处理系统的进水水质复杂、含盐量高，必须采用完善的预处理工艺进行处理，为双膜法（UF-RO）的应用提供保证。

② 采用耐污染、通量大、占地面积小的管式超滤膜作为浓水反渗透装置的预处理工艺，为膜技术在高盐废水"零排放"处理领域的推广提供了更为广阔的应用空间。

③ 回用水、反渗透浓水处理均采用先进的膜技术，大大降低了酸、碱等药剂的使用量，最终实现废水零排放。

④ DTRO 膜具有超强抗污染［原水 ρ（TDS）＞20000mg/L］、浓缩倍率高、出水水质好等优点，对高盐废水的除盐处理具有非常显著的效果，脱盐率高达 95％。

9.2.3　水泥行业清洁生产审核案例

9.2.3.1　企业概况

公司位于京、津、唐中心地带，交通方便，地理位置优越。公司兴建于 2002 年，拥有 $\phi 3.2m \times 13m$ 和 $\phi 2.4m \times 10m$ 高细磨水泥生产线，年生产能力 80 万吨。水泥品种有 PSA32.5、PSB32.5 矿渣硅酸盐水泥和 PO42.5 普通硅酸盐水泥，产品商标为××牌。

公司设备先进技术力量雄厚、微机网络化监控、化验设备齐全。并通过了 ISO9001 国际质量体系认证，公司生产的××牌水泥具有早强、富裕强度高的特点，是加快施工进度、降低成本的理想建筑材料。可广泛用于高层建筑、涵桥、高速公路等国家级重点工程建设。是消费者满意产品，并获得了国家质量协会颁发的"质量认证证书"。

9.2.3.2　生产工艺流程（图 9-3）

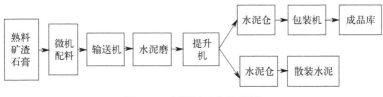

图 9-3　水泥厂工艺流程图

9.2.3.3　清洁生产审核

主要存在的污染问题原因分析：

a. 物料粉磨过程产生扬尘；

b. 生产线上部分设备老旧、破损导致产生扬尘，并且存在物料损失；

c. 矿渣中含铁对研磨体有损害，影响水泥质量；

d. 车间人员积极性不高，节能减排意识不强，未严格按照工艺操作流程进行操作。

（1）确定审核重点

公司审核小组结合现状，采用权重总和排序法，从废弃物产生量、原材料消耗、环保费用、清洁生产潜力、车间积极性等方面进行集体讨论，职工参与的热情高涨，最终将生产车间确定为本轮清洁生产审核重点，审核重点确定表见表 9-11。

表 9-11　审核重点确定表

因素	权重 W	备选审核重点得分			
		生产车间		包装车间	
		R	RW	R	RW
废弃物量	10	8	80	8	80
主要消耗	9	8	72	6	54

续表

因素	权重 W	备选审核重点得分			
		生产车间		包装车间	
		R	RW	R	RW
环保费用	8	6	48	5	40
清洁生产潜力	7	7	35	5	35
车间积极性	3	8	24	6	18
总分$\sum(RW)$		259		227	
排序		1		2	

（2）确定清洁生产目标

清洁生产目标是针对审核重点设置具有定量化、可操作性的指标，见表9-12。通过这些硬性指标的实施，实现减污、降耗、节能、增效的目的，从而达到循序渐进、有层次地实现清洁生产。

表 9-12   清洁生产目标

项目	现状	近期目标		远期目标	
		目标值	相对量/%	目标值	相对量/%
可比水泥综合电耗/[(kW·h)/t]	45.91	45	1.98	38	17.22

（3）无/低费方案提出与实施

无/低费方案指的是基本不需要投入资金或者资金投入量小于2万元的方案，这些方案主要包括加强管理和提高职工清洁生产意识等方面的内容。针对审核重点以及清洁生产目标，结合实际情况提出表9-13的无/低费方案。

表 9-13   无/低费方案

方案名称	方案简介	方案投资/万元	预计效益	
			环境效益	经济效益
原材料的控制	加强原材料进厂的控制，对原材料进行过程管理	—	—	—
更换烘干机篦子板	烘干机上篦子板老化，降低产量，现更换新的篦子板，使烘干机正常运行	1	—	增加矿渣产量
烘干机加料口，加吸铁设备	矿渣中含铁对研磨体有损害，影响水泥质量，现在烘干机加料口增加吸铁设备，减少磨机损害，提高水泥质量	0.5	—	年收铁粉40t
进行清洁生产培训	加强对清洁生产的教育，提高员工清洁生产认识，增强员工"节能、降耗、减污、增效"的意识	0.3	—	—

（4）中/高费方案提出与实施

中/高费方案是指涉及科技革新、先进工艺和先进设备的应用，投资相对较高，需要进行技术经济分析的方案。不同行业对中/高费方案的投资额的界定不同，如煤炭企业一般将15万元以上的方案定为中/高费方案。与无/低费方案相比较，中/高费方案更多地会涉及技术改进和设备改造等方面的内容，需要的投资量较大。由于受资金的限制，中/高费方案需要经过初步筛选以及详细的可行性分析后才可实施。中/高费清洁生产方案见表9-14。

表 9-14 中/高费方案

方案名称	方案简介	投资	效益估算	
			环境效益	经济效益
磨机加球段	增加新的球段,提高水泥质量	10	减轻环境污染	年增产水泥3600t,年增加收益70万元

采用简易的筛选方法进行筛选,主要筛选因子为技术可行性、经济可行性、环境效益、实施的难易程度、对生产和产品的影响等。通过筛选后,以上3个方案均可执行。

(5)评估

无/低费方案、中/高费方案实施以后,取得了良好的效益,成果见表9-15。

表 9-15 方案实施成果汇总表

项目	审核前消耗指标	审核后消耗指标	完成情况
可比水泥综合电耗/[(kW·h)/t)]	45.91	44.3	完成

(6)持续清洁生产

① 建立和完善清洁生产组织。公司已建立一个固定的机构,即清洁生产办公室,由公司副总经理直接领导,把清洁生产纳入日常管理工作。清洁生产办公室负责日常的清洁生产管理工作,组织协调并监督实施本轮清洁生产审核中提出的方案,组织对职工进行清洁生产的宣传和教育工作,继续推行清洁生产审核工作。监督有关清洁生产制度,规定的执行情况,巩固清洁生产审核取得的成果。选择确定下一轮的审核重点,并启动新一轮的清洁生产审核。

② 建立和完善清洁生产制度。为保证清洁生产顺利持久地开展下去,公司根据具体情况,逐步建立和完善规章制度。

③ 巩固清洁生产审核成果。在已实施的无/低费清洁生产方案中,提出了一些关于加强管理方面的建议,清洁生产办公室将其中的一些主要内容作了归纳和总结,并加以制度化、规范化:

a. 建立员工定期培训制度,提高员工岗位操作技能。

b. 细化设备维护、维修与管理制度,加强巡检制度。

c. 完善生产工艺执行监督机制,加强生产过程控制,实施物耗定额管理制度。

④ 建立和完善清洁生产激励机制。为鼓励广大职工积极进行清洁生产活动,多提一些清洁生产方案,公司决定对清洁生产工作中表现突出、提出的清洁生产方案被采纳,或研究开发出清洁生产新技术的员工,给予精神表彰和物质奖励。

⑤ 清洁生产资金来源。公司将利用清洁生产产生的效益等措施筹措资金,用于清洁生产方案的实施与奖励。

9.2.4 炼油厂清洁生产案例

9.2.4.1 企业概况

北京某石化公司炼油厂是我国最大的石油加工企业之一,年加工原油660万t,生产注油、柴油、润滑油、石蜡等60多种产品。同时,它也是我国"3000家重点污染企业"之一,每年用于废物处理方面的经费达2000余万元。从某种意义上来说,环境污染也是资源的浪费。清洁生产正是着眼于资源的最佳配置和最合理利用,以减少资源的浪费,从而达到控制环境污染的目的。1994 年，在世界银行、国家环保局等部门的大力支持下，该炼油厂开始推行清洁生产，取得了一定的经济效益和环境效益。

9.2.4.2　清洁生产审核过程

（1）筹划与组织

清洁生产是一项系统工程，必须依靠全厂各个部门和全体职工的共同努力来完成。为协调全厂的清洁生产审核工作，炼油厂专门成立了以副厂长为首，技术、环保等部门共同参加的"清洁生产审核领导小组"。

（2）预评估

该炼油厂拥有 10 余套大型生产装置，厂区面积大，污染源分布广。清洁生产审核工作首先从何处入手呢？在现场调查、收集资料的基础上，审计小组组织有关专家综合考虑废物量、废物毒性、环境代价、清洁生产潜力等各项因素，对全厂 18 套生产装置进行综合评分，确定酮苯装置作为本次清洁生产的审核重点。

（3）评估

审核小组对酮苯装置的物料输入、产品输出、用水情况、废物排放、废物回用等方面进行了详细的调查，制作了物料平衡图。通过对物料流的调查、衡算和分析，确认废物的主要来源：

① 溶剂回收单元使用水蒸气汽提的方式回收物料中的溶剂，水蒸气冷凝后形成含有少量溶剂和物料的废水。

② 真空密闭单元的安全气排放。由于酮苯溶剂是一种易燃物质，为了安全起见，在装有溶剂的容器上部空间充满一种不含氧气的安全气体，使溶剂与氧气隔绝，防止燃烧爆炸。由于安全气与溶剂接触，其中也混有少量的溶剂蒸气。当安全气为了维持微量正压而排放时，其中携带的溶剂蒸气也进入大气，造成污染。

③ 设备密封不严，导致溶剂挥发进入大气，造成溶剂损耗达 100t/a，同时，审核小组还测算出该装置因废物排放而导致的直接经济损失达 500 万元/a。

（4）废物削减方案的产生、筛选

针对废物的来源、排放情况及导致的经济损失，采用发放调查表征求"合理化建议"、组织专家讨论等形式，广泛征集废物削减方案，共获得 32 项方案，将其分类：A. 简易方案，可以立即组织实施；B. 较复杂的方案，需进一步筛选和评估。对于 B 类方案，采用权重评分的方法，综合考虑减少环境危害、经济可行、技术可行、易于实施、发展前景等各方面因素，筛选出 3 个主要的废物削减方案：①溶剂回收单元采用稀有气体气提，以取代原有的蒸气汽提工艺，从而在生产过程中避免了水（蒸气）的加入，从根本上消除废水的产生，并减少蒸气消耗量；②采用高效吸附剂回收安全气中的溶剂蒸气，降低溶剂消耗，保护大气环境；③将安全气引入储罐，循环使用，从根本上消除安全气废气的产生，保护大气环境。

（5）方案的可行性分析

对上述从 B 类方案中筛选出的 3 项方案分别进行技术、经济、环境等诸方面的评估，确认其可行性。这 3 项方案在国内已有实施先例，安全可靠，不仅能大大削减废物的产生，保护环境，而且能获得可观的经济效益，达到清洁生产的目的。因此，审计组决定，将这 3 项方案推荐给有关部门，近期内组织实施。其他 B 类方案列入远期行动计划。

（6）方案的实施

将确定的 3 项科学的推荐方案进行立项、设计、施工、验收等，按照国家、地方或部门的有关规定执行。通过对物耗、水耗、电耗等资源消耗指标以及废水量、废气量、固废量等废弃物指标分析其在方案实施前后的变化，获得无/低费方案实施后的环境效果，通过对产值、原材料费用、能源费用、公共设施费用、水费、污染控制费用、维修费、税金以及净利润等经济指标进行分析，获得无/低费方案实施所带来的经济效益；通过了解各项技术指标是否达到原设计要求，对方案实施前后各项环境指标进行追踪并与设计值相比较，对比产值、原材料费用、能源费用、公共设施费用、水费、污染控制费用、维修费、税金以及净利润等经济指标等方式对中/高费方案实施成果进行技术、环境和经济评价。在此基础上分析总结已实施方案对企业的影响。

（7）清洁生产审核的操作和实践

清洁生产审核是推行清洁生产、实行生产全过程控制污染的核心，是深化环境管理的一项重要手段，该厂在试行清洁生产审核中，取得了环境保护和生产协调发展的效果。

① 清洁生产审核的基本模式及操作程序。清洁生产审核是针对生产的投入、产出的整个工艺流程，通过监督、衡算和测试的手段进行的。监督是从该生产过程是否危害操作人员的健康和环境出发，剖析工艺流程的合理性，检查是否符合清洁工艺；衡算是按物料平衡的原理，确定物料流失源和流失量，找出症结，以利将污染直接消灭在生产过程中，提高资源的利用率；测试是对流失物的含量、浓度的测定，分析在转化过程中的物理、化学变化情况，以研究再生利用的方法。其审核的基本模式是污染成因觅踪分析和资源利用跟踪审核。觅踪分析是从生产过程中的流失物和废弃物对环境的影响去追溯原因，寻查的路线与污染物产生发展过程是相反的，目的在于发现和认识环境污染和物料超耗的主、客观条件及规律，以致生产活动成为低耗、无污染的清洁生产。在生产作业过程中，总是不断地受到内部条件和外部环境变化的影响，会出现偏离预定目标的情况，为保证预定目标的实现，还必须沿着资源流失和废弃物形成的途径进行定量审查控制，限制过量的投入和促使物料的再循环，即为跟踪审核。跟踪审核的目的，在于纠偏补正、消除过失，遵循清洁工艺，提高资源利用率，削减废弃物排放量。

② 清洁生产审核实例。清洁生产审核员用层层分解式审核喷漆工序危害职工健康和污染环境的问题点时，发现机床表面的漆膜附着量仅占总耗漆量的一半，另一半变成有毒有害的漆雾排入环境，因此着重审核了喷漆溶剂的配比黏度、喷射时喷枪的操作角度、油淋吸附治理设施的吸入断面风速等影响因素。审核后，从工艺上改进喷漆溶剂，选用含苯量极低的双组分聚氨酯树脂漆；管理上，采取单台机床耗料定额承包奖惩制，以促使节省油漆溶剂；操作上，配用先进的瓦格纳尔高压无气喷枪，控制操作区的断面风速，提高了漆膜的附着量。经物料衡算，证实绝大部分漆料已转化为产品成分，漆雾的散发和废气毒害被控制在最低限度，经多次测定废气中的苯系物排水中 COD 为 32t/a，占该车间废水 COD 总量的 14.7%，从而节约处理费用 19.2 万元，减少新鲜水使用费 2.3 万元，获得了一定的经济效益和环境效益。另有 3 项方案已经过经济、技术、环境方面的可行性分析，推荐给有关部门组织实施。这 3 项方案实施后，预计可降低溶剂消耗 50t/a，减少蒸汽消耗 4.4 万 t/a，削减废水中 COD 量 90t/a，综合各经济效益达 300 多万元/a，并消除该车间最主要的几个污染源。

清洁生产将环境保护与合理使用资源、降低物耗、提高经济效益有机地结合起来，有利于企业走内部挖潜的道路，有利于社会经济走可持续发展的道路。长期以来，人们的观念将环境保护与经济发展相对立，以为环保只有投入，没有产出。清洁生产使人们认识到，从物资供应、生产、储运等全过程削减废物，不仅能减少物耗，降低成本，而且能减少废物处理费用，获得可观的经济效益。

推行清洁生产，有利于企业管理水平和工艺技术水平的提高。清洁生产是一种严谨、科学的管理方式。它通过对生产全过程的调查和分析，发挥全体职工的积极性，改进企业现有生产方式的缺点和不足。通过加强内部管理、提倡节约、杜绝"跑、冒、滴、漏"、优化操作条件、改进工艺技术等手段，达到提高经济效益和防止污染的双重目的。

清洁生产是一项系统工程，需要企业各个部门协调和全体职工的积极参与，才能取得成功。因此，要进一步加大宣传力度，让广大职工，包括各级领导干部，了解清洁生产，支持、参与清洁生产活动。

9.3 轻工行业清洁生产

9.3.1 造纸厂清洁生产案例

9.3.1.1 企业概况

某纸业公司始建于 1999 年 8 月，是按照现代企业制度建立的国有控股造纸企业，现有员工 1000 余人，年生产能力 10 万 t。主要产品是 A、B 级文化用纸，高强瓦楞纸、卫生纸等 3 个系列 28 个品种，主要原材料为麦草、杨木浆和商品木浆。主要生产线为 1 条年产 3.4 万吨连蒸精制漂白麦草浆生产线，生产机器为 1 台年产 4.5 万吨文化用纸的 2640/500 长网多缸造纸机、4 台 2640 型长网 8 缸造纸机、2 台 1760 型长网 8 缸造纸机、4 台 1575 型圆网（单）多缸造纸机。配套有国内先进水平的 100t/d 碱回收系统，日处理中段废水 3 万立方米的污水处理厂，自备热电厂正在建设中。该公司于 2003 年通过 ISO9000 质量管理体系认证，产品被评为××省造纸行业十大名牌产品；2004 年 7 月通过国家环保总局（现生态环境部）环保验收，12 月通过××省环保局清洁生产审核验收；2005 年 5 月通过 ISO14001 环境管理体系认证。

9.3.1.2 生产工艺

（1）制浆工艺流程

① 植物纤维原料制浆（木浆、非木浆）工艺流程（图 9-4）。

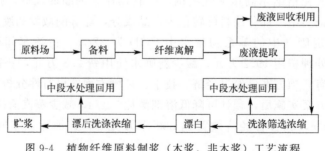

图 9-4 植物纤维原料制浆（木浆、非木浆）工艺流程

说明：纤维离解对化学法制浆工艺来说是蒸煮过程，对机械法制浆工艺来说是粗磨过程，对化机法、半化学法制浆工艺来说是化学预处理过程和磨浆过程。

② 废纸原料制浆工艺流程（图 9-5）。

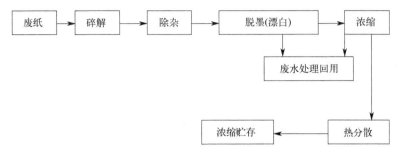

图 9-5　废纸原料制浆工艺流程

（2）造纸工艺流程（图 9-6）

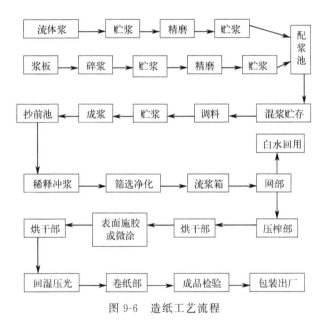

图 9-6　造纸工艺流程

说明：①造纸机的干部和湿部都要有损纸回潮过程；②以上工序可以根据制浆造纸企业制造方法、产品品种和档次的不同有所增加或删减。

9.3.1.3　清洁生产审核

（1）筹划与组织

审核工作组对该纸业公司的领导层大力宣传了《中华人民共和国清洁生产促进法》和开展清洁生产审核工作的必要性，宣讲了清洁生产审核不仅能提高企业环境管理水平；提高原材料、水、能源的使用效率，降低成本；减少污染物的产生和排放量，保护环境，减少污染处理费用；提高职工素质和生产效率。而且能推动企业技术进步，树立企业形象，扩大企业影响，提高企业无形资产。在企业取得经济效益的同时，还能取得很好的环境效益和社会效益。宣传企业开展清洁生产审核工作宜早不宜迟，应积极配合××省环保局做好首批清洁生产审核企业试点工作。

①　成立审核小组。该纸业公司成立的清洁生产审核小组，组长由该公司总经理亲自担任，副组长由主管生产、技术副总经理担任，成员由各车间主任及有关部门主管组成，各车间兼职人员1名。同时还成立了清洁生产办公室，主任由该公司环保处长担任，设专职人员2名，生产技术工艺员和环保工艺员各1名。××省轻工业科学研究所也成立了以若干名造纸和环保专家为成员的清洁生产审核专家小组。

②　制定工作方案。该纸业公司清洁生产审核小组成立后，制定了详细的清洁生产审核工作方案，使审核工作按一定的程序和步骤进行，清洁生产审核工作方案包括审核过程的所有主要工作。审核工作方案要求审核小组、各车间、各部门各司其职，落实到人，相互协调，密切配合，使得审核工作按方案进度顺利实施。

（2）预评估

①　现状和现场调查。结合该纸业公司现状，审核小组到生产现场作进一步深入细致调查，发现生产过程中存在以下主要问题。

a. 备料车间是生产过程的"瓶颈"，切草能力不够，已严重影响正常生产，急需解决。

b. 制浆车间漂白工段没有逆流洗涤，耗清水多，废水排放量大。

c. 黑液提取率低且稀黑液量大，碱回收车间蒸发工段负荷加重，造成碱回收率低、苛化率低，白泥造成二次污染。

d. 纸机白水没有全部回用，除自身利用一小部分外，其余排入中段水车间。

e. 各车间所有泵的机封水没有回收，造成很大浪费。

f. 老生产线烘缸冷凝水没有回收利用，造成蒸汽消耗量大；2台10t/h锅炉粉尘污染较严重。

g. 污水处理厂有时废水量大，造成污水排放不能稳定达标。

②　确定审核重点。在查明该公司生产中现存问题和薄弱环节后，据此确定备选审核重点的原则：污染物产生量大、排放量大的环节；严重影响或威胁正常生产，构成生产"瓶颈"的环节；一旦采取措施，容易产生显著环境效益和经济效益的环节。审核工作组把备料车间、制浆车间、碱回收车间，以及纸机白水、泵的机封水和污水处理厂确定为本轮备选审核重点。再采用权重总和计分排序法，考虑到环境、经济、解决生产"瓶颈"、实施等方面因素，对备选审核重点进行计分排序，确定将节水（减少进入污水处理厂的废水量）、减污（提高黑液提取率、碱回收率和苛化率）及提高切草能力作为本轮清洁生产审核重点。

③　设置清洁生产目标。结合该纸业公司具体生产情况，以生态环境部对漂白麦草浆生产工艺过程清洁生产技术指标要求为主要依据，设置该公司近期、中期及远期清洁生产目标。

④　提出和实施无/低费方案。该纸业公司本轮清洁生产审核，审核小组提出和征集无/低费方案56个，其中可行的无/低费方案44个，已实施38个。审核小组本着清洁生产边审核边实施的原则，以及时取得成效，并广泛宣传，以推动清洁生产审核工作的顺利按时完成。

（3）评估

审核小组通过审核该纸业公司本轮审核重点的物料平衡和水平衡，发现该公司物料流失环节，找出污染物产生的原因，查找物料储运、生产运行与管理和过程控制等方面存在的问题，以及与国内外先进水平的差距。该纸业公司本轮清洁生产审核重点如下：

节水、降污，即降低公司主要生产车间清水用量，减少末端治理前废水量及污染物含量，提高黑液提取率和碱回收率。解决生产过程"瓶颈"问题，提高切草能力。节水、降污主要从生产过程产生的不正常废水排放着手，包括黑液、中段废水（漂白废水）、白水三个方面。其中黑液提取涉及制浆洗选工段，中段废水涉及制浆车间漂白工段，白水涉及造纸车间。提高切草能力涉及备料车间。由于提高白水回用率和提高切草能力问题单一，原因明确，因此，对审核重点分析侧重于黑液及中段废水，提出了改造黑液提取和漂白洗涤的清洁生产方案。

（4）方案产生和筛选阶段

① 方案的产生。该纸业公司本轮审核所产生的无/低费、中/高费清洁生产方案，来源为以下几个方面：

审核小组在全公司范围内进行宣传活动，制定奖励措施，鼓励全体员工提出清洁生产合理化建议。

根据物料（水）平衡计算和针对废物产生原因分析产生清洁生产方案。

广泛收集国内外同行业先进技术，结合该公司实际生产情况产生清洁生产方案。

② 方案汇总。该纸业公司本轮清洁生产审核，审计小组共提出清洁生产方案 63 个，包括已实施的、未实施的、属于审核重点的、非重点的。其中无/低费方案 56 个，可行的无/低费方案 44 个，已实施无/低费方案 38 个；中/高费方案 7 个。

③ 方案筛选。方案筛选、研制主要针对清洁生产方案汇总中技术较为复杂、实施难度较大、周期性较长、投资额较高、对生产工艺过程有一定影响的中/高费方案。本轮清洁生产方案中有 7 个中/高费方案，经过筛选可行的有 3 个。

（5）可行性分析

通过对该纸业公司本轮清洁生产方案中 7 个中/高费方案的环境评估、技术评估和经济评估及可行性研究，其中可行的 3 个分别是：

① 在原（3+1）真空洗浆机提取黑液前面增加 1 台双辊挤浆机，以提高黑液提取率和黑液浓度；

② 对纸机白水在原多盘真空过滤机（或斜筛）后增加超效浅层气浮装置，使白水回用率达到 100%；

③ 增加 2 台 12t/h 切草机，提高切草能力，解决备料工段"瓶颈"问题。

该纸业公司设立的清洁生产办公室，为该公司的常设机构，归公司总经理直接领导。负责协调清洁生产日常工作，设立 2 名专职人员，具体落实执行清洁生产各项工作。该公司建立和完善清洁生产管理制度，把清洁生产管理制度包括审核成果纳入公司的日常管理轨道，建立鼓励机制并保证清洁生产资金来源。

（6）制定持续清洁生产方案

清洁生产并非一朝一夕即可完成，根据该纸业公司实际情况，制定相应持续清洁生产方案，使清洁生产有组织、有方案地持续开展下去。该纸业公司新一轮持续清洁生产方案如下：

① 统计分析、比照评估已完成的两项中/高费实施效果；

② 继续完成另一项中/高费方案，纸机白水回收利用技术改造，增加超效浅层气浮装置，提高白水回用率；

③ 改造黑液提取工段，在真空洗浆机组后面，再增加 1 台双辊挤浆机，进一步提高黑液提取率和黑液浓度，减轻蒸发工段负荷，提高碱回收率，降低生产成本，同时降低中段废水浓度，从而降低污水处理费用；

④ 改造苛化工段，增加 1 台白泥洗涤机，提高苛化率，降低白泥残碱含量，采用白泥制碳酸钙技术，杜绝白泥二次污染；

⑤ 改良和采用先进的连蒸和漂白工艺技术，减少废水排放量；

⑥ 加快自备电厂建设（正在施工中），淘汰老生产系统的 2 台老式 10t/h 锅炉，降低能源消耗、粉尘污染和生产成本。

所有这些清洁生产方案的实施，都将会给该纸业公司带来良好的经济效益、环境效益和社会效益。

（7）结论

本轮清洁生产审核方案实施效果：该纸业公司通过本轮清洁生产审核，已实施的清洁生产方案取得了较为显著的经济效益、环境效益和社会效益。

① 经济效益：通过统计分析、实测和计算，比照清洁生产方案实施前后产量、原辅材料消耗、能源消耗、水耗、废水排放量、废水处理费以及产值和利税等经济指标的变化，获得直接经济效益 181.112 万元。

② 环境效益：该公司废水日排放量减少 8000 多 m^3，环保管理得到了大大提高，上了一个新台阶。环境指标和环境效益成果见表 9-16。

表 9-16　公司清洁生产审核方案实施前后环境效益比照表

单位产品指标	审核前	审核后	差值	清洁生产三级标准
吨浆取水量/m^3	126	88	44	80～110(含)
碱回收率/%	72	73.5	1.5	70(含)～75
吨浆废水排放量/m^3	116.25	80	36.25	70～100(含)
吨浆 COD/kg	205.6	191	14.6	200～250(含)
吨浆 BOD5/kg	64.3	61.7	2.6	60～75(含)
吨浆 SS/kg	140.43	110.5	29.93	80～120(含)
吨纸耗煤/t	1.365	1.349	0.016	≤1.15

③ 社会效益：《中华人民共和国清洁生产促进法》得到了宣传、贯彻和落实，使公司全体员工对开展清洁生产和清洁生产审核有了较深入的了解和认识，环保意识得到了进一步提高；对××省开展清洁生产和清洁生产审核起到了积极的推动作用，2005 年 5 月该纸业公司被××省环保局评为"清洁生产示范单位"，树立了公司良好的社会形象。

9.3.2　丝绸印染厂清洁生产案例

9.3.2.1　企业概况

该企业地处西南某工业园，于 20 世纪 80 年代末成立，是股份责任制企业，属于传统的纺织印染企业。公司拥有员工 240 余人，占地面积 200 余亩（1 亩＝666.67m^2），建筑面积 50000m^2，拥有固定资产 8400 万元。该企业主要有缝纫车间、染色车间以及裁剪车间等三个主要生产部车间。常用的印染生产工艺有纺纱、染纱、织造、缝纫等。纺纱工艺流程图如图 9-7 所示。

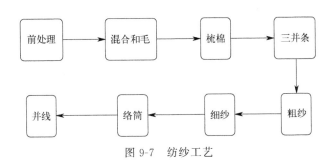

图 9-7　纺纱工艺

9.3.2.2　清洁生产审核

（1）审核准备

审核准备是公司进行清洁生产审核的第 2 个阶段。审核准备的主要目的是扫清企业员工在清洁生产过程中可能存在的障碍等。该企业除技术人员外，员工负责的多是重复性的劳动，由于对环保工作的认识还停留在末端治理上，对清洁生产的思维方式难以理解，存在思想上的障碍，此外在审核工作开展的过程中，一些技术、资金等方面的原因，也对清洁生产审核的开展产生了阻力。

本阶段的工作包括获得企业领导的参与和支持、建立清洁生产审核领导小组、制定清洁生产审核工作计划、进行清洁生产思想的培训和宣传，确保清洁生产审核工作有组织、有计划地开展，达到预期的清洁生产目的。该企业领导在审核伊始即召集企业各部门、车间负责人，组建清洁生产审核工作小组，配合审核工作组对企业进行清洁生产审核工作；制定清洁生产审核工作计划及培训计划，聘请清洁生产专家对该企业全部员工进行清洁生产知识的相关培训，并利用企业内网、微信群、板报以及通知栏等对清洁生产进行企业内部宣传；收集企业一线员工的合理化建议表，从中发现适合企业的清洁生产方案，并对提供优秀方案的员工给予奖励。

（2）预审核

① 废水。该企业内部具有污水处理站一座，采用物化＋生化的处理工艺，设计处理规模为 $110m^3/d$，主要是接纳染色工序产生的废水，审核前产生废水量大约 $80m^3/d$。污水处理后合并生活污水进入城市污水管网。

污水处理后产生污泥，主要含有没有反应完全的染料和助剂，根据危险废物名录属于危险废物，年产生量为 2.3t，企业和某危废处理中心签订处理协议，由该中心进行集中处理。

② 废气。公司生产过程中供热购自当地热电厂，生产过程中仅有少量无组织排放的有机废气排出，有害气体量少，所以对周围空气环境产生较小影响。

③ 废渣。废弃物主要来源于裁剪和缝纫车间裁剪下来的边角料、污水处理产生的污泥、生活垃圾。裁剪边角料，收集后全部外卖；污水处理产生污泥交由有资质处理的单位集中处理。对生活、办公垃圾等采取规范化管理，在企业内设置专用的垃圾箱，便于管理清运。

④ 噪声。企业的噪声污染主要为染色机、脱水机、水泵等运转产生的机械噪声。

（3）审核重点的确定

在确定审核重点的时候需要根据企业的实际情况，一些小企业生产规模不大，员工数量不多，工序简单，产品单一，根据清洁生产审核程序可不进行备选审核重点的确定而直接确定出审核重点，比如简单的污水处理厂就可以以整条污水处理工艺作为审核重点。但印染企业生产规模大，一般具有几条生产线，各生产线的工艺不尽相同，因此需要根据一定的原则按照清洁生产审核程序确定若干备选审核重点，审核重点将从备选审核重点中筛选出。

备选审核重点一般选取企业几个污染大、废弃物处置难度大以及经过改进有显著提高等方面的车间或者工序，印染企业一般会选取染色工序、污水处理站、纺纱车间等作为备选的审核重点。

备选审核重点筛选出后，一般会根据企业的特点采用列表法对每个备选重点的情况进行说明汇总，这样可以使备选审核重点的情况十分明朗。以该印染企业的备选审核重点为例进行说明。

根据该企业的具体情况，综合考虑各车间原辅料和能源的消耗情况、废弃物的排放情况及存在的清洁生产机会，并结合企业人力、财力、物力、技术力量和其他客观因素，清洁生产审核小组讨论决定将染色车间、裁剪车间、缝纫车间和污水处理站作为本次审核的备选审核重点，具体情况见表9-17。列出备选审核重点的详细情况后，接下来需要筛选出审核重点，审核重点的数量根据企业的实际生产情况来确定，一般在每一轮清洁生产审核过程中只确定一个审核重点。

表 9-17　备选审核重点情况说明表

评价指标		漂染车间	裁剪车间	缝纫车间	污水处理站
废物量	废水/(t/d)	68	—		87.2
	固废/(t/a)	—	125	3	1.6
主要消耗	水耗/(t/d)	60	—		—
	蒸汽/(t/d)	20	—	1.9	—
	电耗/万度①	21	5	8.3	8
治理费/(万元/年)		8	—	—	8

① 1度＝1kW·h。

这里采用积分权重法识别审核重点。

根据该企业的实际情况，确定了主要原辅材料消耗、废物产生量、能源消耗、废物毒性影响、清洁生产能力以及车间积极性这6个因素。将权重值分为三个组别：高度重要性（权重值为10——原辅材料、能源消耗，权重值为8——废物产生量）、中等重要性（权重值为6——环境代价，权重值为5——清洁生产潜力）以及低重要性（权重值为4——车间合作）。利用权重总和计分排序法确定审核重点，权重总和计分排序情况见表9-18。

由得分计算排序结果可知，漂染车间得分远高于其他几个车间，因此该车间被选为企业第一轮清洁生产审核的重点。

表 9-18　清洁生产备选重点权重积分排序表

权重因素	权重值(W)	备选审核重点得分(R=1~10)			
		漂染车间	裁剪车间	缝纫车间	污水处理站
原辅材料消耗	10	9	4	6	7
能源消耗	10	10	4	8	6
废物产生量	8	10	5	2	8
环境代价	6	10	2	2	9
清洁生产潜力	5	9	4	5	5
车间合作	4	9	7	7	8
总分∑(RW)		411	180	221	305
排序		1	4	3	2

（4）清洁生产目标的确定

设置清洁生产审核目标需要根据企业的实际情况设置，目标既不能设置得难度太大，导致完不成清洁生产审核的任务，也不能设置得过于简单。设置清洁生产目标时需要考虑的因素有企业所在区域的总量控制规定，相关的国家、地方环境保护法规、标准，企业与国内外同行业的水平存在的差距对比，企业自身的规划远景，以及企业重点工序的实际水平等。

通常用来设置清洁生产审核目标所考虑的方面主要有：

① 易于接受、容易被人理解且易于实现，能根据企业的实际需要进行简单调整；

② 目标能有明显的效益和激励作用；

③ 符合企业经济效益及经营总目标；

④ 能显著减少企业污染废弃物的处理成本；

⑤ 能显著削减企业对周边环境的损害，提升企业的社会形象；

⑥ 能降低企业的生产成本，减少企业的原辅材料消耗、能源消耗等；

⑦ 能够开发具备回收经济价值的副产品；

⑧ 有条件的企业可以获得贷款等资金，专款专用；

⑨ 具有在国际市场上一定的竞争力的产品；

⑩ 按照近期、中期和远期等阶段来设置目标。

通过与纺织行业清洁生产标准对比，该企业达到一级标准的有 3 项，占评价指标总数的 16.7%；达到二级标准的有 1 项，占评价指标总数的 5.5%；达到三级标准的有 11 项，占评价指标总数的 61.1%；未达到三级标准的有 3 项（公司的用电量、耗蒸汽量和生产过程环境管理），占评价指标总数的 16.7%。总体评价，该企业多项指标处于国内清洁生产较低水平或未达到国内清洁生产基本水平，故而该企业有较大的清洁生产潜力。

基于以上考虑因素、原则以及与标准的对照情况，结合企业的审核重点等实际情况，分别设定了全厂以及审核重点的具有可操作性和挑战性的近期目标和长远目标，见表 9-19、表 9-20。

表 9-19　清洁生产目标

目标项目	企业实际	近期目标	中长期目标
吨产品耗水量/(t/t)	98	96	93
吨产品染料消耗量/(kg/t)	11	10	10
吨产品耗电量/[(kW·h)/t]	1274	1200	1120
吨产品废水产生量/(t/t)	849	78	73

表 9-20　审核重点清洁生产目标

目标项目	企业实际	近期目标	中长期目标
吨产品耗水量/(t/t)	73	69	66
吨产品染料消耗量/(kg/t)	11	10	10
吨产品耗电量/[(kW·h)/t]	955	900	840
吨产品废水产生量/(t/t)	63	58	54

（5）审核

对一般企业来说，应该按照正常的一个生产周期对审核重点的输入和输出物流的实测进行每个环节的核算。为保证实测结果的可靠性，至少需要对连续生产一段时间或 3 个生产周期的企业输入物料的情况以及废弃污染物的排放数据进行实测。输入、输出物流数据边收集，边录入，同时做好预平衡的测算，方便在最后进行完善。

输入物料一般有新鲜水、蒸汽、袋料、助剂、电等，这些都必须进行定量测算（检查配料比、组分以及使用数量等）。测量查定原料、化学品的进货量、运输量、包装损耗量、贮存消耗（跑、冒、滴、漏、蒸发等消耗），进行出仓过秤记录、投料配比的检测化验等。

物料输出一般含有产品、副产品、中间产品以及生产过程中产生的废弃物，如废气、废水、废渣，以及可以回收利用或资源化的废弃物等。同输入物料的测定一样，输出物料的测定也要定量，保证准确性，并记录在案。

物料实测并记录后就是进行物料与水、电的衡算，目的是定量地确定废物成分、去向和数量，进而精确地找到废物产生的工序源头，为制定相应的清洁生产方案奠定科学基础。这个过程十分烦琐，需要反复推算输入、输出物流，使输入输出的总量一致。

该企业审核的物料平衡图如图 9-8 所示。

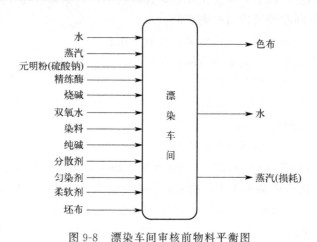

图 9-8　漂染车间审核前物料平衡图

单位：t/d

建立平衡之后需要对平衡进行分析，找出企业存在问题的地方，便于寻找清洁生产方案。通过水平衡和物料平衡可以发现企业存在两个主要问题：

① 新鲜水消耗量大，废水处理后直接排入管网系统，回用率低。

② 染料助剂配比不合理造成物料浪费，不精确导致最终产品质量不一，同时加重排水负荷，生产过程控制需要优化。

（6）方案的产生与筛选

通过对企业的本轮审核，共提出可行清洁生产方案 18 项，包含高费方案 2 项、中费方案 3 项以及无/低费方案 13 项，总投资预计 80 余万元。通过本轮清洁生产审核，若清洁生产方案全部实施，预计通过改用设备及冷却水回用等方案将节水 900t/a，通过增加变频装置及变压器等措施将节电 3.0 万度/a，通过改进设备及增加保温措施将节约蒸汽 950t/a，合计节水、节电及节约蒸汽的经济效益可达 21.6 万元/a，最终根据检测报告核算预计 COD 排放量削减 0.53%，氨氮排放量削减 10.5%，具体的方案的汇总及效益情况见表 9-21。既达到了节能、减污、增效的目的，又能较好地实现预期的清洁生产目标，企业可以达到国内清洁生产基本水平。

表 9-21　清洁生产方案汇总及效益

方案类型	编号	名称	环境效益	经济效益	产生效益数据汇总
原辅材料	1	采用环保型染料	减轻废水的处理难度,提高产品质量	通过减轻废水处理难度来减少废水处理成本	节水 900 吨/年,节电 3 万度/a,节约蒸汽 950 吨/a,COD 排放量削减 0.53%,氨氮排放量削减 10.5%,节约水费 0.27 万元/a,节约电费 2.3 万元/a,节约蒸汽费 19 万元/a
	2	采用环保型助剂			
技术设备升级	3	更新设备变频技术	优化了设备运行,预计年节约用电量 2 万度	预计节约电费 1.4 万元/a	
	4	采用冷轧堆碱氧一浴法工艺设备	预计年节约新鲜水使用量 400t	预计节约水费 0.12 万元	
	5	采用气流(气雾)染色机	节约染料助剂,年节约蒸汽 600t,年节约新鲜水使用量 300t	方案正在实施,预计节约蒸汽费 12 万元/a,节约水费 0.09 万元/a	
	6	增加碱回收装置	减少碱液使用量	经济效益暂无核算	
过程控制与管理	7	成立环保部门			
	8	设置专职人员	有助于企业对环保工作进行系统管理,及时发现企业存在的问题		
	9	增加在线监测设备		预计节约电费 0.7 万元/a	
节能减排	10	选择节能变压器	优化了设备运行,预计年节约用电量 1 万度		
	11	阀门、管件等加装保温措施	提高热效率,预计年节约蒸汽用量 350t	预计节约蒸汽费 7 万元/a	
	12	优化染色机开启时间	保证废水及水质的稳定	可节约废水处理成本	
	13	完善能源消耗的管理与计量	加强企业管理		
	14	冷却水回用	预计年节约新鲜水用量 200t	预计节约水费 0.06 万元/a	
降污增效	15	清污分流	有助于更好地回用冷却水		
	16	增加污水周边绿化面积	减少抽气排放,提升企业形象		
	17	建设危废间,规范处置危险废物	规范处置危险废物,符合要求		
	18	设备间、泵房添加降噪装置	降低企业产生的噪声		

（7）持续清洁生产

由于清洁生产是一个连续不断地改进企业管理、改革工艺、降低成本、提高产品质量和减少对环境污染的过程，因此，清洁生产是永无止境的连续过程，只有不断制定后续行动计划，才能不断给企业带来更大效益。由于时间、资金、经验及技术等原因，清洁生产审核工作通常会存在很大程度的片面性和局限性，企业可能还有很多清洁生产潜力有待被发觉，因此要制定持续的清洁生产计划，通过持续清洁生产，发现更多的清洁生产机会，制定持续的清洁生产方案，有序地实施可行性较好的方案，促使企业实现可持续发展。

（8）编制清洁生产审核报告书

清洁生产审核报告是对本轮清洁生产活动的总结，清洁生产审核报告要求内容翔实、数据准确，具有说服力和影响力，内容要包括整个审核过程，要突出重点，根据本企业特点、本企业实际情况进行编写，编写完成后要在企业各部门进行推广学习。

9.3.3 纺织厂清洁生产案例

9.3.3.1 企业概况

该纺织厂是从事中高档色织面料生产和经营的现代化轻纺的企业。公司占地面积 280 亩，生产纺纱 3500t/a，织布 1500 万 m^2/a，整理各类布 2300 万 m^2/a，成衣 50 万件/a，产值 3.1 亿元/a，利税 1650 万元/a，职工 1680 人。公司下设纺纱厂、织布厂、后整理分厂、服装分厂四个分厂，一个纺织品开发研究所，一个中美合资的生物化工公司和一个外贸公司。

9.3.3.2 工艺流程

后整理分厂的色织布后整理生产工艺流程如图 9-9 所示。

图 9-9   色织布后整理生产工艺流程图

工艺流程说明：

烧毛，用汽油作为燃料去除坯布表面长短不齐的绒毛，产生的含尘废物经布袋除尘器处理后排放；

褪浆，用蒸汽、水及助剂去除坯布上的浆料，以利于后道工序的进行，废水收集后处理；

丝光，主要用到碱来处理，以稳定尺寸，提高强度，增加光泽；

定型，利用高温来稳定门幅，改善手感及其他指标；

预缩，稳定缩水率及门幅。

整个工艺中褪浆和丝光是污水产生和排放量较大的工段，废水的特点是 COD、碱性高，pH 值在 13 以上，处理较染色废水更困难。

9.3.3.3 清洁生产审核

该纺织厂主要污染是印染污水、废气、噪声和固体废弃物等。其中，最大的污染是后整理分厂产生的印染污水，也是审核的重点。纺织厂的后整理分厂的四个工序都要排出废水，预处理阶段（包括烧毛、褪浆、煮炼、漂白、丝光等工序）要排出褪浆废水、煮炼废水、漂白废水和丝光废水，染色工序排出染色废水，印花工序排出印花废水和皂液废水，整理工序则排出整理废水。印染废水是以上各类废水的混合废水，或除漂白废水以外的综合废水。

纺织厂有一台 10t 的蒸汽锅炉和 250 万大卡（1 大卡＝1 千卡＝4186.8 焦）的导热油炉，产生较大的烟尘排放和二氧化硫排放；螺杆空气压缩机、污水厂罗茨风机以及丝光机都产生一定的噪声污染；固体废弃物主要来源于锅炉废渣、生产废布、生活垃圾以及废水处理污泥等。

（1）筹划和组织

筹划和组织的过程实质上是宣传、教育，提高企业员工对清洁生产重要性的认识，建立清洁生产组织机构，制定清洁生产审核计划的过程。通过教育培训工作的开展，企业员工初步了解清洁生产审核的目的、步骤、程序、方法、要求等内容，克服思想障碍。

本阶段的重点在于：组建清洁生产领导小组、清洁生产审核工作小组和制定清洁生产工作计划。

清洁生产培训结束后，将清洁生产工作列入企业议事日程，立即在企业内部抽调精干人员组建清洁生产工作小组，并明确清洁生产审核小组的基本任务：

① 制定清洁生产审核工作计划；

② 开展宣传教育，普及清洁生产知识；

③ 确定清洁生产审核重点和目标；

④ 组织、实施清洁生产审核并及时向领导和员工汇报实施情况；

⑤ 收集和筛选清洁生产方案并组织实施；

⑥ 编写清洁生产审核报告；

⑦ 总结经验，制定企业持续清洁生产计划。

为了有计划、有步骤地推进清洁生产工作，根据企业清洁生产审核领导小组的要求，结合企业实际，审核小组拟定了清洁生产计划，经审核领导小组批准后执行。同时，要求相关部门及专业按计划要求，制定本部门、本专业详细的清洁生产实施计划。

（2）预评估

预评估是通过对企业全貌现状进行调研和考察，旨在评估企业产污、排污现状，分析并发现企业清洁生产的潜力和机会，从而确定本轮清洁生产审核的重点。本阶段的重点是在企业现状调研考察的基础上确定审核重点，设置生产目标，产生一批备选方案并着手实施其中简单易行的无/低费清洁生产方案。

（3）纺织厂清洁生产评价指标体系

清洁生产指标要求同时反映企业生产的环境效益和经济效益，本方法将指标分为5大类，即原辅材料指标、产品指标、资源指标、污染物排放指标、管理水平指标。该企业采用的主要原料是坯布，生产过程中采用的化学原料较多，如液碱、工业盐和各种助剂。采用的染料为活性染料和还原染料，基本不用偶氮染料，所以化学原料的毒性较小。资源指标采用万米布用水量、万米布标煤用量评价。污染物采用万米布废水排放量、万米布 COD 排放量作为考核指标。清洁生产指标评价体系见表9-22。

表 9-22　纺织厂清洁生产指标评价体系

评价指标	指标状况	指标权重	等级分值	得分（权重×等级分）
原辅材料指标				
毒性	中（基本无毒）	0.08	6	0.48
生态影响	中（影响较小）	0.07	6	0.42
可再生性	中	0.05	5	0.25
能源强度	中	0.05	5	0.25
可回收利用性	低（纤维回收率低）	0.06	4	0.24
产品指标				
销售	优（对环境基本没有影响）	0.03	8	0.24
使用	中（与人体直接接触）	0.06	6	0.36
寿命优化	中	0.04	6	0.24
报废	中	0.05	7	0.35

续表

评价指标	指标状况	指标权重	等级分值	得分(权重×等级分)
资源指标				
单位产品耗水量/ [吨水/(万平方米布)]	148.2(××省先进水平)	0.09	7	0.63
单位产品标煤消耗/ [吨煤/(万平方米布)]	2.56(××省中等水平)	0.08	4	0.32
污染物排放指标				
单位产品废水排放量/ [吨水/(万平方米布)]	126(××省先进水平)	0.09	7	0.63
单位产品 COD 排放量/ (千克/万平方米布)	107.4(国内一般先进水平)	0.08	6	0.48
管理水平指标				
企业管理方针	通过 ISO14000	0.09	9	0.81
职工清洁生产意识	良好	0.08	8	0.64
累计		1		6.34

（4）纺织厂清洁生产审核重点的确定

备选清洁生产审核重点确定的基本原则是：

① 污染物产生量大、能源消耗大的部位；

② 污染物毒性大或污染物难于处理、处置的部位；

③ 生产效率低、构成企业生产"瓶颈"的部位；

④ 对工人身体健康危害较大、公众反映强烈的部位；

⑤ 生产工艺落后、设备陈旧的部位；

⑥ 事故多发和设备维修较多的部位。

采用简单对比的方法，从废物排放量、原料及废物有害性、资源能源消耗、生产效率改进以及积极性等方面进行对比，得出审核重点是后整理分厂。后整理分厂废水含碱量大，COD 高，对环境污染较重。所以将后整理分厂确定为此次清洁生产审核的重点。

（5）清洁生产目标的确定

清洁生产目标是针对审核重点设置的具有定量化、可操作性的指标。通过这些指标的实施，实现减污、降耗、节能、增效的目的，从而达到循序渐进地有层次地实现清洁生产。在审核过程中发现由于烧碱含量大，污水处理站出水不能达标排放。锅炉是该厂用电大户，经过调研，得知对风机安装变频器可大大降低电耗，所以结合该厂其他方面的具体情况制定的清洁生产目标见表 9-23。

表 9-23　清洁生产目标

序号	项目	清洁生产目标
1	减少 SO_2 排放量/(t/a)	20
2	减少烟尘排放量/(t/a)	30
3	回收硫酸/(t/a)	100
4	节约煤的消耗/(t/a)	3500
5	节约水的消耗/(万 t/a)	6
6	节约电的消耗/(kW·h)	70000

（6）清洁生产的评估

评估是清洁生产审核工作的第三个阶段。目的是通过审核重点的物料平衡，发现物料流失的主要环节，找出废弃物产生的原因，查找物料储存、生产运行、管理及废弃物排放等方面存在的问题，为清洁生产提供依据。本阶段工作重点，是实测输入输出物流，建立物料平衡，分析废弃物产生原因。

通过预评估阶段的调查分析，审核工作组确定了 1 个审核重点——后整理分厂。后整理分厂的践行废水利用是处理污水问题的重要方面，褪浆、丝光、定型是后整理的主要工段，其物料平衡见图 9-10。

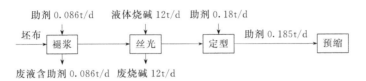

图 9-10　后整理分厂物料平衡图

丝光是名牌面料必须加工的过程，无法用其他工艺代替。丝光产品是该企业的强项，而丝光工艺需要用到碱（NaOH），后整理分厂丝光车间每天生产所需碱达十余吨。在整理过程中，大量的碱溶于水中形成废水，即所谓"碱减量废水"。含碱废水 pH 高、浓度低是污水处理中的难题，不仅需要大量中和反应，而且影响了后续生化效能，酸是药剂费中的主要消耗量。

（7）方案产生和筛选

在清洁生产审核评估阶段，通过编制物料平衡，查明了物料和能源的损失以及产生废物种类、部位及去向，并对废弃物产生原因进行了分析。物料损失和废物产生可能有多种原因和多种预防方法，究竟采取什么方法并于何时何地进行污染预防，这便是清洁生产方案的产生和筛选的重点内容。

工作小组将征集到的合理化建议进行逐条研究分析，经过分析，根据方案实施的难易程度可行性分成三类：

第一类：5 万元以下为无/低费方案；

第二类：5～15 万元为中/高费方案；

第三类：15 万元以上为高费方案。

经汇总后，共有 17 个无/低费方案，1 个中费方案，1 个高费方案，见表 9-24、表 9-25。

表 9-24　清洁生产审核无/低费方案汇总表

编号	方案类型	方案	投资	说明
1	管理	合理安排褪浆、丝光工段生产	无	已实施
2	技改	烧毛车冷却水回用	低	策划中
3	管理	减少物料在现象的移动，缩短原料在仓库贮存的时间	无	已实施
4	管理	加强助剂用量管理	无	已实施
5	管理	加强职工操作及设备管理	无	已实施
6	管理	加强原料收购时质量管理	无	已实施
7	管理	对全厂员工清洁生产相关方面的教育与培训	无	已实施
8	管理	实行废碱液回收利用奖励制度	无	已实施
9	管理	对生产设备定期检查、清洗、维护修理	无	已实施
10	管理	严格控制生产过程的温度、压力、流量	无	已实施
11	管理	控制车间用水量	无	已实施
12	技改	对蒸汽管道局部保温	低	实施中

编号	方案类型	方案	投资	说明
13	技改	安装装置接漏油设施	低	已实施
14	技改	自动冲洗改造为手动冲洗	低	已实施
15	技改	水膜除尘器废水利用	5000 元	策划中
16	技改	车间 400W 照明灯改为 60W 节能灯	8120 元	已实施
17	技改	在车间的灯具上单独加装控制开光	75 元	已实施

表 9-25　清洁生产审核中/高费方案汇总

方案编号	方案	预计投资	预计效果	
			环境效益	经济效益
18	丝光工段废碱液回收	17 万	节约新鲜水 650t/d,减少废碱外排 135t/a	节约费用 59 万元/a
19	锅炉风机安装变频器	5.2 万	节电 106920kW·h/a	节约费用 58806 元/a

（8）方案的筛选

方案筛选是抓好清洁生产的一个重要环节。初步筛选是要对已产生的所有清洁生产方案进行简单检查和评估，从而分出可行的无/低费方案、初步可行的中/高费方案和不可行方案三大类。

对提出的无/低费方案，一经提出即作判断，可行的方案立即实施。

对中/高费方案先进行初步筛选，再作可行性分析。初步筛选因素主要考虑技术可行性、环境效益、经济效益、实施难易程度以及对生产和产品的影响等几个方面。

技术可行性：主要考虑方案的成熟程度，国内外是否已有类似已实施的技术。

环境效益：主要考虑该方案是否可以减少废弃物的数量和毒性，是否能改善工人的操作环境，等等。

经济效益：主要考虑投资和运行费用能否承受得起，是否有经济效益，能否减少废弃物的处理处置费用，等等。

实施难易程度：主要考虑是否在现有的场地、公用设施、技术人员等条件下即可实施或稍作改进即可实施，实施的时间长短，等等。

方案的筛选方法很多，有简易的筛选方法、模糊数学法、层次分析法、灰色关联度法等。

这里采用简易的筛选方法对中/高费方案进行初步筛选，主要筛选因子为技术可行性、经济效益、环境效益、实施的难易程度等。中/高费方案中 18、19 方案均符合。

（9）汇总筛选结果

汇总筛选方案的过程，实质上是抓好企业清洁生产的一个关键环节，涉及企业清洁生产近期目标、中期目标和持续搞好清洁生产的关键所在。经过初步筛选，将选出无/低费方案、推荐可行性分析的中/高费方案和暂时放弃的方案，其筛选结果如表 9-26 所示。

表 9-26　方案筛选汇总

筛选类型	方案编号
无/低费方案	1～17
推荐可行性分析的中/高费方案	18、19
暂时放弃的方案	无

对筛选出的方案，按照先易后难、边审核边改进的原则，进一步严格生产管理，加强设

备维修、维护，同时结合企业资金筹集情况和技术改造实际需要，将分批分期对上述方案进行实施。对投入较大的方案，在可行性分析的基础上，逐步实施。

（10）持续清洁生产

持续清洁生产是企业本轮清洁生产审核的最后一个阶段。目的是使清洁生产工作在企业内长期、持续地推行下去。本阶段工作重点是建立管理清洁生产工作的组织机构，建立实施清洁生产的长效管理制度，制定持续清洁生产计划。

清洁生产审核工作存在很大程度上的局限性和片面性，因此，一轮清洁生产审核工作的结束不是整个清洁生产工作的结束，相反，却是下一轮清洁生产审核工作的开始，即清洁生产要具有连续性。某一轮清洁生产审核，由于时间、资金、经验等不足，企业许多清洁生产潜力没有被发掘，清洁生产机会没有被发现。通过持续清洁生产，巩固上轮方案的实施效果，继续实施上轮未实施的方案，进一步寻找新的清洁生产方案，从而保证清洁生产给企业源源不断地带来效益。

（11）建立和完善清洁生产组织

清洁生产是一项有始无终的工作，因此必须设置一个固定的机构，安排稳定的工作人员来组织协调这方面工作，以巩固已取得的清洁生产成果，并使清洁生产工作持久地开展下去。根据企业目前的情况，做到"两个不散、一个建立"，即全厂清洁生产领导小组不散，全厂清洁审核工作小组不散，建立清洁生产管理中心。

建立和完善清洁生产管理制度：

① 巩固清洁生产审核成果。厂部设置清洁生产管理中心，副总经理负责日常清洁生产工作，将审核成果纳入企业日常管理。

学习宣传清洁生产法规和观念，建立清洁生产定期培训制度。提高全厂对企业开展清洁生产的重要性、必要性认识。

加强全厂水、电、汽管理，健全水、电消耗周报制度，了解每周水、电、汽消耗量，控制水、电、汽消耗，节约成本。

严格产品质量管理，降低复修率。质量不合格，返回复修是最大的浪费，此项工作纳入清洁是管理范围，加强工艺操作管理，完善一等品核件制方案，奖优罚劣，提高产品质量，增强市场竞争力。

② 建立和完善清洁生产激励机制。为了鼓励广大职工积极参与清洁生产，多提合理化建议，厂部将对在清洁生产工作中表现突出的、提出合理化建议、方案被采纳的，工艺改进有突破的，研究开发出清洁生产成果的，根据贡献大小，给予精神表彰和物质奖励。

③ 清洁生产资金来源管理。凡企业确定的高费方案，由厂部采用各种不同方法，统筹解决。

企业确定的中费方案，由厂部在开展清洁生产中获得效益部分，自行解决。

无/低费方案，列入全厂成本费用开支。

（12）制定持续清洁生产计划

为持续推动企业清洁生产工作，达到经济、社会、环境协调发展，增强企业的综合竞争力，达到经济的可持续发展，特制定中远期清洁生产方案设想。

第一步，在污水处理设施（新厂区）西污水二期预留空地，建氧化塘（人工河道），对排放水进行储存。考虑进行养鱼实验。

第二步，对氧化塘水质在澄清过滤等初步处理下，设置中水回用泵站，供新厂区消防用水、冷却用水、喷汽车间用水、基建用水、冲洗地面用水、厕所用水等。

第三步，深度处理后，甚至可解决后整理工业用水。

（13）编制清洁生产审核报告书

清洁生产审核报告是对本轮清洁生产活动的总结，清洁生产审核报告要求内容翔实、数据准确，具有说服力和影响力，内容要包括整个审核过程，要突出重点，根据本企业特点、本企业实际情况进行编写，编写完成后要在企业各部门进行推广学习。

9.3.4 啤酒厂清洁生产案例

9.3.4.1 企业概况

南方某啤酒公司始建于 1987 年，借助雄厚资金的优势，企业迅速发展。现占地面积 800 余亩，拥有总资产 2.3 亿元，年啤酒生产能力 25 万吨，是国内大型啤酒生产企业。

公司设备先进、技术力量雄厚，拥有世界上先进的德国 Huppmann 全自动酿造设备，瑞士 Filtrox 滤酒系统，德国克朗斯、意大利萨希布贴标机，Kettner（凯特纳）、Ocme（澳柯米）包箱机，法国 Imaje 喷码机，荷兰 Skalar 全自动啤酒分析仪和美国整套易拉罐生产线。糖化、发酵使用微机控制，罐装采用预抽真空、CO_2 备压的先进避氧技术，重要和特殊岗位均有大专以上学历的专业技术人员操作。与××啤酒集团合资后，该公司经常派人到总部学习，并请国内外专家亲自到公司生产现场指导。国际一流的设备、优中选优的原料、得天独厚的××山矿泉水以及世界先进的技术，为酿造高品质的啤酒提供了可靠的保证。

9.3.4.2 生产工艺（图 9-11）

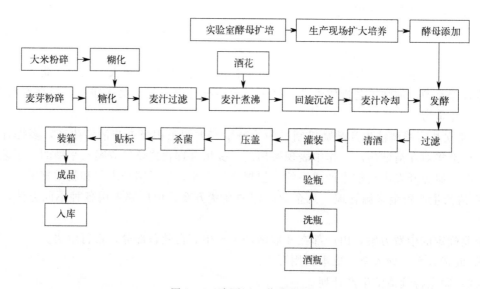

图 9-11   啤酒厂工艺流程图

9.3.4.3 清洁生产审核

该啤酒厂主要存在的污染问题原因分析：

①原辅料受潮导致原辅料质量下降；②电力浪费现象严重；③车间人员积极性不高，节能减排意识不强，未严格按照工艺操作流程进行操作。

（1）确定审核重点

经过对公司的审核调查及横向纵向对比，初步认为公司在生产过程中，工艺技术比较先进，能耗、水耗较小，且有些部位经过简单的改进即可迅速见到经济及环境效益。为此，审核小组在全面考虑公司财力、物力、技术及其他客观因素的基础上，确定了5个备选审核重点，分别为糖化车间、发酵车间、包装车间、动力车间、锅炉车间。

确定了清洁生产审核备选重点后，审核小组决定通过权重总和计分排序法对5个备选审核重点进行筛选，最终选出我公司本次清洁生产审核的重点，见表9-27。

表9-27　审计重点确定表

因素	权重 W	备选审计重点得分									
		糖化车间		锅炉车间		包装车间		动力车间		发酵车间	
		R	RW	R	RW	R	RW	R	RW	R	RW
废弃物量	10	10	100	6	60	8	80	5	50	9	90
主要消耗	9	7	63	5	45	10	90	6	54	8	72
环保费用	8	8	64	6	48	10	80	5	40	7	56
废弃物毒性	7	9	63	7	49	8	56	6	42	10	70
市场发展潜力	5	7	35	8	40	9	45	10	50	5	25
车间积极性	2	9	18	8	16	10	20	6	12	7	14
总分∑(RW)			343		258		371		248		327
排序			2		4		1		5		3

（2）设置清洁生产目标

清洁生产目标是针对审核重点设置具有定量化、可操作性的指标。通过这些硬性指标的实施，实现减污、降耗、节能、增效的目的，从而达到循序渐进、有层次地实现清洁生产。

根据审核重点的综合管理情况，以期通过加强管理、技术革新、工艺改进、设备改造等措施，分别达到如表9-28所示清洁生产目标。

表9-28　清洁生产目标

项目	现状	目标	相对量/%
千升酒耗电/[(kW·h)/kL]	92.06	86.45	6.09
千升酒耗水/[(kW·h)/kL]	8.3	8.2	1.2
千升酒耗气/[(kW·h)/kL]	1.05	1	4.76
酒损/%	5.1	4.6	9.8
瓶损/%	0.69	0.61	11.59

（3）无/低费方案提出与实施

无/低费方案指的是基本不需要投入资金或者资金投入量小于2万元的方案，这些方案主要包括加强管理和提高职工清洁生产意识等方面的内容。针对审核重点以及清洁生产目标，结合实际情况提出表9-29所示无/低费方案。

表9-29　无/低费方案

方案名称	方案简介	预计投资	效益估算	
			环境效益	经济效益
防止原辅料变质	加强仓库管理,改善原辅料储存环境	无	—	5000元/a
提高对原辅材料的质量要求	对于原辅材料进场要求提高	无	—	5000元/a

续表

方案名称	方案简介	预计投资	效益估算	
			环境效益	经济效益
加强现场监督	杜绝浪费现象发生	无	—	减少浪费
节约用电	减少电耗	无	—	6000 元/a
加强对员工操作技能的培养	规范员工对工艺流程实际操作	1 万元	—	1 万元/a
对员工进行清洁生产宣传教育	提高员工的节能减排意识	无	—	减少浪费

（4）中/高费方案提出与实施

中/高费方案是指涉及科技革新、先进工艺和先进设备的应用，投资相对较高，需要进行技术经济分析的方案。不同行业对中/高费方案的投资额的界定不同，如煤炭企业一般将15 万元以上的方案定为中/高费方案。与无/低费方案相比较，中/高费方案更多地会涉及技术改进和设备改造等方面的内容，需要的投资量较大。由于受资金的限制，中/高费方案需要经过初步筛选以及详细的可行性分析后才可实施。中/高费清洁生产方案如表 9-30 所示。

表 9-30　中/高费方案

方案名称	方案简介	预计投资	效益估算	
			环境效益	经济效益
洗瓶机碱液回收	减少废碱水的排放	30 万元	减轻环境污染	20 万元/a
冷却水循环系统改造	建设一台冷却水冷却塔,使冷却水实现循环利用	80 万元	—	45 万元/a
废酒糟回收	将废酒糟回收作为饲料出售	100 万元	减少废酒糟排放	60 万元/a

采用简易的筛选方法进行筛选，主要筛选因子为技术可行性、经济可行性、环境效益、实施的难易程度、对生产和产品的影响等。通过筛选后以上 3 个方案均可执行。

（5）评估

无/低费方案、中/高费方案实施以后，取得了良好的效益，见表 9-31。

表 9-31　方案实施成果汇总表

项目	审核前消耗指标	审核后消耗指标	完成情况
千升酒耗电/[(kW·h)/kL]	92.06	80.13	完成
千升酒耗水/[(kW·h)/kL]	8.3	8.0	完成
千升酒耗气/[(kW·h)/kL]	1.05	0.92	完成
酒损/%	5.1	4.3	完成
瓶损/%	0.69	0.61	完成

（6）持续清洁生产

清洁生产并非一朝一夕就可完成，因此，公司清洁生产组织机构成员根据公司内部的实际情况，通过有组织、有计划地内部员工培训，一方面使每一位员工都能认识和了解清洁生产的意义，掌握清洁生产的方法，从而自发地产生清洁生产意识，自觉地发现清洁生产机会，立足各自岗位，积极地为公司建言献策；另一方面公司可通过有效的激励机制，建立清洁生产奖励基金，公开重奖清洁生产方面有突出贡献的先进集体和个人，从而把持续清洁生产工作有声有色地开展下去。通过实施清洁生产方案，取得了比较显著的环境效益和经济效益。

第一，无/低费清洁生产方案投资少、见效快，本轮清洁生产审核中提出的无/低费方案中，多数有明显的经济效益和环境效益。企业通过无/低费方案的实施，以极少的代价获得了较高的经济效益和环境效益，激发了企业参与审核工作的热情。

第二，本轮审核找出了一些在生产过程中的污染物产生的环节及部位并分析了原因，有的放矢地提出了解决办法，这有利于在今后的生产过程中予以持续、重点地关注。

第三，清洁生产审核对提高企业的管理水平有很好的促进作用。公司针对在审核中发现的问题，制定和完善了各项规章制度和操作规程。

第四，通过清洁生产审核，员工的环保观念和节约意识均有提高。在无/低费方案的产生过程中，广大员工群策群力，根据平时积累的工作经验，提出了不少有建设性的方案。

啤酒行业持续清洁生产的措施主要有以下几个方面：

① 把审核成果纳入企业的日常管理。把清洁生产的审核成果及时纳入企业的日常管理轨道，是巩固清洁生产成效、防止走过场的重要手段，特别是通过清洁生产审核产生的一些无/低费方案，如何使它们形成制度显得尤为重要。

a. 把清洁生产审核提出的加强管理的措施文件化，形成制度；

b. 把清洁生产审核提出的岗位操作改进措施制度化，写入岗位的操作规程，并要求严格遵照执行；

c. 把清洁生产审核提出的工艺过程控制的改进措施规范化，写入企业的技术规范。

② 建立和完善清洁生产激励机制。将奖金、工资分配、提升、降级、上岗、下岗、表彰、批评等诸多方面，充分与清洁生产挂钩，建立清洁生产激励机制，以调动全体职工参与清洁生产的积极性。

③ 保证稳定的清洁生产资金来源。清洁生产的资金来源可以有多种渠道，例如贷款、集资等，但是清洁生产管理制度的一项重要作用是保证实施清洁生产所产生的经济效益全部或部分地用于清洁生产和清洁生产审核，以持续滚动地推进清洁生产。建议企业财务对清洁生产的投资和效益单独建账。

④ 节能。在持续清洁生产过程中，建议企业从以下几个方面系统开展节能工作：

a. 在企业的主要耗电设备方面，通过加强管理，改善设备工作环境等措施，提高设备工作效率，重点控制设备的空转时间；

b. 在设备实际使用功率测试的基础上，通过设备变频改造或安装节电器，提高耗电设备的使用效率；

c. 加强用电管理，建立生产车间能源计量考核系统，从管理上提高能源利用效率，减少能源损耗；

d. 企业配备的能源管理人员应不断加强能源管理和能源审核方面知识的学习，配备必要的检测设备，对公司重要用能部位制定定期统计、考核、测试的计划，发现节能的潜力和空间。

⑤ 完善环保管理和末端处理设施：

a. 完善环保设施，并加强管理，确保污染物稳定达标排放，尤其要加强对环保设施的日常管理；

b. 加强固体废弃物管理，合理利用固体废弃物；

c. 进一步加强生产过程操作管理，减少生产过程不合格品产生；

d. 做好职业健康安全管理，加强安全培训教育，提高文明生产意识；

e. 加强对危险废物管理制度，实行"五联单制度"处理后的污泥应委托有资质的单位处置。

（7）编制清洁生产审核报告书

清洁生产审核报告是对本轮清洁生产活动的总结，清洁生产审核报告要求内容翔实、数据准确，具有说服力和影响力，内容要包括整个审核过程，要突出重点，根据本企业特点、本企业实际情况进行编写，编写完成后要在企业各部门进行推广学习。

9.4 药品生产行业清洁生产

9.4.1 企业概况

××市某药业有限责任公司位于××市××区东部，交通十分便利，地理位置好。该公司始建于1971年，于2007年2月被某化工有限公司收购，现为国有控股企业，注册资本为2130万元，现有员工448人，拥有资产7971万元，厂区占地面积为69000m^2，其中生产用地约为47700m^2。公司于2001～2004年先后三次共投资3300万元，对大容量注射剂生产车间、小容量注射剂生产车间及固体制剂（片剂、散剂）生产车间、液体制剂（搽剂）生产车间、植物提取物生产车间等进行GMP（药品生产管理规范）技术改造，全部通过国家GMP认证并取得了药品CMP证书。通过GMP技术改造，该公司成为了以大容量注射剂为主、中成药为辅，拥有110个国药准字药品批准文号，集化学药和中成药为一体的制药企业。

9.4.2 清洁生产审核

（1）企业的主要产品和生产工艺

公司主产品的年设计生产能力为：大容量注射剂2亿瓶（包括100mL、250mL及500mL的葡萄糖注射液、葡萄糖氯化钠注射液、甘露醇注射液、右旋糖酐注射液等）、小容量注射剂1亿支（以规格10mL计，包括碳酸氢钠注射剂、氯化钾注射剂等）。公司2005～2007年的产品情况见表9-32和表9-33。

表9-32 公司2005～2007年主要产品情况汇总

序号	产品名称	单位	产量		
			2005年	2006年	2007年
1	大容量注射剂	万瓶	7958	12393	11870
			合格率94.5%	合格率95%	合格率95.3%
2	小容量注射剂	万支	8988	6399	6198

表9-33 公司2005～2007年主要产品产值及其占总产值比重表

序号	产品名称	2005年		2006年		2007年	
		产值/万元	占总值比重/%	产值/万元	占总值比重/%	产值/万元	占总值比重/%
1	大容量注射剂	80080	98.3	113959	99.1	111546	99.5
2	小容量注射剂						

（2）企业的审核过程概述

该药业有限责任公司的清洁生产审核工作于2008年8月开始，于2009年5月结束。整个审核过程按照清洁生产审核方法学要求共开展了七个阶段的工作，即筹划和组织、预评估、评估、方案产生和筛选、可行性分析、方案实施和持续清洁生产。

2008年8月，公司成立了清洁生产审核（领导）小组，审核（领导）小组组长由副总经理担任，副组长由公司生产部副部长担任，审核（领导）小组成员由公司的管理及技术负责人员组成。通过清洁生产培训后，审核小组结合公司具体情况制定了公司清洁生产审核工作计划，并开展了广泛的宣传，消除了公司内部存在的有关清洁生产的各种认知障碍，使广大干部、员工都认识到开展清洁生产的必要性及意义，积极参与，将清洁生产思想自觉转化为指导生产操作的行动。

为了摸清企业污染现状和产污重点，审核小组从生产全过程出发，对企业现状进行了调研和考察，并通过定性比较及定量分析，把"大容量车间"确定为本轮清洁生产审核的重点。根据审核重点的实际情况及清洁生产目标的设置原则和依据，设置了本轮清洁生产审核目标，见表9-34。

表9-34 清洁生产审核目标

序号	项目	现状	近期目标		远期目标	
			绝对量	相对量	绝对量	相对量
1	大输液注射剂合格率/%	95.3	95.8	—	97	—
2	每万瓶大输液注射剂的耗电量/(kW·h/万瓶)	325.2	320	−1.6%	309	−5%

审核小组对审核重点的输入输出物质流动开展了实测，并建立了审核重点的物料平衡、水平衡和电平衡。通过物料平衡分析，发现了物料流失的环节，并找出了废弃物产生的原因，为清洁生产方案的产生提供了依据。在此基础上，审核小组除通过广泛收集国内外同行业先进技术、组织行业专家进行技术咨询等方式产生方案外，还广泛发动员工积极提出清洁生产方案，共提出清洁生产方案23项，其中无/低费方案20项，中/高费方案3项。

按照"边审核、边实施、边见效"的"三边"原则，20项无/低费方案已在本轮审核过程中逐项实施，截至2009年4月，3个中/高费方案均已实施。同时，所设定的清洁生产近期目标均已实现，详见表9-35。

表9-35 清洁生产近期目标与审核后指标对比

序号	指标	审核前	审核后（绝对量）	近期审核目标
1	大输液产品合格率/%	95.3	95.8	95.8
2	每万瓶大输液注射剂的耗电量/(kW·h/万瓶)	325.2	320	320

为了做好公司的持续清洁生产，公司决定在现有清洁生产审核小组的基础上，优化人员组合，把清洁生产办公室作为公司推行清洁生产的常设机构，并设于公司生产部内，总体负责公司的清洁生产工作。同时，公司还进一步完善了清洁生产管理制度和清洁生产激励机制，并制定了持续清洁生产计划。

（3）清洁生产审核

本轮清洁生产审核共产生并实施完成清洁生产方案23项，其中无/低费方案20项，中/高费方案3项。已实施的无/低费方案和中/高费方案的实施效果分别见表9-36和表9-37。（注：投资在2万元以下的方案是无/低费方案，2万元以上的是中/高费方案。）

表 9-36　已实施的无/低费清洁生产方案实施效果汇总

序号	方案名称	投资/万元	经济效益	环境效益
1	优化煤质燃烧条件	0	提高燃烧效率,节约燃煤	减少烟气中 SO_2 和烟尘排放量
2	增加药业过滤系统清洁处理的频率	0	—	提高产品合格率
3	检修引风机	0.23	—	—
4	检修注射用水多级泵	0.16	—	—
5	检修锅炉给水泵	0.12	—	—
6	检修 15t/h 反渗透系统	0.11	—	—
7	检修卡箱式球阀	0.03	—	—
8	更换♯1线洗灌一体机直齿轮	0.04	—	—
9	更换浮子开关	0.01	—	—
10	严格控制灭菌柜的消毒温度	0	—	—
11	收集破损输液瓶	0	节约固废处置费用约 3 万元/a	减少废玻璃瓶产生量
12	收集不合格产品的胶塞和铝盖	0	节约固废处置费用约 2.8 万元	减少固体废物的产生量
13	增加生产运行批次规模	0	节约废弃物处理处置费用	减少一批次生产过程产生的废弃物
14	使生产的批量最大化以减少清洗频率	0	—	减少清洗废水产生量
15	节约办公用电	0	节约电费	—
16	加强岗位技能培训	0	减少因为操作不当造成的损失	—
17	打印复印耗材管理	0	—	减少耗材废料量
18	锅炉房场地打扫	0	每天可节约用水约 0.5t	—
19	建立清洁生产管理制度	0	—	—
20	鼓励员工在职学习	0	—	—

注:方案总投资为 7000 元;节约固废处置费用约 5.8 万元/a;节约用水 150t/a。

表 9-37　已实施的中/高费清洁生产方案实施效果汇总

序号	方案名称	投资/万元	经济效益	环境效益
1	改造大容量车间空气净化调节系统	13	提高产品合格率 0.5%,使企业获利 62.5 万元/a	确保大容量车间空气洁净度
2	更换白炽灯为节能灯	2	每年可节约电 61200kW·h,节约电费 30600 元	—
3	循环利用大容量车间冷凝水	2.1	每年可节约燃煤 280t,节约生产成本 151200 元	每年减少废水排放 32400t,提高废水循环利用率

注:方案总投资为 17.1 万元。

　　总体来说,本轮清洁生产方案总投资 17.8 万元,方案实施后减少废水排放 32400t/a、节约电量 61200(kW·h)/a、节约燃煤 280t/a、节约用水 150t/a,总经济效益为 86.48 万元/a。

　　(4) 典型的清洁生产方案

　　① 改造空气净化调节系统。审核前大容量车间的空气净化调节系统的过滤器会出现一定问题,设备运行效率低。改造空气净化调节系统主要是更换初效、中效、高效过滤器,而空气洁净度是保证产品合格率必要的环境条件,尤其是灌装间、浓配间的空气洁净度,直接影响产品合格率。

　　方案实施后，进入生产车间的空气洁净度可达到 10000 级及局部达到 100 级，不但可以确保生产车间的空气洁净度，还能确保大输液注射剂的产品质量。方案实施后，产品合格率提高 0.5％，按 2008 年生产 1 亿瓶计算，即可多获得 50 万瓶合格产品，按 1.25 元/瓶计算，即可获得 62.5 万元的经济效益。

　　方案投资为 13 万元，投资偿还期为 0.208 年。

　　② 更换白炽灯为节能灯。由于缺乏节能意识，公司成品库、瓶库等用的都是照明度低的 150W 白炽灯，电耗较大。改造方案是把公司成品库、瓶库等约 60％ 以上的白炽灯更换成 65W 的节能灯，总共更换 200 支。

　　方案实施后，每年可节约电 61200kW·h，按 0.5 元/(kW·h) 计算，每年可节约电费 30600 元。

　　方案投资为 2 万元，投资偿还期为 0.654 年。

　　③ 循环利用大容量车间冷凝水。大容量车间灭菌柜冷凝水温度较高，且水质未受太大污染，但由于公司缺乏节能意识，大部分高温冷凝水均排到厂外，不仅影响外部环境，而且还浪费水资源。该方案是利用大容量车间灭菌柜冷凝水的高温特性，将大容量车间灭菌柜排出的冷却水（通常 60~70℃）全部用直径 108mm 管道排放到锅炉给水池内作为锅炉预热水。

　　方案实施后不仅能减少废水的排放量，降低锅炉煤耗，而且还能提高公司的废水循环利用率。据统计，方案实施后，每年可节约燃煤 280t，按 1t 煤 540 元计算，每年节约生产成本为 151200 元。

　　方案总投资为 2.1 万元，投资偿还期为 0.139 年。

9.5　建材行业清洁生产

9.5.1　企业概况

　　某水泥有限公司成立于 2005 年 12 月，是××省某特种水泥有限公司下属的全资子公司，属省、市"十一五"重点建设项目，注册资本 1 亿元。公司拥有两条 2500t/d 新型干法水泥熟料生产线，年生产各种水泥 200 万 t，并配套建设了两条 4.5MW 纯低温余热发电系统，年发电量可达 $5472×10^4$kW·h。公司年产值超过 6 亿元，可实现利税 1.5 亿元。公司采用了大量具有国际先进水平和我国自主知识产权的先进工艺和装备，是目前××省内区位优势最好、资源综合利用程度最高的节能环保型水泥生产企业。

9.5.2　企业的主要产品和生产工艺

　　公司主要产品分为两大类，即普通硅酸盐水泥和复合硅酸盐水泥。公司两条生产线分别于 2007 年 5 月和 9 月投入试运行，2008 年、2009 年公司的生产、能耗数据见表 9-38。

表 9-38　生产、能耗信息

年份	水泥产量/t	年平均利用时间/h	原煤消耗/t	电耗/(万 kW·h)
2008	1989219	7200	188797.36	17793.06
2009	2154869	7200	194443.53	18513.99

　　公司采用新型干法预热窑外分解的回转窑生产水泥熟料，是当前国内外水泥熟料先进生产工艺。工艺流程介绍如下。

① 原料制备：原材料由石灰石、黏土、铁粉、粉煤灰、砂岩组成。合格的石灰石、砂岩经破碎机破碎后入库，黏土、铁粉及粉煤灰进厂后分别入储库。以上原材料应严格控制水分并保证一定的粒度，确保磨机台时产量等于磨机总产量除以磨机实际运转时间。

② 生料粉磨：原材料从储库按一定的比例输送进入磨机，经研磨后，出来的合格生料经选粉机（不合格的生料经选粉机后重新输送进入磨机粉磨）后输送进入储库，进行均化，保证熟料煅烧系统质量的稳定。

③ 煤粉制备：合格原煤进厂后经煤破碎机破碎后进入原煤堆场进行预均化，再输送进入煤磨机粉磨，输出的磨煤粉经分离器后进入煤粉仓，通过转子秤计量、罗茨风机输送喷入分解炉和回转窑内煅烧熟料。

④ 熟料煅烧：制备好的生料从储库内输出并提升输送进入窑尾预热器内，生料经预热后进入回转窑内，在窑头喷入的煤粉高温煅烧下，温度达到 1300～1450℃，生料在从窑尾翻滚至窑头时被煅烧成熟料；熟料从窑头进入冷却机，逐渐冷却后经破碎机破碎后输送提升进入熟料储库。

⑤ 水泥制成：合格石膏经破碎后与储库内熟料、粉煤灰、石灰石按一定比例输送进入辊压机，初步破碎的物料进入水泥磨机内粉磨，经粉磨后合格的产品输送提升进入水泥库内均化并储存。

⑥ 水泥散装、包装：水泥库侧设有散装机，通过散装车销售出厂；储库内水泥经多库搭配下料输送并提升进入中间仓，经包装机包装成袋装水泥出厂。

公司主要设备情况见表 9-39。

表 9-39　公司主要设备

序号	设备名称	规格/型号	台数	完好率/%
1	原料磨	TRM36.4 辊式磨	2	100
2	回转窑	$\phi 4m \times 60m$	2	100
3	煤磨	$\phi 3m \times 6.5m + 2.5m$	2	100
4	辊压机	TRP140-110	2	100
5	破碎机	LPC-10\700R-LT	1	100
6	圆形堆取料机	YG400/80	1	100
7	旋风预热器带分解炉	$\phi 5100mm \times 28000mm$	2	100
8	斗式提升机	N-GTD630-86630mm 等	15	100
9	篦式冷却机	3.3m×21.7m	2	100
10	水泥磨	$\phi 4.2m \times 13m$	2	100
11	水泥包装机	BX-C 八嘴	3	100

9.5.3　清洁生产审核

（1）企业的审核过程概述

为了贯彻落实《中华人民共和国清洁生产促进法》，确保完成省、市政府下达的"十一五"期间主要污染物排放总量消减任务，进一步发掘企业清洁生产的潜力与机会，2009 年公司作为"中欧亚洲投资计划——西部 11 省清洁生产能力建设项目"确定的××省试点企业，积极遵循项目方法学的指导及《清洁生产促进法》等法律法规的要求开展清洁生产审核工作。

公司领导高度重视，根据审核要求，公司成立了以总经理为组长、副总经理为副组长，运行保障部、工艺技术部、综合管理部、财务部、余热发电站以及矿运、原料、烧成、制成、包装等部门（车间）技术骨干组成的清洁生产审核工作小组，并明确各自的工作职责，制定清洁生产审核工作计划，聘请××省循环经济发展促进中心和××省生产力促进中心的专家参与审核工作。

（2）清洁生产审核内容

清洁生产审核对污染或浪费的原因分析包括八个方面，审核小组运用清洁生产系统的分析思路，从这八个方面对公司现状作出评价，找到了企业目前存在的问题，主要反映在以下几个方面：

① 由于石灰石品位下降，其消耗量占比高且呈上升趋势。

② 生料电耗、熟料煤耗和水泥电耗与对应设备的产品产量线性相关度很低。

③ 部分设备磨损老化较快，实际效能发挥不够充分，或还不能达到相应性能指标，有些还在规格上存在偏差。

④ 从管理方面来看，员工队伍整体素质有待提高，主要体现在：a. 部分专业技术人员和管理人员的责任心不强，工作积极性、主动性不高，发现问题、分析问题、解决问题的能力有待提高；b. 个别员工勤俭节约的意识和艰苦奋斗的作风淡薄，节水、节电意识有待加强，尤其是在设备维护、修理上，成本意识有待进一步提高。

另据国家发展和改革委员会《水泥行业清洁生产评价指标体系（试行）》评价企业的清洁生产水平，企业的污染物排放、综合利用、产品品质和清洁生产管理均达到先进指标，但能源消耗指标稍高。

根据预审核发现的问题，公司将"在石灰石品位下降的情况下，提高熟料强度，从而提高混合材掺量"的工艺难题确定为审核重点，确定了本轮清洁生产审核的目标，并在审核重点区域，开展了深入的审核工作。

具体的清洁生产目标确定为混合材掺量增加后带来的"煤耗、电耗的降低"和"混合材掺量的提高"，见表 9-40。

截至 2009 年 12 月底，通过 28 项清洁生产方案的实施，公司标准煤耗由 2008 年的 120.0kgce/t 下降到 107.13kgce/t；电耗由 88.12(kW·h)/t 下降到 86.45(kW·h)/t；混合材掺量为 582901.5t，比 2008 年多利用 21179.6t，均实现了本轮清洁生产目标（表 9-40）。

表 9-40　清洁生产目标及完成情况

序号	项目	2008 年现状	清洁生产目标（2009 年 12 月）		目标完成情况（2009 年 12 月）	
			绝对值	相对值/%	绝对值	相对值/%
1	标准煤耗/(kgce/t)	120.0	119.0	−0.83	107.13	−10.73
2	电耗/[(kW·h)/t]	88.12	88.10	−0.02	86.45	−1.90
3	混合材掺量/t	561721.9	570000	+1.47	582901.5	+3.77

注：2009 年原料石灰石品位发生很大变化，直接影响到熟料强度，进而影响到混合材的掺加量。审核小组对石灰石品位继续下降的预测还较强，另考虑到 2009 年生产 52.5 高号标号水泥的量比 2008 年有很大增长，商标号水泥基本不掺加混合材，综合分析后将"混合材掺量"的目标确定为 570000t。

本轮清洁生产审核共分类汇总出清洁生产方案 28 项，其中无/低费方案 23 项，中/高费方案 5 项。23 项无/低费方案因投资少、见效快、技术成熟，均可以直接实施。5 项中/高费方案，通过技术、环境和经济评估均可行。公司统筹规划，制定了中/高费方案的实施计划。截至 2009 年 12 月，5 项方案均已实施完成，并通过验收。

清洁生产方案从提出到实施的时间比较短，根据实施后几个月的效益表现，审核小组对方案的年度实施效果进行预测、汇总，并将持续观察方案的实施效果，核准更新数据，见表 9-41 和表 9-42。

表 9-41　提出并实施的无/低费方案

方案类别	方案编号	方案名称	方案内容	投资/万元	效益	
					环境效益	经济效益
员工	F1	加强对岗位员工的技术培训	针对全公司各个岗位,由各相应的专职负责人对本岗位员工进行理论培训和现场实际培训考试,提高全体员工的技术水平	0	节能降耗	提高操作水平的运行效率,保障生产安全稳定
	F2	加强员工思想意识教育	提高员工的主人翁责任感和环境意识,使广大职工积极参与清洁生产工作	0	节能降耗	提高操作水平的运行效率
	F3	向同行业企业学习、交流	组织员工去兄弟企业参观和实践学习	1	—	提高员工业务能力和综合素质
管理	F4	加强环保监控	加强与环境监测部门的联系,准确及时地监控污染物的排放情况	0	减少环境污染	—
	F5	加强巡视检查	加强巡回检查,及时发现问题,杜绝"跑、冒、滴、漏"事故的发生	0	减少污染	使资源能源得到充分利用
	F6	加强设备管理	改善改进设备的维修维护管理,加强现场管理,减少各种"跑、冒、滴、漏"	0	节能降耗	提高设备利用率
	F7	加强大修期间废油管理	机组大修期间,禁止废油和油布扔入下水,采取统一回收、处理	0	减少污染物的排放	—
	F8	加强进厂原燃材料质量管理	加强对原燃材料取样化验工作,对不合格的拒收,杜绝进入厂内	0	节能降耗	减少原燃材料使用成本
	F9	加强设备润滑管理	对大型油站按质换油,小型的按周期进行换油,确保设备高效运转,提高设备运转率	4	减少油品浪费,从而减少其对土壤的污染等	提高设备运转率(基本可达 90%以上)
	F10	加强设备润滑精细化管理	加强润滑管理工作,及时引进新技术油品,保证设备润滑良好	2	减少停机,减少废物产出	保证安全运转
	F11	错峰生产	白天电费高,晚上电费低,采取避峰生产降低电力成本	0	—	节约电费 500 万/a
	F12	加强厂区车辆运输管理	加强运输道路清洁、绿化,及时修复道路减速带,控制车辆行驶速度	0	减少二次扬尘	—
	F14	对计量设备定期校验	定期对电子皮带秤、流量计、汽车地磅等计量设备校验,确保计量准确	2	—	确保物料配比合理,减少物料损失
	F15	化验室取样量走上限	取样过程中,取样量走上限(最少的取样量)	0	减少固废排放	节约原材料,减少过程浪费
	F16	粉煤灰计量装置的改造	安装星形给料机,采用变频控制	2	解决粉煤灰下料时淌料和螺旋绞刀卡死现象,提高粉煤灰利用率	保证水泥品质稳定

方案类别	方案编号	方案名称	方案内容	投资/万元	效益	
					环境效益	经济效益
废弃物综合利用	F17	化验室成型、破型废料试块回收	将化检室成型、破型废料试块回收入熟料库	0	减少固废的产生	—
	F18	2#窑尾收尘器、加筛网	在下料锥斗与拉链机连接处加筛网	1	避免掉袋拉链机卡死影响除尘器正常工作，减少粉尘排放	避免滤袋卡死拉链机造成的停机损失，可节约 20 万元/a
	F20	煤粉仓收尘管道改造	将原来一线两套煤粉仓共用一根收尘管道改为两根收尘管道分别进入袋收尘	0.6	减少煤灰的排放	提高除尘效率
	F21	余热发电站主厂房疏水回收	将余热电站疏水排水收集到水池内，用增压泵打入循环水池使用	1	减少废水排放量，节约新鲜水 10t/h，全年可节约 7.2 万 t	节约水费 14.4 万元
过程控制	F24	减少事故停窑次数	加强回转窑的运行工作，及时查看窑况，发现问题及时处理，减少事故停窑次数，提高窑运转率	0	提高环保意识，减少废物、废气的产生，年可节电 100 万 kW·h	提高煅烧燃料的品质，从而提高台时产量降低电耗，节约电费 31 万元/a
	F25	硫酸渣、脱硫石膏下料斗改造	更改下料斗角度，镶砌耐磨板，加装空气炮	8	提高硫酸渣、脱硫石膏利用率	—
	F26	1、2#分解炉燃烧优化调整	根据 1、2#分解炉运行情况，进行不同风量、风压下的燃烧试验调整，保证分解炉的正常高效燃烧，降低煤耗	3	调整后，观察计量 3 个月的煤耗，同 2008 年同期煤耗进行比较，折合到相同的产量水平下，全年可节煤 7200t，并提高煤的燃烧效率，减少 CO_2、SO_2、NO_x 的排放	节约的燃煤合 297 万元/a
资源利用	F28	原料配比调整	矿山上土渣与石灰石、高品位与低品位石灰石合理搭配，杜绝尾矿废的产生，同时保证熟料强度	0	原料配比调整后，可提高资源利用率，提高台时产量，降低电耗，节电 1440(kW·h)/a	提高生料的易磨性，可节约电费 446 元/a

表 9-42　提出并实施的中/高费方案

方案类别	方案编号	方案名称	方案内容	投资/万元	效益	
					环境效益	经济效益
工艺技术	F13	定期更换选粉机转子	定期检查选粉机，及时更换磨损的选粉机转子，确保煤粉细度合适	16	可节约燃煤 1400t/a 并减少 CO_2、SO_2、NO_x 的排放	节约的燃煤合 57.855 万元/a
	F19	水泥调配站增加一台收尘器	水泥调配站扬尘大，增加一台收尘器，解决冒灰	10	减少粉尘排放，每小时可回收混合料粉 0.2t，全年可回收 1000t	回收的混合料粉合 14 万元/a
设备	F22	新增过滤润滑油装置	购买一台滤油机对大型油站进行在线过滤	10	减少废油排放对土壤的污染	使用滤油机每年可节约 30 桶左右润滑油，即可节约成本 9 万元/a
	F23	回转窑定期检修	定期对回转窑进行检查，及时更换损坏耐火砖、窑尾下料舌头、窑口护铁、五级旋风筒内筒等设备	150	减少窑故障时的烟尘排放	减少回转窑故障造成经济损失 200 万元/a
产品	F27	增设水泥散装设备	在水泥库侧，增设散装设备，加大散装水泥的销售	300	减少了包装工序，节约大量的资源、能源，减少扬尘	降低成本，每吨散装水泥可以减少包装成本 10 元/a，年节约资金 1000 万元

　　根据方案实施的实际效果，将无/低费方案和中/高费方案实施的效果进行汇总，得到的成效是：

　　无/低费方案共实施 23 项，总投资 24.6 万元，共可节电 100.144（kW·h）/a、节煤 7200t/a、总节约量折合标准煤 5266.1t/a，共可节水 72000t/a，可减排 CO_2 12819t/a、减排 SO_2 386t/a、减排 NO_x 193.5t/a，其他效益还体现在减少油品浪费、提高粉煤灰利用率、减少粉尘排放、提高煤的燃烧效率、提高资源利用率、提高设备台时产量等方面，折合经济效益 861.4 万元/a。

　　中/高费方案共实施 5 项，总投资 486 万元，原材料可实现节约混合料粉 1000t/a；可实现节煤 1400t/a（折合标准煤 1000t/a），实现减排 CO_2 2492t/a、SO_2 75t/a、NO_x 37.5t/a。总经济效益可达 1280.855 万元/a。

　　综合无/低费方案和中/高费方案的实施效果，企业总投资 510.6 万元，年总经济效益 2142.255 万元，投资回收期不到 3 个月。

　　（3）典型的清洁生产方案

　　① 设备润滑管理。以前各车间存在用油过量的问题，导致漏油、发热或缺油、润滑不良、设备事故等现象，还存在润滑油（脂）未及时更换、过期的润滑油（脂）仍在使用，造成设备不能正常运转的问题，大、小型设备润滑油站更换过的润滑油也没有重复利用，浪费较大。经分析，造成以上不合理现象的原因是车间没有详细的设备润滑管理制度，没有具体量化的考量指标。

　　针对以上问题，制定的方案为完善车间设备润滑管理制度，对大型油站按质换油，小型油站按周期进行换油，确保设备高效运转。具体为：a. 制定设备润滑量化指标；b. 制定润滑油审批领用程序；c. 重复利用已使用的润滑油；d. 在车间内设置专门的油品管理区；e. 制定润滑油管理方案。

　　此方案（表 9-41 中 F9）共投资 4 万元，实施后有效地减少了油品浪费，从而减少了其对环境的影响；同时设备的运转率可达到 90% 以上，提高了设备运转率。

　　② 硫酸渣、脱硫石膏下料斗改造。方案实施前，硫酸渣、脱硫石膏下料不畅、易堵料，硫酸渣、脱硫石膏利用率低。工人劳动量大，主机设备空负荷运转时间长。经分析造成上述现象的原因是下料斗设计不合理。

　　针对以上问题，制定的方案为更改下料斗角度，镶砌耐磨板，加装空气炮。具体内容为：控制原材料入库水分，在辊压机、混合料提升机下料斗，镶砌 300mm×500mm×20mm 的耐磨衬板，采用 T 形螺栓固定下料斗。采用厚度为 10mm 钢板，按照实际尺寸放大 150mm 制作外壳，改衬板为浇注料，Y120 的扒钉，1.74m 长的直筒部分采用内插式分段连接，并加装 TGK 型号空气炮。

　　此方案（表 9-41 中 F25）投资 8 万元，改造后硫酸渣、脱硫石膏的利用率提高了 18%。

　　③ 增设水泥散装设备。公司 2008 年散装水泥出厂量占年产量的 40%。水泥散装技术已在水泥行业广泛应用，安装水泥散装设备可以带来以下几方面改善，包括：a. 有效对出磨、出厂散装水泥进行监控、检验，确保散装水泥各项性能指标 100% 合格；b. 周期季节性控制和增加散装水泥发运量，在旺季时日放散装量 7000t 以上，达到 100% 发放散装；c. 散装水泥减少了包装工序，节约了大量的包装用纸，保护了森林资源，每年可减少包装成本 1000 万元；d. 可以得到地方政府相关扶持资金的支持；e. 减少了扬尘，提高了劳动生产率，减轻了劳动强度，保护了员工的身体健康。

为此，公司决定在水泥库侧安装水泥散装设备，使散装水泥出厂量达到年产量的 80%。此方案（表 9-42F27）总投资 300 万元，年节约成本 1000 万元，投资回收期 0.3 年。

④ 原料配比调整。公司在石灰石矿山开采过程中，面临着矿山土渣含量较多的现实情况，给开采工作和石灰石质量的稳定性带来很大影响。在这些土渣中，由于开采面的不同含有不等数量的石灰石，如果将这些石灰石与优质石灰石伴生的土渣一起丢弃掉，对目前有限石灰石资源是一种浪费，因此需要建设专门的土渣坝来堆放。而建一座土渣排放坝又面临几个问题：一是建设投资费用较大，至少需要几百万元；二是申请报批手续比较复杂；三是土渣坝本身存在很大的安全隐患。

为杜绝尾矿固废的产生，同时保证熟料强度，公司决定矿山上土渣与石灰石、高品位与低品位石灰石合理搭配利用。此方案（表 9-41F28）不需要投资，通过原料的合理搭配，可提高资源利用率，提高生料的易磨性，从而提高设备台时产量，年可节电 1440kW·h。

9.6　汽车行业清洁生产（新能源汽车）

9.6.1　企业概况

汽车行业清洁生产主要是通过一系列技术革新，采用先进的汽车表面喷涂工艺（如 3C1B 水性紧凑型涂装工艺、免中涂技术）、使用清洁环境友好的涂料（如水性漆、高固体含量涂料等），以降低或避免对环境的污染和损害。清洁生产是一个持续改进的过程，通过一轮一轮不断地审核，逐步提升清洁生产水平。因此，清洁生产需要保持其可持续性，即持续清洁生产。通过开展清洁生产审核，推动和强化持续清洁生产，才可以扭转环境污染末端治理的被动局面，进而实现绿色工厂、绿色生产和绿色生活。

我国汽车行业经历了曲折漫长的成长过程，汽车行业以其产品结构复杂、生产流程多、工艺路线灵活为特点，已成为我国的支柱产业之一，对国民经济的发展起着举足轻重的作用。而在汽车行业的迅速成长过程中，存在着行业分散、产业链长、企业规模参差不齐、自主开发能力薄弱、生产成本高等诸多问题。随着以汽车为龙头的产业链的迅速壮大，环境问题亦越来越突出，人们为此也付出了沉重的代价。这在很大程度上限制了汽车行业的发展，降低了其影响力和竞争力。也正因为如此，汽车行业清洁生产逐步提上了日程。2010 年，国家环境保护部通过《关于深入推进重点企业清洁生产的通知》，将汽车行业纳入了《重点企业清洁生产分类管理名录》，文件规定汽车制造业须每 5 年组织开展一轮清洁生产审核。

汽车行业通过持续开展清洁生产，已经开发和形成一批节能减排的先进适用技术，并于 2012 年发布了《汽车行业节能减排先进适用技术指南（第一批）》，这对提升汽车行业清洁生产水平有着非常重要的指导意义。

9.6.2　工艺流程

汽车企业是技术与劳动力双密集型企业，汽车企业集中了大量的生产资料与劳动力。汽车企业的企业类型决定了其所拥有的生产资料的多样化，这就造成了汽车工业工艺的复杂化，同时也造成了汽车企业各个生产环节所需的能源、消耗的资源、产生的废弃物等的多样化。汽车企业的生产主要是由冲压工厂、工装工厂、焊装工厂、涂装工厂、总装工厂组成的。汽车主要生产流程为：冲压工厂的主要生产任务为将原材料钢板进行分割冲压成型为汽车车身各部件；焊装工厂将冲压毛坯件及外购件焊装为白车身，再经涂装工厂对白车身及部分配件进行喷漆加工；最后由总装工厂进行动力系统、电气系统、车身内外饰的装备工作，组装成成品车产品。图 9-12～图 9-15 为某汽车企业各分工厂的主要工艺流程图。

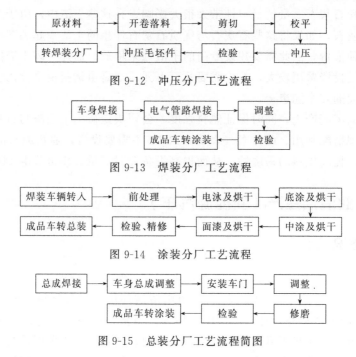

图 9-12 冲压分厂工艺流程

图 9-13 焊装分厂工艺流程

图 9-14 涂装分厂工艺流程

图 9-15 总装分厂工艺流程简图

9.6.3 清洁生产审核

（1）"三废"排放现状

废水：废水排放总量约为 $4.09 \times 10^4 \text{m}^3/\text{a}$。废水主要来自脱脂、磷化、电泳、喷漆废水及生活污水。其中非持久性污染物有 COD、石油类；持久性污染物有磷酸根、Zn 和 Ni；酸和碱（以 pH 表征）。表 9-43 为污染物平均排放浓度及折纯量。

表 9-43 污染物平均排放浓度及折纯量

污染物名称	COD	石油类	SS[①]	NH₃-N	锌	总镍	磷酸盐	pH
排放浓度/(mg/L)	75.8	5.3	80.8	2.28	2.13	0.32	0.56	6～8
排放量/(t/a)	10.68	0.89	11.39	0.32	0.29	0.045	0.078	

① SS 表示水质中的悬浮物。

废气排放：主要污染物为烘干炉燃烧轻柴油产生的 SO_2 以及打磨粉尘，其中 SO_2 排放量为 36.8t/a，粉尘排放量为 36.83t/a。

固废排放：固体废物排放量见表 9-44。

表 9-44 固体废物排放情况

序号	固废名称	排放量/(t/a)	类别及主要成分	处理方法
1	废钢板	200		收集外售
2	磷化槽滤渣	15.12	表面处理废物 Zn、Ni、PO_4^{3-}	无害化处置
3	电泳槽泥渣	12.25	表面处理废物树脂	无害化处置
4	漆渣	117.5	涂料废物	无害化处置

序号	固废名称	排放量/(t/a)	类别及主要成分	处理方法
5	含镍污泥	96.4		无害化处置
6	腻子	2.4		无害化处置
7	润滑油	4.8		无害化处置
	合计	448.5		

（2）清洁生产方案

经过长时间汇总以及商讨，该公司共提出 29 项清洁生产方案，其中无/低费方案共 23 项，高费方案 6 项。

无/低费方案主要通过管理手段对公司能源资源消耗进行节约，主要可分为规范使用能源资源与废弃物品再利用两大方面，方案详细内容见表 9-45。

表 9-45　无/低费清洁生产方案

方案编号	方案名称	提出部门	方案内容	预计效果	费用/万元
F1	加强管理合理下料	冲压分厂	采用标准尺寸合理排料冲件	节钢板 1.2t	无费
F2	机油循环利用	冲压分厂	制作导油槽防止机油流失使机油循环利用	节机油 0.3t	无费
F3	加强管理节约用电	冲压分厂	加强管理提高员工节约用电意识	节电 1200kW·h	无费
F4	加强工具管理	工装分厂	加强工具管理,利用率低的部门采用领用制度	节工具采购 20 套	无费
F5	废短钻头再利用	工装分厂	回收废短钻头,钻柄处加套管,使钻头加长再利用	节钻头 120 个	无费
F6	旧膜架维护再利用	工装分厂	通过维护、保养和设计调整,使分厂原有旧磨具数十套重复利用	节约原料成本	无费
F7	废物循利用	工装分厂	配备存放容器对生产过程中的废铁屑等循环利用	物资循环利用	无费
F8	废物循环利用	工装分厂	利用废旧钢材加工制作工位器具	节约原料成本	无费
F9	废物循环利用	焊装分厂	设置存料箱,对焊接试片循环利用	节原材料 60kg	无费
F10	节约用电	焊装分厂	加强管理,提高员工节电意识	节电 800kW·h	无费
F11	废溶剂综合利用	涂装分厂	将生产过程中产生的废溶剂等外售给具有环保资质的综合利用厂家	物资循环利用	无费
F12	废液综合利用	涂装分厂	预脱脂、脱脂废液作为保洁清洁剂使用	节清洁剂 0.3t	无费
F13	合理利用物料	涂装分厂	面漆前擦净的黏性布,再次利用到电泳打磨、中涂打磨擦净使用	节约原料成本	无费
F14	加强管理节约用水	总装分厂	加强管理解决长流水刷车	节水 800t	无费
F15	加强管理节约用电	总装分厂	加强管理,提高员工节约用电意识	节电 2000kW·h	无费

续表

方案编号	方案名称	提出部门	方案内容	预计效果	费用/万元
F16	加强量具管理	计量检测部	对量具使用不频繁的岗位采取借用制度	减少量具采购费用	无费
F17	加强打印纸管理	计量检测部	将打印错误的文件收集、整理在背面打印草稿等文件	节约打印纸用量	无费
F18	清仓挖潜	物流控制部	将库存积压物品进行清理整顿,根据生产情况重新制定各部门采购计划	避免物资浪费	无费
F19	严格采购标准	采购配套部	提高对零部件供应商的环保要求	提高产品质量	无费
F20	加强现场管理	设施能源部	对发现的"跑、冒、滴、漏"现象及时维修,减少资源、能源浪费	避免资源、能源浪费	无费
F21	加强生产过程监督	生产管理部	加大检查、考核力度,严格生产过程控制及物料摆放	提高工作环境质量	无费
F22	废弃物循环利用	生产管理部	公司范围内下发管理规定促进废弃物的循环利用	促进废弃物的循环利用	无费
F23	废水回用	生产管理部	将纯水制备过程中产生的浓水综合利用	节水 8000t	2.5

根据工艺需求、设备改善等方面提出投资费用较高的方案 6 项,下面 6 项高投资方案大部分涉及涂装分厂改造具体内容见表 9-46。

表 9-46　高费方案

方案编号	方案名称	方案内容	预计效果	费用
F24	涂装分厂电泳漆工艺、产品改造	涂装分厂进行工艺改造,并采用新型涂料	提高了面漆质量,降低VOC(挥发有机物)排放	350 万
F25	涂装分厂前处理工段多级逆流水洗	将第 2 次清洗水用作下批产品的第一次清洗水	水资源循环利用,创造经济效益	15 万
F26	采暖用气(热)改造	拆除厂区原有锅炉房,生产及采暖用气(热)由金山热电厂提供	避免了燃烧不充分所造成的资源浪费以及对环境所造成的污染,减少污染治理费用	供暖管道安装
F27	焊装分厂焊机更新	选用高效节能 MIG/MAG 气体保护焊机,代替手工电弧焊	综合能耗降低 40%,生产率提高 1.2～2.4 倍	焊机采购费用
F28	涂装分厂配备小型空压机	按照生产需求,合理调整设备配置,避免"大马拉小车"	节约电能,创造经济效益	36 万
F29	涂装分厂中央空调凝结水供暖	利用中央空调产生的高温凝结水作为生产车间的供暖热源	利用余热,创造经济效益	54 万

（3）方案确定

通过技术评估、环境评估与经济评估,最终得出清洁生产重点项目的实施方案为更新电泳工艺及整体涂装流程改造,并且更换清漆。本次清洁生产所提出的其他高费项目均为可实施项目。

（4）方案实施效果汇总

方案总削减物耗 27.2t、水耗 33100t、电耗 55000kW·h、机油 360.3t、煤耗 550t。废弃物削减废水 32000t、固体废弃物 6.3t、铅排放量 28kg、烟尘排放量 6t、二氧化硫排放量 4.56t、VOC 物质排放量 199.37t。通过方案实施，公司极大地削减了资源能源消耗，并且环保效果显著提升。

（5）清洁生产持续改进

企业的清洁生产工作是一项系统工程。清洁生产是一个动态的、相对的概念，是一个连续的过程，而不是一朝一夕的事情。为使清洁生产工作在公司持久有效地推行下去，公司决定保留清洁生产组织机构，建立并完善促进实施清洁生产的管理制度，制定持续清洁生产计划，不断提高清洁生产水平。

建立和完善清洁生产组织，公司清洁生产审核领导小组长期存在，并且每季度召开一次领导小组会议，研究公司的清洁生产工作。公司的清洁生产日常管理工作，由生产管理部及环保办公室负责组织实施。公司各分厂设清洁生产联络员，负责组织协调本单位的清洁生产工作。

建立和完善清洁生产管理制度，把审核成果纳入企业的日常管理，将清洁生产审核产生的一些无/低费方案，形成制度。建立清洁生产检查制度。公司每月组织一次清洁生产检查，对已实施的方案巩固成果，对正在实施的涂装分厂配备小型空压机，积极落实进度，组织实施。

制定持续清洁生产计划，本次清洁生产工作虽然取得了一定的成果，但还有大量工作要做：方案已实施的，成果要继续巩固；方案未实施的，需安排计划、落实资金积极组织实施。在今后的工作中还将有新的合理化方案不断地提出，因此从现在起就要制定持续清洁生产计划。

积极组织员工立足本岗位工作，继续提出清洁生产合理化建议，经过论证后尽快组织实施。尤其是通过加强管理，改进工艺取得明显效果的无/低费方案。对尚未实施的中、高费方案，要结合公司的实际情况积极争取立项，组织实施。积极组织各职能部门工程技术人员，研究和开发新的清洁生产工艺，取代落后的资源消耗大的污染严重的工艺。定期组织员工进行清洁生产知识培训，不断提高公司员工的清洁生产意识，提高清洁生产水平。

9.7　印刷行业清洁生产

9.7.1　企业概况

某企业主要从事软性包装材料的生产及相关服务，主要产品包括方便面外包膜、内包膜、碗盖、瓶标等，生产规模约 50 万吨，从业人数 635 人。

企业的产品定位是为食品、乳品、药品、日化、农化等五大行业提供软包装制品，拥有多套国际顶尖的设备，共有 20 余条生产线，主要包括十色印刷机、八色印刷机、无溶剂复合机等 150 台先进设备。

9.7.2　生产工艺

企业的产品类型较多，各种类型的产品工艺不同，但有交叉重复之处，典型的生产工艺包括印刷、检品、干复、养生、淋膜、分条、包装入库等几个过程，具体的工艺流程图如图 9-16 所示。

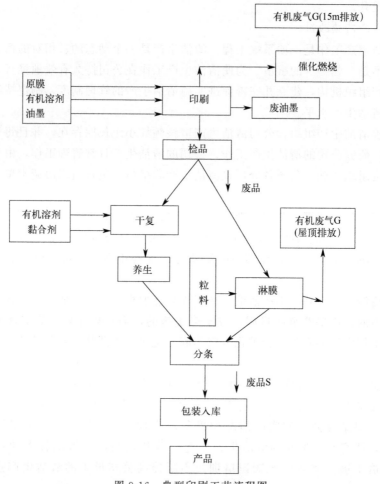

图 9-16　典型印刷工艺流程图

通过对生产工艺进行审核分析，可以发现如下问题：

① 印刷工艺：颜色调配过程敞口进行，会有溶剂的挥发；印刷过程墨槽及胶辊均外漏，会导致溶剂无组织挥发。

② 干复工艺和养生工艺：设备密封不严，容易产生"跑、冒、滴、漏"，导致溶剂的挥发。

③ 淋膜工艺：淋膜工艺产生的废油烟气体未经处理直接通过屋顶排放。

9.7.3　清洁生产审核

通过对企业的现状进行分析，并针对 VOCs 开展 VOCs 平衡分析，发现了企业减少 VOCs 排放的潜力，提出相应的清洁生产方案。具体方案如表 9-47 所示。

表 9-47　清洁生产方案汇总

序号	方案名称	方案内容	效益
DF1	油墨原料筛选	对比各种原辅材料的优越性及对环境的危害性和效益,尽量选择含固量高的油墨,确保无苯类溶剂,鼓励使用低溶剂、低挥发性油墨	减排 VOCs 约 60t/a
DF2	减少二次调黏	把好原辅材料质量关,调整为配墨间一次调黏,尽量减少车间二次溶剂挥发	经济效益 20 万元/a,减排 VOCs 30t/a
DF3	通用型黏合剂开发	企业黏合剂种类较多,更换时增加清晰次数,开发通用型黏合剂,可减少浪费及溶剂挥发	经济效益 2 万元/a,减排 VOCs 约 5t/a
DF4	水性黏合剂替代溶剂型黏合剂	逐步提高水性黏合剂所占比例,逐步达到全部替代溶剂型黏合剂	减排 VOCs 约 10t/a
DF5	合理安排生产	合理安排生产计划,减少换色、换品种及清洗次数	经济效益 30 万元/a,减排 VOCs 约 50t/a
GF1	印刷废弃催化燃烧	企业目前共 11 条印刷线,只有 6 条印刷线的废气进行了收集处理,建议对另外 5 条印刷线的废气进行收集,然后催化处理燃烧	减排 VOCs 约 1830t/a
GF2	干复机乙酸乙酯回收方案	企业现有 4 台溶剂型干复机,产生乙酸乙酯废气,建议对其进行收集,回收乙酸乙酯	经济效益 384 万元/a,减排 VOCs 约 600t/a
GF3	空调系统改造及活性炭更换	车间空调送排风及侧排风系统改造,减少 VOCs 无组织排放。更换现有废气处理设施活性炭,提高处理效率	减排 VOCs 约 235t/a

通过计算可以看出,通过清洁生产方案的实施,企业每年约可减排 VOCs 2820t,VOCs 排放量减少 89.09%,清洁生产方案取得了良好的减排效果。

9.8　酒店服务行业清洁生产

9.8.1　企业概况

××大饭店是亚洲豪华酒店集团——××酒店集团成员之一,设有客房、公寓以及一系列会议室、24 小时服务的商务中心和全面的文娱康乐设施,是一家国际性五星级酒店。

饭店主要设施有:

餐饮设施:中餐厅、日食餐厅、大堂酒廊、俱乐部吧、果汁吧。

娱乐设施:健身中心、室内游泳池、器械齐全的健身房、按摩设施、蒸汽浴房、室内及室外网球场。

服务设施:商务中心、私人会议室、专业翻译和秘书服务、备有先进软件的电脑及互联网服务。

自开业以来,该酒店以其先进的管理理念、国际标准的设施和服务,备受青睐。2004年,该酒店荣获"绿色酒店"称号。

9.8.2　清洁生产审核

9.8.2.1　清洁生产实施状况

该酒店已向社会公开承诺遵守环保法律法规,在生产和服务中进行污染预防,持续改进企业环境,并通过科学化、规范化、结构化的管理体系,通过对重要环境因素的动态控制,接受第三方审核的社会监督，实现企业自身环境行为的不断改善。该酒店成立了环保组织委员会，通过了 ISO 14001 环境管理体系认证，将清洁生产思想纳入环境方针，将清洁生产的目标纳入环境目标和管理方案中，为清洁生产思想在企业的不断深入提供了体系的、长效的、机制的保障。

在保持高质量服务标准的同时，酒店制定了操作性强的节能、降耗、环保方面的具体目标和方案，在硬件和软件方面，均体现节能、减污、降耗的清洁生产理念。通过一整套环境管理体系的实施，节约资源、能源，减少原材料的使用，确保在环境保护方面不断改善。

（1）节电

电能的消耗约占全酒店能源消耗的 50%，为此，酒店重点加强对电能的管理，大量采用新技术，有效地降低了电能的消耗，平均节电率达 15%。

① 智能节电器的应用：降低照明电压 10%，延长灯具使用寿命，节电率达 10% 以上。

② 变频器的应用：空调水泵的电机是 37kW，且二开一备。潜力很大，同时意味着浪费很大。采用变频改造后，节电显著，全年节电 50%，而春秋季低负荷运转时，节电率高达 70%。

③ 灯光的控制。楼梯照明采用声控开关，来人时开灯，数秒后自动关闭。走廊采用光控，隔二或三分区开灯。餐厅、前厅、客房等场所采用节能灯。客房照明采用插卡，人走灯灭。

④ 电表计量。酒店对各区域、各营业部门加强计量核算，及时反馈进行统计分析。此外，还要求部门员工节电。

（2）节水

酒店对四大系统的水质进行了处理：锅炉用水软化处理；凝结水防腐蚀处理；空调水防腐蚀、除垢处理；冷却水除垢杀菌过滤处理。以上措施，提高了用水品质，延长了设备使用寿命。提高了换热效率，降低了成本，保护了环境。

酒店还在各部门加装水表，各部门对表的计量都非常重视。如餐饮部，原来洗菜间用水量很大，员工缺少节约意识，过水洗菜、过水化冰是常事，通过清洁生产教育，每天可节水 10t 以上。

酒店对空调凝结水回收。空调机组运行时，热水热交换器用蒸汽后，产生大量的凝结水，每年水量可达 4000t 以上。为了把这部分含有大量热量的水回收，用于锅炉回水，加装上凝结水箱、水泵管路及控制系统。由于凝结水含有较高的 Fe^{3+}、CO、O_2，对锅炉不利，酒店采用添加皮膜剂的办法，降低 Fe^{3+}、CO、O_2 含量，减少对锅炉管道的腐蚀，从而使回收水水质达到国家标准。

（3）节油

把好进油第一关，选定信誉好的石油公司供油，同时安装 2 只油计量表，进油流过计量表验收时，仓库、工程部、锅炉工三方人员在场测量密度，核对流量，并当场签字。对每日锅炉、柴油灶用油进行统计和分析，每周写出分析报告，锅炉产汽、客用汽部位，加装汽流量表共 5 只，做到量化管理，数字说话。

（4）废物处理

① 排污排水达到要求：生活污水进入化粪池处理，食堂含油废水进入隔油池，锅炉排污进入排污降温池，进入管网的水符合环保要求。

② 垃圾分装清运：生活垃圾分装、清运，并避免用塑料袋装运，废电池由专用桶盛装处理。

（5）绿色消费

绿色制度、绿色技术、绿色用品和绿色行为贯穿于酒店经营、管理的全过程。大到水、电、气，小到纸张、笔、日用品等，都做到了回收利用。旧床单和旧毛巾都利用起来，用旧床单制作洗衣袋，代替一次性塑料袋，把旧毛巾缝制成地巾使用。

除了做好自身工作外，酒店积极引导宾客进行绿色消费。客房用品由过去的每天洗换，改为由客人自行选择，控制消费品用量及棉织品洗涤次数，降低废水排放量。同时采取措施减少客房一次性物品的使用，改一次性使用的肥皂为可多次使用的皂液盒。

另外，酒店还会向宾客提供无污染的绿色食品及剩菜打包、剩酒寄存的服务。尽量不用一次性筷子、桌布，不用野生保护动物做菜，餐厅一次性筷套回收利用，制定标准措施，加强对餐饮厨房瓷器及玻璃器皿的损耗控制。

清洁生产的开展，使酒店在节约资源的同时，降低了运营成本，实现酒店社会效益、环境效益和经济效益的全面提高。从 2003 年开展清洁生产工作以来，酒店耗能和用品消耗与2002 年同期比较有了大幅下降。电能、水、燃料和蒸汽的消耗分别下降 22.9%、24%、23%、15.7%。客房一次性用品、客房针织品洗涤量、酒店清洗剂消耗量、酒店用纸量分别下降了 17%、35%、11.7%、68.2%，运营成本节省几十万元。清洁生产工作的开展，使酒店的服务更健康时尚，对客人更具有吸引力，客房出租率比清洁生产前一年同期增长7.4%，客房收入增加 16%，酒店在开展清洁生产的过程中，实现了经济效益和环境效益的双赢。

9.8.2.2 清洁生产绩效评估

该酒店自 2003 年开始逐步实施清洁生产，但是在此之前也采取了部分环保措施。例如2001 年建设了冷凝水中水回用工程，取得了很好的经济效益和社会效益。本节选取酒店清洁生产开展之前（2000 年）和清洁生产开展之后（2005 年）的统计数据，按照前面所建立评估体系以及评估标准，对其清洁生产绩效进行评估，相关数据见表 9-48。

表 9-48 酒店清洁生产绩效状况

项目		分值				案例企业指标值	
		100	80	60	0	2000 年	2005 年
a. 原材料指标	1 绿色产品种类	80 种	50 种	30 种	20 种	77 种	85 种
	2 绿色客房建设度	30%	20%	10%	0	5%	10%
b. 污染物排放	3 末端处理前废水中 COD 含量/(mg/m³)	160	180	200	300	600	560
	4 末端处理后废水中 COD 含量/(mg/m³)	60	100	150	250	600	560
c. 废物回收利用	5 废水回收利用率	60%	40%	20%	5%	0	8%
	6 固废回收利用率	100%	80%	75%	20%	18%	41%
d. 资源能源耗用	7 水消耗量[t/(床·a)]≥150 间	220	260	275	450	280.2	258.3
	8 电消耗量[(kW·h)/(m²·a)]≥150 间	204	255	285.6	408	303.7	274.1
	9 燃料消耗量[(kW·h)/(m²·a)]≥150 间	442	520	546	715	494.8	483.7
e. 管理水平	10 清洁生产制度完善度	很完善	较完善	一般	很差	较差	较完善
	11 清洁生产制度执行度	非常好	较好	一般	很差	较差	一般
	12 员工和顾客满意度	90%	80%	60%	40%	75%	85%

注：表中的≥150 间表示一个车间单位，即当客房量达 150 间及以上时的分值。

按照企业效绩评价基本方法中的功效系数法，将所有要评价的各项指标分别对照各自的标准，通过功效函数转化为可以度量的评价分数再对各项指标的单项评价分数加权综合，求综合评价得分。

9.8.2.3 评估结果分析

将 2000 年和 2005 年指标数据汇总，可得出以下结论：

① 清洁生产实施后，除末端处理前和末端处理后废水中 COD 含量外，各指标水平得分均有不同程度提高。其中水消耗量、电消耗量、绿色客房建设度、清洁生产规章制度完善度、清洁生产规章制度执行度、员工和顾客满意度的得分有大幅度提高，燃料消耗量、绿色产品种类两项指标在 2000 年已达到较高水平，得分提高幅度较小。电力消耗指标虽然达到国内先进水平，但是离国际先进水平还有差距，仍然具有清洁生产潜力。隶属于废物回收利用准则的两项指标（废水回收利用率和固体废弃物回收利用率）得分较 2000 年 0 分有了较大程度的提高，但是仍然处于非常落后的状态，具有非常大的清洁生产潜力。

② 至 2005 年，各项指标均未达到国际先进水平；达到国内先进的指标有水消耗量、燃料消耗量、绿色产品种类、清洁生产规章制度完善度、员工和顾客满意度；达到国内基本水平的有电消耗量、绿色客房比例、清洁生产制度执行度；其余指标均处于国内落后水平，其中末端处理前后废水中 COD 含量指标水平较差。

③ 2005 年只有原材料指标一项刚刚达到国内先进水平，资源能源耗用和管理水平两项处于国内基本水平，废物回收利用和污染物排放指标处于较差的状态，具有极大的清洁生产潜力。

④ 2000 年酒店尚未建立清洁生产制度，也未实施任何清洁生产措施，清洁生产整体绩效水平 43.80 分，处于落后状态。自 2001 年开始逐步采取一些清洁生产措施，但是没有相应的规章制度，处于不规范的起步状态。2003 年开始着手建立清洁生产制度，实施较为全面的清洁生产措施。2005 年酒店清洁生产绩效得分为 61.80 分，比 2000 年有了大幅度的提高。这说明清洁生产规章制度的建立和执行，以及各项清洁生产措施的实施确实产生了良好的效果。例如水消耗量和电消耗量都有明显程度减少。

⑤ 按照所建立的清洁生产绩效评估体系对 2000 年和 2005 年酒店的清洁生产绩效进行评估，评估结果反映出实施清洁生产前后，经营过程所产生的环境效益和社会效益具有显著差别，这证明了绩效评估体系的有效性，能够真实地反映企业清洁生产绩效的动态变化。同时，经过和××市环保局负责清洁生产审核和 ISO 14000 认证管理工作专家讨论，认为绩效得分和绩效等级能够如实反映企业和国内外同行业相比，其清洁生产水平所处的地位，也即评估体系有效地反映了企业清洁生产绩效的静态水平。综上，运用建立的清洁生产绩效评估体系对该酒店的清洁生产进行评估，评估结果证明了该评估体系能够有效反映企业清洁生产绩效，可以作为酒店业清洁生产绩效评估的工具，同时也可以作为企业清洁生产现状分析和问题诊断的方法。

9.9 农业生产过程清洁生产

9.9.1 企业概况

广西壮族自治区桂林市某县历史悠久，文化底蕴深厚，有一千多年历史，位于广西东北部，距桂林市 108km，总面积 2149km²，总人口 28.5 万人，其中，瑶族人口占 59%，是以农业为主的少数民族县。总体来看，该县的生态环境基础较好，但随着来访游客数量的不断增加，通过发展农业清洁生产技术来实现经济、生态效益的持续统一发展是必然趋势。

该县农业清洁生产存在以下三个问题：一是随着市场经济的不断发展，传统的农户分散经营模式难以适应市场要求，小规模养殖成本大、效益低，养殖业不断规模化，农户养殖减少，粪便沼气池原料减少，导致"沼气—种植—养殖"的"三位一体"生态农业模式的产业链受损，效益降低，循环产业遭遇发展瓶颈；二是化肥、农药等农业投入品的不合理使用以及地膜、秧盘等农用废弃物的乱丢乱放，导致农业面源污染的产生；三是对生活垃圾不进行收集及无害化处理。这些问题的存在，不仅造成资源浪费，影响了农业生产及环境质量，也阻碍了生态休闲农业经济的可持续发展。

9.9.2　清洁生产审核

2013 年 4 月以来，广西壮族自治区在新的生态文明建设起点上，开展以清洁家园、清洁田园和清洁水源为内容的"美丽广西·清洁乡村"活动。2014 年，该县根据广西壮族自治区桂林市农业主管部门以及县委、县人民政府的统一部署，把"清洁田园"作为一项重点工作来抓。开展清洁田园建设，其根本目的就是要转变农业生产方式，通过持续深入推进清洁田园建设，实现农业清洁生产，着力改变重增长轻发展、重数量轻质量和重生产轻环境的落后观念，促进农业产业结构优化升级和生态良性循环发展。

（1）推广农业清洁生产技术

建立"清洁田园"生产技术示范点，扎实抓好重点区域的集中整治，推广农业清洁生产技术。通过推广绿色植保防治技术、测土配方施肥技术、水肥一体化技术等清洁生产技术，减少了农业生产过程中农药化肥的使用量，减轻农业面源污染。2014 年上半年，推广农业清洁生产技术面积达 9953.33hm²❶。

① 推广水果标准化生产技术。建立水果标准化生产示范点，通过在示范点实施科学修剪，农药、肥料的安全使用，保花保果，测土配方施肥，病虫害的综合防治等一系列的标准化生产技术，带动周边乡（镇）、村（屯）实施标准化生产，以点带面，实现县、乡、村三级联动。

② 推广绿色植保技术。在全县推广应用"三诱"（光诱、色诱、性诱）技术，"三诱"即指利用昆虫的趋光性、对颜色的趋性和对性激素的趋性来诱杀有害昆虫的一种植保新技术。这种害虫防治技术可减少化学农药使用量，降低农药残留和防治成本，提高农产品品质。目前推广的设备有频振式杀虫灯、生态黏虫板、性激素诱捕器及性诱剂诱芯。

③ 推广水肥一体化技术。积极开展新型农业经营主体科学施肥示范工程，大力推广使用有机肥和沼肥，提高肥料利用率，达到节水、节肥、节省人工和增产增效的目的。在某镇幸福果园、某村双季葡萄园和柑橘园内分别建立了水肥一体化示范点。

④ 推广测土配方施肥技术。在全县推广测土配方施肥技术，实施巩固退耕还林项目测土配方施肥技术推广示范；实施 2013 年农业综合开发中低产田改造项目测土配方施肥技术推广示范；实施中低产田改造、高产创建项目测土配方施肥技术推广示范，示范点的建设带

---

❶　$1hm^2 = 10^4 m^2$。

动了全县测土配方施肥技术的应用，推广使用配方肥。通过实施这项技术，可以合理利用肥料，提高肥料利用率，减少环境污染。

⑤ 推广循环农业技术。在某镇某果园推广果园生长良性草养鹅示范，不仅有效地控制了病虫危害，减少了农药、化肥使用量，还丰富了农业生产链，提高了水果产量和品质；在某乡某村建立莲藕套养田鸡示范，放养蛙苗，种养结合，减小化肥和农药使用量，充分保护农业生态环境，高效利用农业资源，实现农业增效和农民增收。

⑥ 推广有机质提升技术。种植春季绿肥，在示范点发放茄菜、油菜、红花草等种子，发放秸秆腐熟剂，开展土壤酸性土改良技术推广示范。通过增加土壤有机质，禁止焚烧秸秆，可以提高土壤肥力，减少空气污染，降低生产成本，提高作物产量，改善作物品质。

（2）创新沼气后续服务管理模式

在某村建立沼气全托管服务管理模式试点，提高农村户用沼气池的利用率。引进桂林市某沼气设备有限公司，以"公司＋服务中心＋服务网点＋农户"模式，加入市场化运作，经过与农户沟通协商，公司与农户签订服务合同，建立沼气服务网点，实现进出料全托管和维护全托管。网点负责沼气设施的正常运行，负责为签约户沼气设备进行检修、维护，为农户提供长效周到服务。网点负责人为农户安装刷卡流量表，实行刷卡消费。人畜粪便秸秆或果蔬等原料通过发酵变成沼气作为农村的生活燃料，而沼液沼渣可以转化成有机肥卖给大型种植园，使农作物增产增收，这种循环式发展既节约资源，同时也起到美化环境的作用。

（3）广泛开展宣传培训

一是发放"清洁田园"宣传挂图，每个村屯发放了一份挂图，并在各乡镇、村宣传栏进行了张贴；二是在示范村屯树立标语牌，在田园生态经济示范点树立永久性宣传标志牌，在主要公路沿途刷写永久性宣传标语并悬挂条幅；三是通过移动公司信息平台发送"清洁田园"活动相关短信；四是结合电视台、报纸、网络等媒介大力宣传农业清洁生产技术；五是强化培训，举办农业清洁生产技术等培训，印发技术资料，开展技术咨询，深入农村进行技术指导。通过宣传培训，提高广大农民参与"清洁田园"活动的积极性，培养其农业清洁生产意识。

（4）政府加大安全监管力度

县农业综合执法大队组织相关站股加强农业投入品市场的执法监管，积极开展"农资打假护春耕"专项治理行动，重点严查假冒伪劣农资以及高毒高残留农业投入品违法销售和使用行为，加大对高毒、高残留农药的销售、经营和使用的监管力度，进一步规范农资市场秩序，从源头上减少农药使用，减轻农业面源污染，保障全县农产品质量安全。

（5）加大资金投入

县农业局积极整合资金资源，为农业清洁生产技术推广及示范点建设提供保障。一是结合财政资金项目安排，为清洁生活示范点安排专项经费，安装诱虫灯、黄板，采购相关设备，推广和普及清洁生产技术；二是整合农村"一事一议"财政奖补资金，积极参与示范村基础设施建设；三是依靠农民自愿筹资投劳；四是为每个生态经济发展示范村屯县安排工作经费。

9.10　林业行业清洁生产

9.10.1　企业概况

南方某营林采运企业林场始建于 1963 年，经营面积 15.8 万亩（其中人工林面积 11.7

万亩），年采运 60000m³，活立木蓄积量 64.6 万 m³，以杉、松类树种为主。

该林场采伐的小班树种组成为 9 杉 1 阔，平均胸径 14.2cm，其中阔叶树主要树种有丝栗栲、青冈、猴欢喜、笔罗子等，灌木及草本主要有地毯、细枝柃、杜茎山、狗脊蕨、莎草、五节芒等。根据自然地形及当地的实际情况，采用油锯采伐，油锯山场造材，手扶拖拉机原条集材，人力归楞、人力栈台装车和汽车原木运材。主要的生产设备为油锯、手扶拖拉机、汽车和为修建拖拉机道和汽车道所用的挖掘机等。伐区面积 9.86hm²，集材量 1082m³。集材道宽度为 2.0～2.5m。汽车运材道宽度为 4.0m，路面结构为土路面。人工林采运生产工艺图见图 9-17。

准备作业　采伐　造材　集材　归楞　装车　运材　迹地清理

图 9-17　人工林采运生产工艺图

9.10.2　清洁生产审核

（1）主要的资源和环境问题

修建集材道大多需要挖方断面，从而造成迹地大量枯落和表层土壤移动，对土体造成较大的干扰和破坏。另外，拖拉机的重压作用削弱了养分离子的扩散，从而使土壤的养分如 N、P、K 和有机质等的含量发生较明显的降低；修建拖拉机道会使林地的土壤变得松散，降雨时在雨水和地表径流作用下，在边坡中容易形成大小不等的冲刷沟，造成较严重的土壤侵蚀和水土流失。集材结束后，由于集材作用使集材道上的土壤的理化性质发生变化，集材道上的植物恢复得很慢。油锯采伐产生的噪声和尾气对周边的动物生活具有一定的影响；油锯山场造材，不同的造材方式下木材的出材率是不同的，会影响到木材的充分利用，应根据每根原木的实际情况和木材的规格需求进行造材。

手扶拖拉机集材时，由于往返次数多，重车挤压集材道土壤，使土体压缩并使团聚体遭到破坏，同时会对土壤的容重、持水性能及孔隙特征产生影响。据研究表明，拖拉机集材道上土壤容重增加较明显，土壤最大持水量、毛管持水量和土壤孔隙都有较大的下降，由此会造成土壤的板结，从而不利于林木根系的穿插，影响伐后林木的更新。

同样，修建运材道也对林地土壤和生态环境产生较大的影响，由于汽车的载重和其对道路的要求不同，其对土壤的破坏作用要大于拖拉机。另外，由于汽车在运材过程会排放有害尾气，对周围的空气、植被和水质都会产生污染。

皆伐后，由于林地生境条件发生了变化，林地植物的种类和数量都会发生变化，从而会影响林地土壤微生物的生长。大面积的皆伐，对整个森林的景观也有一定的影响作用。另外，由于修建集材道和运材道，原本完整的森林景观出现了许多斑块和走廊而变得破碎化，森林的破碎化会造成某些物种生存环境的危机。

（2）人工林采运清洁生产评价指标体系

根据本林场的特点和人工林采运清洁生产的要求，将清洁生产指标分为 6 类，即伐区设计、采运作业技术、对生态环境的影响、资源能源利用、可持续发展和安全生产管理与保护 6 大类，根据人工林采运清洁生产指标的分析并结合本林场的实际调研数据，得到该林场人工林采运的清洁生产指标如表 9-49 所示。

表 9-49 林场人工林采运的清洁生产指标

清洁生产指标		指标等级
伐区设计	伐区调查 S1	85
	工程设计 S2	75
采运作业技术	作业工艺的合理性 S3	较合理(70)
	作业的经济性 S4	较经济(70)
对生态环境的影响	N 的流失率/% S5	3.3
	P 的流失率/% S6	2.4
	K 的流失率/% S7	0.75
	速效 K 的流失率/% S8	3.4
	物种多样性减少率/% S9	14
资源能源利用	木材利用率/% S10	52.1
	采运剩余利用率/% S11	12
可持续发展	迹地更新率/% S12	85
	更新成活率/% S13	87
安全生产管理与保护	安全管理 S14	一般(65)
	劳动保护 S15	一般(65)

（3）人工林采运清洁生产审核重点的确定

清洁生产审核重点的确立，是整个清洁生产过程的关键步骤和重点工作。根据表 9-49 清洁生产指标及等级对比可知，采运作业技术、资源能源利用、可持续发展和安全生产管理与保护应该作为审核的重点。此重点也符合采运企业人工林采运的实际情况。因此，本次审核的重点主要是针对以上四个方面进行实施。

（4）清洁生产目标的确定

清洁生产目标是针对审核重点设置具有定量化、可操作性的指标。通过这些硬性指标的实施，实现减污、降耗、节能、增效的目的，从而达到循序渐进、有层次地实现清洁生产。根据该林场的发展规划、实际生产能力、生产工艺水平、林场的相关数据及参考《森林采伐作业规程》（LY/T 1646—2005）、《国有林区营造林检查验收规则》（LY/T 1571—2000）和《造林技术规程》（GB/T 15776—2016）等，确定企业清洁生产目标如表 9-50 所示。

表 9-50 林场清洁生产目标

序号	清洁生产项目	清洁生产目标/%
1	木材利用率	≥56
2	采运剩余物利用率	≥16
3	迹地更新率	≥98
4	更新成活率	≥90

（5）评估

评估是清洁生产审核工作的第三个阶段。该林场采用油锯采伐、油锯山场造材、拖拉机集材和汽车运材，采运结束后采用炼山的方式清理迹地。油锯以其具有的效率高、结构简单、质量轻、操作方便和移动灵活等优点，在我国森林采运作业单工序机械化生产中做出了一定的贡献，人工林采运中应用也较为广泛。但油锯在使用过程中产生的噪声和振动会对操作者的身体造成危害，如果操作不当甚至会使操作者患上严重职业病，而规范合理的操作可以减少手把的振动。另外，油锯一般使用寿命不超过 1200h，由于使用不当、可燃混合气过稀，油锯发动机工作中产生爆燃，造成油锯过早损坏是最为常见的。在油锯的使用过程中经常会有移动或者添加燃油的情况。在作业区内转移，发动机必须停机；在作业区之间转移，必须卸掉锯链或加上锯链防护套，确保人员安全。油锯的保养一般分为日保养和50h保养。做好正常的保养工作是提高劳动生产率和延长油锯使用寿命的主要途径。

从目前该林场的油锯使用情况来看，油锯操作手没有经过系统的安全操作和维护保养的培训，有一部分油锯存在带"病"工作的情况，有的油锯存在漏油现象，且油锯操作手在一定程度上安全防护措施不到位，有的甚至没有防护设备，这样对油锯操作手的身心健康的影响会比较大。另外，在添加燃油的过程中，燃油随意滴漏在林地中，没有做好加油前的防漏措施，这对林地的环境也会造成一定的影响。

拖拉机集材使集材道上的土壤的物理和化学性能发生了很大的变化。从现场调查结果看，每公顷林地中N、P、K及速K的损失率分别为3.3％、2.4％、0.75％和3.4％，土壤的容重、压实度明显增加。集材道上水土流失较严重，冲刷沟明显，有的竟有近1m之深。另外，拖拉机集材不彻底，对一些小径材浪费较严重。拖拉机的日常保养工作有所欠缺，部分拖拉机存在漏油的现象，有些拖拉机司机缺乏安全意识，在行驶过程中注重速度而不重视安全的现象时有发生。同样，汽车运材对林地土壤也造成了一定破坏，运材道上的土壤一些物理性能下降，营养元素流失。汽车司机同样存在缺乏安全意识，对汽车的日常保养和维修不够重视。拖拉机司机和汽车司机都没有做过系统的集运材培训。运材等车、装车、卸车的时间较长，没有专人进行运材汽车的调度和作业系统的统筹安排。

在山场造材过程中，只是严格按照要求造材，而没有考虑到每根木头的具体情况进行造材，从而造成一定数量的木材浪费。采运剩余物利用也非常有限，只是对直径4cm以上的枝丫、倒木、梢头、伐根等采运剩余物进行利用而加工成削片。其采运剩余物加工后的削片，作为制浆、造纸的原料，也可作为生产人造板的原料。对其他的剩余物都是采用归成堆后点火焚烧的方法。这样也能较彻底地改善造林地环境状况，清除非目的造林树种，还能增加林地土壤的速效养分，消灭附着在采运剩余物或林地上的有害真菌、细菌和害虫（卵、蛹、幼虫和成虫），对新造林木生长有利，同时省工省时。但不足之处是采运迹地经火烧清理后极易造成水土流失，同时亦造成林地生物多样性降低。

林地清理两个月后才进行整地施肥，补种树种。

清洁生产水平评估的方法很多，主要有综合指数法、模糊数学法、灰色关联法等，这里运用综合指数法进行评估。

此林场在伐区设计、采运作业技术和安全生产管理与保护等三方面尚存在很大的提升空间，与国内同行业相比尚存在差距，企业可重点从这三方面着手，提高清洁生产水平。

（6）方案的产生和筛选

通过上面的评估，了解到采运对生态环境破坏（对林地土壤、生物多样性和保持水土等破坏）的程度，物料和能源的损失以及产生废物的种类、部位及去向，并分析出损失原因及产生原因。对生态环境破坏、物料损失和废物产生可能有多种原因和多种预防方法，究竟采取什么方法并于何时何地进行污染预防，这便是清洁生产方案的产生和筛选的重点内容。

① 无/低费方案。无/低费方案指的是基本不需要投入资金或者资金投入量小于2万元的方案，这些方案主要包括加强管理和提高职工清洁生产意识等方面的内容。通过上面的分析，在对林场进行调查研究的基础上，可以确定该林场清洁生产的一些无/低费的方案。例如，林场的采运操作人员的清洁生产意识和安全意识淡薄，有的工人在采运作业时不戴安全帽，对油锯使用、摆放比较随意，在对油锯加油的过程中，不注重跑漏油的情况，在采运林

地中可看到滴漏的汽油。在造材场，工人只严格按要求 2m 或 3m 造材，不管原木材形状况，致使许多木材浪费。另外，在楞场和汽车运材过程中，可见一些丢弃材，对采运剩余物的利用非常有限等。针对以上情况，提出以下无/低费方案：

　　a. 加强员工技术和环保意识，实行伐前安全教育及培训工作；

　　b. 严格管理，杜绝"跑、冒、滴、漏"现象；

　　c. 加强设备维修、日常保养工作，对生产设备进行定期检修、清洗和维护；

　　d. 组织全场员工进行清洁生产相关方面的教育及培训；

　　e. 加强职工操作及设备管理能力；

　　f. 严格造材技术，提高木材利用率；

　　g. 在有条件的林地，可考虑使用人力集材和农用车运材；

　　h. 为减少水土流失，对于坡度较大的采运迹地中，利用枝丫等采运剩余物沿等高线堆砌成简易的挡水坝；

　　i. 加强对采运剩余物的管理，建立和健全采运剩余物数量及其利用的统计程序和方法。

　　② 中/高费方案。中/高费方案是指涉及科技革新、先进工艺和先进设备的应用，投资相对较高，需要进行技术经济分析的方案。不同行业对中/高费方案的投资额的界定不同，如煤炭企业一般将 15 万元以上的方案定为中/高费方案。与无/低费方案相比较，中/高费方案更多地会涉及技术改进和设备改造等方面的内容，需要的投资量较大。由于受资金的限制，中/高费方案需要经过初步筛选以及详细的可行性分析后才可实施。中/高费清洁生产方案如下：

　　a. 为减少对林地生态环境的影响，建议采用索道集材，预计投资 50 万元；

　　b. 为充分利用采运剩余物，购买削片机和枝丫粉碎机，对直径在 2cm 以上的枝、丫、梢头等采运剩余物，削片粉碎后用于生产细木工板，预计投资 100 万元。

　　(7) 方案的筛选

　　方案的筛选方法很多，有简易的筛选方法、模糊数学法、层次分析法、灰色关联度法等。

　　本项目采用简易的筛选方法进行筛选，主要筛选因子为技术可行性、经济可行性、环境效果、实施的难易程度、对生产和产品的影响等。

　　① 技术可行性：主要考虑该方案的成熟程度，方案中所推选的技术与国内外相比具有先进性，在企业生产中有实用性，而且在具体技术改造中有可行性和可实施性。

　　② 环境可行性：环境评估是在技术可行性分析的基础上进行的，若技术不可行则不必进行环境分析。清洁生产方案都应该有比较明显的环境效益，但针对整个生产过程可能会对环境有新的影响，因此对每个方案要进行实施前后可能对环境带来影响的分析和评价。

　　③ 经济可行性：主要是对备选方案在实施中所需要的投资与各种费用，实施后所节省的费用、利润以及各种附加的效益，通过营利性分析评价，选择最少投资和取得最佳经济效益的方案，为合理投资提供决策依据。

　　④ 实施难易程度：主要考虑是否在现有的场地、公用设施、技术人员等条件下即可实施或稍作改进即可实施，实施的时间长短，等等。

　　⑤ 对生产和产品的影响：主要考虑技术的改进对生产是否有促进作用，是否提高了产品的性能等。

　　对无/低费方案即按照上述 5 个因子进行筛选，对中/高费方案先进行初步筛选，再做可行性分析，筛选结果如下：

在无/低费方案中，i 方案由于采运剩余物的统计工作量很大，且涉及不同的自然状态，实施难度大、时间长，故企业决定暂时放弃此方案。a～h 方案可执行。两个中/高费方案均可执行。

对筛选出的方案，按照先易后难、边审核边改进的原则，进一步严格生产管理，加强设备维修、维护，同时结合企业资金筹集情况和技术改造实际需要，将分批分期对上述方案进行实施。对投入较大的方案，在可行性分析的基础上，逐步实施。

（8）持续清洁生产

由于清洁生产是一个连续不断地改进企业管理、改革工艺、降低成本、提高产品质量和减少对环境污染的过程，因此，清洁生产是永无止境的连续过程，只有不断制定后续行动计划，才能不断给企业带来更大效益。由于时间、资金、经验及技术等，清洁生产审核工作通常会存在很大程度的片面性和局限性，企业可能还有很多清洁生产潜力有待被发觉，因此要制定持续的清洁生产计划，通过持续清洁生产，发现更多的清洁生产机会，制定持续的清洁生产方案，有序地实施可行性较好的方案，促使企业实现可持续发展。

人工林采运作业中企业持续清洁生产的措施主要有以下几个方面：

① 建立和完善清洁生产组织。为将采运企业的清洁生产推行下去，建立一个推行和管理清洁生产工作的组织机构是十分必要的，这个组织机构要求是一个固定的机构，在机构内设立稳定的工作人员来协调采运企业的清洁生产工作。采运企业的清洁生产组织机构的工作人员应满足如下条件：

a. 掌握企业的环境保护基本情况；

b. 掌握清洁生产审核知识；

c. 熟练掌握人工林采运生产工艺和生产装备的技术条件；

d. 要有较强的责任心及敬业精神。

但是，不论以何种形式设立清洁生产机构，林场领导班子都要有专人直接领导该机构的工作。这主要是因为清洁生产涉及生产、环保、技术、管理等各个部门、各个环节，必须有高层领导的协调才能有效地开展工作。

② 建立和健全清洁生产管理制度。清洁生产管理制度主要包括把审核结果纳入企业的日常管理，并监督实施，建立和完善清洁生产激励机制和管理制度。如通过完善制度切实做好油锯的管理、使用、维修和保养，使其在工作时保持最好的工作状态，提高油锯使用的生态效率。

加强企业管理实施起来比较容易，在短时间内就会取得明显的效果，但企业一般很难坚持下去，大多数企业无法做到持之以恒。因此，加强企业管理关键在于坚。首先，企业应完善管理制度，实行岗位责任制，使每个部门、每个员工都有明确的岗位责任和工作标准；其次，企业要严格认真地搞好检查、评比和考核工作，并将考核结果与责任人员的经济利益挂钩，对于在清洁生产审核中提出合理实施建议的员工给予物质和表彰奖励，调动员工参与清洁生产的积极性；最后，通过不断的监督和检查，企业员工接受管理制度并最终形成个人的工作习惯，企业不断发现并解决问题，使自身管理不断得到加强和优化。

③ 制定持续清洁生产计划。清洁生产并非一朝一夕就可完成，因而应制定持续清洁生产计划，使清洁生产有组织、有计划地在企业中进行下去，最终达到经济、社会、环境的协调发展，增强企业的综合实力。为此，本采运企业制定清洁生产计划如下：

a. 每两年按审计步骤重复进行一次清洁生产审核；

b. 明确下批参加清洁生产起止时间、人员的责任和分工、宣传培训措施等；

c. 根据本轮审计发现的问题，研究与开发新的清洁生产技术。

（9）编制清洁生产审核报告书

清洁生产审核报告是对本轮清洁生产活动的总结，清洁生产审核报告要求内容翔实、数据准确，具有说服力和影响力，内容要包括整个审核过程，要突出重点，根据本企业特点、本企业实际情况进行编写，编写完成后要在企业各部门进行推广学习。

产 品 篇

第 10 章

清 洁 产 品

清洁产品是指在生命周期全过程中，资源利用效率高、能源消耗低，以及对生态环境和人类健康基本无害的产品。其内涵与清洁生产目标是相一致的，因此，清洁产品是清洁生产的基本内容之一。

清洁产品不仅体现了清洁生产过程中各物质材料的利用效率，而且作为一个纽带，将生产、消费与环境保护紧密地联系在一起，是人类实现可持续发展的重要途径。

随着环境保护意识和可持续发展思想的深入人心，人们对产品的环境质量要求越来越高，消费观念也在发生变化，崇尚自然、追求健康已成为生活及消费的潮流，并且人们常以"绿色"来表达这一理念，如人们常将具有环境友好特征的清洁产品称为"绿色产品"（green product）。

10.1 绿色产品概述

10.1.1 绿色产品的定义

绿色产品，又称环境意识产品（environmental conscious product，ECP），是相对于传统、不注重环境保护的产品而言的。"绿色产品"一词最早出现在美国 20 世纪 70 年代的《互不干涉污染法规》中。经过发展，虽然人们根据自己的理解，对绿色产品进行过多种定义，但由于对产品"绿色程度"的描述和量化特征还不够明确，因此目前还没有公认的权威定义，现在主要有如下几种描述：

① 绿色产品是指以环境和环境资源保护为核心概念而设计生产的可以拆卸并可分解的产品，其零部件经过翻新处理后，可以重新使用。

② 绿色产品是指那些旨在减少部件数量、合理使用原材料并使部件可以重新利用的产品。

③ 绿色产品是当其使用寿命完结时，部件可以翻新和重复利用或能安全地被处理掉的产品。

④ 绿色产品是从生产到使用乃至回收的整个过程都符合特定的环境保护要求，对生态环境无害或危害极少，以及能作为资源进行再生或回收循环再用的产品。

⑤ 绿色产品，就是符合环境标准的产品，即无公害、无污染和有助于环境保护的产品。不仅产品本身的质量要符合环境、卫生和健康标准，其生产、使用和处理过程也要符合环境标准，既不会造成污染，也不会破坏环境。

以上各种定义表述虽不尽相同，但基本内容均表现为：绿色产品应有利于保护生态环境，不产生环境污染或使污染最小化，同时有利于节约资源和能源，而且以上特征应贯穿在产品生命周期全过程的各个环节之中。综上所述，绿色产品可定义为：能满足用户使用要求，并在其生命循环周期（原材料制备，产品规划、设计、制造、包装及发运、安装及维护、使用、报废回收处理及再使用）中能经济性地实现节省资源和能源，极小化或消除环境污染，且对接触者（生产者和使用者）具有良好保护的产品。

绿色产品的丰富内涵在环境保护方面主要体现在以下几方面：

① 环境友好性。它是指产品从生产到使用乃至废弃、回收、处置的各个环节都对环境无害或危害甚小。因此，绿色产品生产企业在生产过程中选择的原料、采用的生产工艺均应是对环境影响小的，绿色产品在使用时不产生或很少产生环境污染，不对使用者造成危害，报废后在回收处理过程中很少产生废弃物。

② 材料资源的最大限度利用。绿色产品应尽量减少材料的使用量和种类，特别是减少使用稀有、昂贵或有毒、有害的材料。这就要求从产品设计开始，考虑在满足产品基本功能的前提下，尽量简化产品结构，合理选用材料，并使产品中各种零部件能最大限度地得到再利用。

③ 能源的最大限度节约。绿色产品在其生命周期的各个环节所消耗的能源应最少，能量使用量减少，既节约了资源，也减少了对环境的污染。因此，资源及能源的节约利用本身就是很好的环境保护手段。

10.1.2　绿色产品的类型

（1）按使用类别划分

按使用类别，绿色产品可划分为食品、洗涤用品、机动车、照明、家电、服装、建筑材料、化妆品、染料等几种类型。虽然目前绿色产品的种类较多，但产品主要集中在汽车、食品、电器等领域。

（2）按产品生命周期环节特征划分

按产品生命周期环节特征划分，绿色产品包括以下几种类型：

① 回收利用型，如经过翻新的轮胎、再生纸等；

② 低毒低害物质型，如低污染油墨和涂料、锂电池等；

③ 低排放型，如低排放雾化油燃烧炉，低排放、少污染印刷机等；

④ 低噪声型，如低噪声摩托车、低噪声汽车等；

⑤ 节水型，如节水型冲洗槽、节水型清洗机等；

⑥ 节能型，如太阳能产品及机械表、高隔热型窗玻璃等；

⑦ 可生物降解型，如生物降解膜或塑料、易生物降解的润滑油等。

10.1.3　发展绿色产品的意义

自 20 世纪 70 年代以来，工业化的高度发展带来的环境污染问题，不仅影响生态环境的质量，而且直接危及人类的生存与健康。绿色产品是以环境和环境资源保护为核心概念而设计生产的产品，因此绿色产品的发展，对于改善人类的生存环境和保护人体健康、促进经济发展和人类社会的可持续发展具有重要意义。

（1）发展绿色产品有利于环境保护

产品作为联系生产与生活的一个纽带，与当前人类所面临的生态环境问题有着密切的关系。过去由于产品生产只注重于其使用价值，而忽略了原料采用、生产过程中的"副产品"以及使用过后的处理等对环境产生的不良影响，因而容易造成产品生产及使用后对环境的污染。绿色产品实行的是全过程控制，始终将节约资源、能源及保护环境的理念和方法融入产品的设计、生产及使用后的管理中，强调保护生态环境，实现最大限度地减少对环境的污染。

（2）发展绿色产品有利于资源的可持续利用

绿色产品在选用资源时，不但考虑资源的再生能力和不同时段的配置问题，而且考虑尽可能使用可再生资源；在设计时，尽可能保证所选用的资源在产品的整个生命周期中得到最大限度的利用，力求产品在整个生命周期循环中资源消耗量和浪费量最少。在选用能源类型时，尽可能选用太阳能、风能、天然气等清洁型能源，有效地缓解不可再生能源的危机。

（3）发展绿色产品有利于经济发展

随着人们环境意识的不断提高，绿色产品将逐渐被人们所接受，并将成为社会消费的主流。通过消费者的选择和市场竞争，引导企业自觉调整产业结构，生产环境友好产品，形成改善环境质量的规模效应，促进经济发展。

随着国际经济贸易一体化进程的不断深入，绿色产品将在提高产品的国际竞争力、促进我国出口贸易等方面起到积极的作用，也将会成为我国主要的出口创汇产品，推动我国经济的发展。

10.2 生态产品概述

10.2.1 生态产品的定义

生态产品指生态系统生物生产和人类社会生产共同作用提供给人类社会使用和消费的终端产品或服务，包括保障人居环境、维系生态安全、提供物质原料和精神文化服务等人类福祉或惠益，是与农产品和工业产品并列的、满足人类美好生活需求的生活必需品。

10.2.2 生态产品的类型

生态产品分为公共性生态产品、经营性生态产品和准公共生态产品三类。

（1）公共性生态产品

公共性生态产品是狭义的生态产品概念，指生态系统主要通过生物生产过程为人类提供的自然产品，包括清新空气、洁净水源、安全土壤和清洁海洋等人居环境产品，以及物种保育、气候变化调节和生态系统减灾等维系生态安全的产品，是具有非排他性、非竞争性特征的纯公共产品。

（2）经营性生态产品

经营性生态产品是广义的生态产品概念，是人类劳动参与度最高的生态产品，包括农林产品、生物质能等与第一产业紧密相关的物质原料产品，以及旅游休憩、健康休养、文化产品等依托生态资源开展的精神文化服务。

（3）准公共生态产品

准公共生态产品是在一定政策条件下满足产权明晰、市场稀缺、可精确定量 3 个条件，具备了一定程度竞争性或排他性而可以通过市场机制实现交易的公共性生态产品，介于公共性生态产品和经营性生态产品之间，主要包括可交易的排污权、碳排放权等污染排放权益，取水权、用能权等资源开发权益，总量配额和开发配额等资源配额指标。

10.2.3　生态产品的意义

生态产品是一种特殊的产品。

（1）生态产品具有外部性

当生态系统改善时，其产出的生态产品作用于环境、气候等方面的功效也随之改善，此时生态产品的外部性为正。反之，当损耗超出生态系统承载量时，生态发生恶化，生态产品会反作用于生态系统，产生副作用，此时生态产品的外部性为负。

（2）生态产品具有可再生性

生态产品来源于生态资源，只要消费不超过自身负荷极限，生态产品就能进行自我修复，持续不断地为人类提供服务。但生态系统一旦受损，生态产品也受之影响，且难以恢复。故在生态产品的消费过程中，应注重生态系统的维护，增强生态产品的自愈能力，确保生态产品可持续发展。

（3）生态产品具有多重价值

生态环境是由各种生态系统、生态资源构成的整体，本身具有复杂的经济价值，生态产品作为生态资源的价值载体，同样具有经济价值；生态产品能够改善人们的生活质量，满足人们物质、精神的双重需求，对社会发展有着深远影响，因此也具有社会价值；除此以外，生态产品为人类提供生态服务，支持与保障生态系统的完整性，还具有明显的生态价值。

10.3　产品生态设计

10.3.1　产品生态设计的概念

产品生态设计，也称绿色设计或生命周期设计或环境设计，它是一种以环境资源为核心概念的设计过程。产品生态设计是指将环境因素纳入产品设计之中，在产品生命周期的每一个环节都考虑其可能产生的环境负荷，并通过改进设计使产品的环境影响降到最低程度。

产品生态设计从保护环境角度考虑，能减少资源消耗，可以真正地从源头开始实现污染预防，构筑新的生产和消费系统；从商业角度考虑，可以降低企业的生产成本，减少企业潜在的环境风险，提高企业的环境形象和商业竞争能力。

10.3.2　产品生态设计的原则

传统的产品设计主要考虑的因素有市场消费需求、产品质量、成本、制造技术的可行性等，很少考虑节省能源、资源再生利用以及对生态环境的影响。它没有将生态因素作为产品开发的一个重要指标，因此制造出来的产品使用过后，对废弃物没有有效的管理、处置及再生利用的方法，从而造成严重的资源浪费和环境污染。而产品生态设计，要求在产品及其生命周期全过程的设计中，充分考虑对资源和环境的影响，在考虑产品的功能、质量、开发周期和成本的同时，优化各有关设计因素，实现可拆卸性、可回收性、可维护性、可再用性等环境设计目标，使产品及其制造过程对环境的总体影响减到最小，资源利用效率最高。

产品生态设计的实施要考虑从原材料选择、设计、生产、营销、售后服务到最终处置的全过程，是一个系统化和整体化的统一过程。在进行生态设计时，应遵守以下生态设计原则。

（1）选择环境影响小的材料

环境影响小的材料包括：

① 清洁的材料。在生产、使用和最终处置过程中，选择产生有害废物少的材料。

② 可再生的材料。尽可能少用或不用诸如化石燃料、矿产资源（如铜）等不可再生的材料。

③ 耗能较低的材料。选择在提炼和生产过程中耗能较少的原料，这就要求尽量减少对能源密集型金属的使用。

④ 可再循环的材料。在产品使用过后可以被再次使用的材料，这类材料的使用可以减少对初级原材料的使用，节省能源和资源（如钢铁、铜等），但需要建立完善的回收机制。

（2）减少材料的使用量

产品设计尽可能减少原材料的使用量，从而实现节约资源，减少运输和储备的空间，减轻由于运输而带来的环境压力。如产品的折叠设计可以减少对包装物的使用及减少用于运输和储藏的空间。

（3）生产技术的最优化

生态设计要求生产技术的实施尽可能减少对环境的影响，包括减少辅助材料的使用和能源的消费，将废物产生量控制在最小值。通过清洁生产的实施，改进生产过程，不仅实现公司内部生产技术的最优化，还应要求供应商一同参与，共同改善整个供应链的环境绩效。生产技术的最优化可以通过以下方式实现：

① 选择替换技术。选择需要较少有害添加剂和辅助原料的清洁技术或选择产生较少排放物的技术以及能最有效利用原材料的技术。

② 减少生产步骤。通过技术上的改进减少不必要的生产工序，如采用不需另行表面处理的材料和可以集成多种功能的元件等。

③ 选择能耗小和消费清洁能源的技术。如鼓励生产部门使用包括风能、太阳能和水电等在内的可更新的能源及采用提高设备能源效率的技术等。

④ 减少废物的生成。如改进设计，实现公司内部循环使用生产废弃物等。

⑤ 生产过程的整体优化。如改进生产过程，使废物在特定的区域形成，从而有利于废物的控制和处置以及清洁工作的进行；加强公司的内部管理，建立完善的循环生产系统，提高材料的利用效率。

（4）营销系统的优化

这一战略追求的是确保产品以更有效的方式从工厂输送到零售商和用户手中，这往往与包装、运输和后勤系统有关。具体措施如下：

① 采用更少的、更清洁的和可再生使用的包装，节约包装材料，减轻运输的压力。如建立有效的包装回收机制，减少 PVC 包装物的使用，在保证包装质量的同时尽可能减小包装物的重量和尺寸等。

② 采用能源消耗少、环境污染小的运输模式。陆地运输环境影响大于水上运输环境影响，汽车运输环境影响大于火车运输环境影响，飞机运输环境影响是最大的，因此，应尽量选择对环境影响小的运输方式。

③ 采用可以更有效利用能源的后勤系统，包括：要求采购部尽可能在本地寻找供应商，以避免长途运输的环境影响；提高营销渠道的效率，尽可能同时大批量出货，以避免单件小批量运输；采用标准运输包装，提高运输效率。

（5）减少消费过程的环境影响

产品最终是用来使用的，应该通过生态设计的实施尽可能减少产品在使用过程中造成的环境影响。具体措施如下：

① 降低产品使用过程的能源消费。如使用耗能最低的元件、设置自动关闭电源的装置、保证定时装置的稳定性、减轻需要移动产品的重量以减少为此付出的能源消费等。

② 使用清洁能源。设计产品以风能、太阳能、地热能、天然气、水电等清洁能源为驱动，减少环境污染物的排放。

③ 减少易耗品的使用。许多产品的使用过程需消耗大量的易耗品，应该通过设计上的改进减少易耗品的消耗。

④ 使用清洁的易耗品。通过设计上的改进，使用清洁的易耗品成为可能，并确保这类易耗品对环境的影响尽可能小。

⑤ 减少资源的损耗和废物的产生。产品设计应使用户更为有效地使用产品和减少废物的产生，包括通过清晰的指令说明和正确的设计，避免客户对产品的误用，鼓励设计不需要使用辅助材料的产品以及具有环境友好性特征的产品。

（6）延长产品生命周期

产品生命周期的延长是生态设计原则中最重要的一个内容，因为通过产品生命周期的延长，可以使用户推迟购买新产品，避免产品过早地进入处置阶段，提高产品的利用效率，减缓资源枯竭的速度。具体措施如下：

① 提高产品的可靠性和耐久性。可以通过完美的设计、高质量材料的选择和生产过程严格控制的一体化实现。

② 便于修复和维护。可以通过设计和生产工艺上的改进来减少维护或使维护及维修更容易实现，此外建立完善的售后服务体系和对易损部件的清晰标注也是必要的。

③ 采用标准的模式化产品结构。通过设计努力使产品的标准化程度提升，在部分部件被淘汰时，可以通过及时更新而延长整个产品的生命周期，如计算机主机板的插槽设计结构使计算机的升级换代成为可能。

（7）产品处置系统的优化

产品在被用户消费使用后，就会进入处置阶段。产品处置系统的优化原则指的是再利用有价值的产品元部件和保证正确的废物处理。这要求在设计阶段就考虑使用环境影响小的原材料，以减少有害废物的排放，并设计适当的处置系统以实现安全焚烧和填埋处理。具体措施如下：

① 产品的再利用。要求产品作为一个整体尽可能保持原有性能，并建立相应的回收和再循环系统，以发挥产品的功能或为产品找到新的用途。

② 再制造和再更新。不适当的处置会浪费本来具有使用价值的元部件，通过再制造和再更新可以使这些元部件继续发挥原有的作用或为其找到新的用途，这要求设计过程中注意

应用标准元部件和易拆卸的连接方式。

③ 材料的再循环。由于投资小、见效快，再循环已成为一个常用原则。设计上的改进可以增加可再循环材料的使用比例，从而减少最终进入废物处置阶段材料的数量，节省废物处置成本，并通过销售或利用可再循环材料带来经济效益。

④ 安全焚烧。当无法进行再利用和再循环时，可以采取安全焚烧的方法获取能量，但应通过焚烧设计上的改进减少最终进入环境的有害废物数量。

⑤ 废物填埋处理。只有在以上措施都无法应用的情况之下，才能采用这一措施并注意处置的正确方式，应避免有害废物的渗透威胁地下水和土壤，同时进入这一阶段的材料比例应为最低。

10.3.3　产品生态设计案例

（1）中国糖业生产案例

① 项目。云南某糖业有限责任公司通过实施工艺节水技术改造工程和末端废水治理工程，实现了冷却水的循环利用及外排废水的达标排放；通过实施锅炉改造工程，有效削减了锅炉废气和大气污染物的排放量，提高了锅炉的除尘效率。

② 环境优点。通过该生产改造工程，公司实现节煤 921.21t/a，节电 47.52（万 kW·h)/a，一定程度上削减了废水和废气排放量。

③ 一般优点。改善生产环境，降低成本，提高经济效益。

（2）中国办公家具生产案例

① 项目。哈尔滨某家具实业有限责任公司为了降低公司产品对环境的影响，参照一个在隔断方面有突出作用的办公室装备系统，最终设计出一种比较廉价、易于生产和有吸引力的办公室家具系统。

② 环境优点。与具有同类功能的产品相比，该办公室家具系统质量减轻 46%，生产能耗降低 67%，脲醛树脂使用减少 36%。

③ 一般优点。该办公室家具系统使办公室布局更灵活、办公效率更高，隔墙具有半透明（传播光线）和吸声特性。

10.4　产品的环境标志

10.4.1　环境标志的概念

环境标志（又叫绿色标志），是由政府的环境管理部门依据有关的环境法律、环境标准和规定，向某些商品颁发的一种特殊标志。这种标志是一种贴在产品上的图形，它证明该产品不仅质量符合环境标准，而且其设计、生产、使用和处理等全过程也符合规定的环境保护要求，对生态无害，有利于产品的回收和再利用。它是一种环保产品的证明性商标，受法律保护，是经过严格检查、检测与综合评定，并由国家专门委员会批准使用的标志。

10.4.2　环境标志发展简史

（1）国外环境标志的发展

绿色产品的概念是 20 世纪 70 年代在美国政府起草的环境污染法规中首次提出的，但真正的绿色产品首先诞生于德意志联邦共和国：1987 年该国实施一项被称为"蓝色天使"的计划，对在生产和使用过程中都符合环保要求，且对生态环境和人体健康无损害的商品，由环境标志委员会授予绿色标志，这就是第一代绿色标志。

国外对于环境标志有多种称呼，而且每个国家或地区都有各自不同的环境标志，如德国的"蓝色天使"、北欧的"白天鹅"、美国的"绿色印章"、加拿大的"环境选择"、日本的"生态标签"等，美国、加拿大等 30 多个国家和地区也相继建立了自己的绿色标志认证制度，以保证消费者自识别产品的环保性质，同时鼓励厂商生产低污染的绿色产品。目前绿色商品涉及诸多领域和范围，如绿色汽车、绿色电脑、绿色相机、绿色冰箱、绿色包装、绿色建筑等。

（2）中国环境标志的发展

国家环保局（现生态环境部）于 1993 年 7 月 23 日向国家技术监督局申请授权以组建"中国环境标志产品认证委员会"，1993 年 8 月我国推出了自己的环境标志图形（十环标志），如图 10-1 所示。十环标志图的中心由青山、绿水和太阳组成，代表了人类所赖以生存的自然环境；外围是 10 个紧扣的环，代表公众参与，共同保护环境，而 10 个紧扣的"环"正好与环境的"环"字同字，整个标志寓意着全民联合起来，共同保护人类赖以生存的家园。

图 10-1　中国环境标志

1994 年 5 月 17 日，中国环境标志产品认证委员会成立，标志着我国环境标志产品认证工作的正式开始。它是由国家环保局、国家质检总局等 11 个部委的代表和知名专家组成的国家最高规格的认证委员会，其常设机构为认证委员会秘书处，代表国家对绿色产品进行权威认证。2003 年，国家环保总局将环境认证资源进行整合，中国环境标志产品认证委员会秘书处与中国环境管理体系认证机构认可委员会（简称环认委）、中国认证人员国家注册委员会环境管理专业委员会（简称环注委）、中国环境科学研究院环境管理体系认证中心共同组成中环联合认证中心，形成以生命周期评价为基础，一手抓体系、一手抓产品的新的认证平台。

中国环境标志立足于整体推进 ISO 14000 国际环境管理标准，把生命周期评价的理论和方法、环境管理的现代意识和清洁生产技术融入产品环境标志认证，推动环境友好产品发展，坚持以人为本的现代理念，开拓生态工业和循环经济。

中国环境标志要求认证企业建立融 ISO 9000、ISO 14000 和产品认证为一体的保障体系。

同时，对认证企业实施严格的年检制度，确保认证产品持续达标，保护消费者利益，维护环境标志认证的权威性和公正性。

1994～2003 年，我国颁布了包括纺织、汽车、建材、轻工等 51 个大类产品的环境标志标准，共有 680 多家企业的 8600 多种产品通过认证，获得环境标志，形成了 680 亿元产值的环境标志产品群体，我国的环境标志已成为公认的绿色产品权威认证标志，为提高人们的环境保护意识、促进我国可持续消费做出了卓越贡献。我国加入 WTO 以后，绿色壁垒成为我国对外贸易中的新问题，环境标志成为提高我国产品市场竞争力、打入国际市场的重要手段。

10.4.3 环境标志产品范围

环境标志产品是以保护环境为宗旨的产品。从理论上讲，凡是对环境造成污染或危害，但采取一定措施即可减少这种污染或危害的产品，均可以成为环境标志的应用对象。由于食品和药品更多地与人体健康相联系，因此国外在实施环境标志制度时，一般不包括食品和药品。根据产品环境行为的不同，环境标志产品可分为以下几种类型：节能、节水、低耗型产品，可再生、可回用、可回收产品，清洁工艺产品，可生物降解产品。

10.4.4 环境标志的作用

（1）通过市场调节，提升企业效益

推广环境标志不是靠法律的强制手段或行政命令使企业承担环境义务，而是通过市场使企业自觉地把它的经济效益和环境效益紧紧地联系在一起，对产品"从摇篮到坟墓"的全过程进行控制，因为没有环境标志的产品将很难在市场上销售，而没有市场，企业获利将无从谈起，所以企业为了生存，会主动采用无废少废、节能节水的新技术、新工艺和新设备，生产绿色产品，获得环境标志。同时每3～5年环境标志都要进行重新认证，这样也促使企业及时调整产品的结构，以消除或减少生产对生态环境的破坏，节约能源和不可再生的资源，使更多的产品获得环境标志认证。如我国青岛某冰箱厂1988年就开始吸收国外的先进技术，1990年9月推出了削减50％氟利昂用量的电冰箱，1990年11月获"欧洲环境标志"，仅销往德国的该类电冰箱就达5万多台。1995年广东某公司为保护臭氧层，生产出了无氟绿色电冰箱，获得美国环境标志的认证，使得无氟电冰箱在美国的销量大大增加，提高了企业创汇的能力。

（2）构建诚信保证平台，推动可持续消费

在消费者和生产者之间构建诚信保证平台，提高消费者的环境保护意识，推动可持续消费。环境标志产品，是经过独立第三方认证的产品，表明产品是在一定的标准指导下生产，其质量符合相应的要求。因此，环境标志的使用能够在生产者和消费者之间建立起产品质量和环境保护的诚信关系，为实现消费者通过产品消费支持环境保护的意愿提供了有效途径，同时也有利于提高广大消费者的环境保护意识。德意志联邦共和国曾进行了一次对7500个家庭的抽样调查，结果发现，78.9％的家庭都知道什么是绿色产品，并且对绿色产品表现出强烈的购买兴趣。美国的一项调查也发现，即使多花费5％，也乐于购买绿色产品的人占80％；多花费15％，也乐于购买绿色产品的人占50％。因此可以看出，通过选购、处置带有环境标志商品的日常活动，消费者的环境保护意识将会提高，同时消费者也参与了环境保护的活动。

（3）打破绿色壁垒，促进产品国际贸易

有环境标志的产品在市场上取得的较好的经济效益，与公众的购买倾向是密不可分的，也就是说，环境因素将成为衡量产品销路的一个重要因素。根据市场供需原理，企业会尽一切力量满足消费者的需求，通过增加销售量而获得更多的利润。在当今竞争激烈的国际贸易市场上，环境标志就像一张"绿色通行证"，在一些已实行环境标志认证的国家，无环境标志实际上已成为一种非正式的贸易壁垒。这些国家把它当作贸易保护的有力武器，严格限制非环境标志产品进口。可以说谁拥有清洁产品，谁就拥有市场。实行环境标志认证有利于各国参与世界经济大循环，增强本国产品在国际市场上的竞争力；也可以根据国际惯例，限制别国不符合本国环境保护要求的商品进入国内市场，从而保护本国利益。

10.4.5 环境标志的法律保证

环境标志制度是建立在信息引导和市场自由竞争基础上的，在经过探索、试验后，必然会存在一个从政策引导到制定法律的过渡问题。环境标志除被社会所接受外，还需要以一种具有稳定性、普遍性的社会规范形式（法律形式）存在。目前，我国已转入社会主义市场经济的轨道，环境标志制度借用市场经济的竞争机制，在生产经营者自愿的基础上生产销售被认定为有益于环境的产品，以增强该产品在市场上的竞争力；同时，消费者在选择商品时以个人的环保意识和直接的参与行为，来影响生产经营者，使其增加在产品的生产、处置各环节的环保投入，以此达到最佳的经济效益和环境效益。经济手段是保护环境的有效方法，法律规定则是保护环境、使环境标志制度顺利施行的可靠保证。

（1）国外环境标志的立法保证

虽然各国的法律体系不尽相同，但环境标志计划之间却有很多相似的法律规定。大部分国家的环境标志计划都聘请法律顾问，依照法律规定把环境标志登记注册为商标，与使用标志者签订合同，防止错误使用标志，保证标志计划的顺利实施。环境标志被注册登记为商标，以便保护它的非行政性和防止不正当的使用，在这一方面，各国的做法不完全相同：在德国，商标所有权归联邦环境自然保护和核安全部；在日本，所有权归环境协会。实践证明，这种商标保护方式对防止"假冒"环境标志产品行为出现是非常必要的。

许多环境标志计划中也建立了后续行为法律程序，对于不当使用环境标志的行为都制定了处罚措施，以保证环境标志的正确使用。如澳大利亚的标志计划中建立了仲裁机构，由四个标志评审团成员组成，决定对不当使用标志的行为做出适当反应，该机构可以决定警告违反合同的团体或提出调停。不管仲裁机构的决定如何，商家均可在法庭上控告其认为是对其采取了不当竞争行为（如未获环境标志而自行张贴标志的行为）的违法者。

（2）我国环境标志的商标保护

我国环境标志计划采取的法律保障措施，主要是对环境标志进行商标注册、与申请使用环境标志的生产者签订环境标志使用合同书，相应受我国《商标法》和《民法典》的保护。

环境标志商标属证明商标，证明生产某商品的厂商的身份、商品的原料、商品的功能或商品质量的标记。使用这种商标的商品，其生产、经营者自己不得注册，需由商会、实业或其他团体申请注册，申请人（商标所有人）对于使用该证明商标的商品质量具有鉴定能力，并负有保证其质量的责任。大多数国家的商标法中规定：证明商标不得转让、租借、抵押，同时还对使用证明商标者违反该商标章程的行为和假冒证明商标的行为应当承担的法律责任作出明确规定。

我国环境标志符合证明标志的所有条件，是一种典型的证明商标。中国环境标志产品认证委员会依据已颁发的《中国环境标志产品认证委员会章程》和《环境标志产品认证管理办法》开展认证工作，同时中国环境标志图形已确定，并已由中国环境标志产品认证委员会作为申请人在国家商标局对其进行了注册，从而使我国环境标志图形取得了注册商标专用权，认证委员会则是此认证商标的所有人。

我国法律对环境标志的商标保护：我国现有的法律中与环境标志保护有关的法律主要有《中华人民共和国商标法》《中华人民共和国产品质量法》和《中华人民共和国反不正当竞争法》。

《中华人民共和国商标法》规定：经商标局核准注册的商标为注册商标，包括商品商标、服务商标、证明商标；商标注册人享有商标专用权，受法律保护。

《中华人民共和国商标法》中对于证明商标的定义是"证明商标，是指由对某种商品或者服务具有监督能力的组织所控制，而由该组织以外的单位或者个人使用其商品或者服务，用以证明该商品或者服务的原产地、原料、制造方法、质量或者其他特定品质的标志"。

《中华人民共和国商标法》规定：商标注册人可以通过签订商标使用许可合同，许可他人使用其注册商标。许可人应当监督被许可人使用其注册商标的商品质量。被许可人应当保证使用该注册商标的商品质量。另外，该法律还对商标侵权行为及对侵权行为的制裁都作了明确的规定。

《中华人民共和国产品质量法》在"总则"中作为一条原则规定"禁止伪造或者冒用认证标志等质量标志"；在第二章"产品质量的监督"中第十四条和第十五条对产品质量认证制度的建立原则和方法、产品质量检测机构等作出规定；在第三章中规定生产者、销售者不得伪造或者冒用认证标志等质量标志；在第五章"罚则"中对违反有关规定的行为处罚的办法作出规定。

《中华人民共和国反不正当竞争法》第八条规定：经营者不得对其商品的性能、功能、质量、销售状况、用户评价、曾获荣誉等作虚假或者引人误解的商业宣传，欺骗、误导消费者。经营者不得通过组织虚假交易等方式，帮助其他经营者进行虚假或者引人误解的商业宣传。这一规范市场主体行为的法律界定了"不正当竞争行为"，该法律还规定了市场"监督检查"制度，并明确了不正当竞争行为应承担的法律责任。

以上三个法律，为环境标志的实施创造了良好的环境，有利于市场的有序竞争，使环境标志产品竞争优势得以充分发挥，并且随着人们环境保护意识的提高和环境标志产品被社会接受程度的提高，对环境友好的产品的市场将不断扩大，生产经营者和消费者的合法权益都将获得法律保障。

（3）环境标志的合同保障

我国的"环境标志使用合同书"使环境标志的实施更具合理性与法规性。我国的"环境标志使用合同书"属格式合同，它在甲方（中国环境标志产品认证委员会秘书处）和乙方（认证申请单位）之间建立了一个共同的具有法律和债务责任的合同，其中主要对乙方如何使用环境标志、合同期限及甲方对乙方的认证监督方面作了规定。

企业申请使用环境标志完全是自愿的，同时企业只有依法签订"环境标志使用合同书"，才能使用环境标志。合同自签订之日起，即具有法律效力，因此合同是对中国环境标志产品认证委员会与认证申请单位双方的一个有效的法律约束文件。

10.4.6　中国环境标志产品认证

（1）绿色产品认证

绿色产品认证是指将环保、节能、节水、循环、低碳、再生、有机等产品整合为绿色产品，建立系统科学、开放融合、指标先进、权威统一的绿色产品标准体系，实现一类产品、一个标准、一个清单、一次认证、一个标识的体系整合目标。

（2）绿色产品认证需符合的要求

① 申请符合国家有关法规、政策和绿色产品或有机食品相关要求。

② 申请人符合绿色产品或有机食品申请人资质要求。

③ 申请产品产地环境质量、原料来源、生产过程、产品质量符合绿色产品或有机食品相关标准要求。

绿色产品认证可以向绿色市场有效传递绿色信号，还可以增强企业的知名度和美誉度。此外，绿色产品认证可以帮助企业参考国际绿色标准，改进绿色质量体系，加强绿色质量管理，增强核心竞争力，使绿色产品有更多的机会参与国际竞争，以达到获得并扩大国际市场份额的目的。因此，绿色产品认证是企业控制绿色产品质量的必要方法。

（3）绿色产品认证流程

绿色产品的认证模式为：初始检查＋产品抽样检验＋获证后监督。

认证流程如下：

① 认证申请。

② 初始检查（包括资料技术评审和现场检查）。

③ 产品抽样检验。

④ 认证结果评价与批准。

⑤ 获证后监督。

认证时限：自正式受理认证委托之日起至颁发认证证书之日止，一般不超过 90 天，包括初始检查、认证结果评价与批准以及证书制作时间。因委托人未及时提交资料、不能按计划接受现场检查、未按规定时间递交不符合整改、未能及时寄送检验样品、未及时缴纳费用，以及特殊的样品检验周期等原因导致认证时间的延长时，不计算在内。

10.4.7　中国实施环境标志的策略

环境标志的产生与发展依赖于公众的环境保护意识，没有消费者选购环境标志产品，环境标志工作就无法开展。由于环境标志产品在生产过程中，除考虑产品的一般特性外，还要考虑产品环境因素，增加研究工作和技术的投入，因此其生产不能完全做到遵循成本最低原则。在目前情况下，环境标志产品的价格会比普通产品价格高。当前，在我国公众整体的环保意识有待进一步提高，购买倾向以产品价格为主要选择因素的情况下，企业在选择环境标志产品种类时，应充分考虑我国公众的环保意识水平，既要使环境标志产品有较好的环境性能，又能吸引消费者购买，保持其强劲的市场竞争力。

我国实施环境标志的策略如下：

（1）有步骤、分阶段、逐步扩大环境标志产品实施范围

任何产品都有环境行为，不论它是在设计、生产、使用中，还是在处理、处置中，都会或多或少地与环境发生关系。根据环境标志产品"全过程控制"的原则，所有具有环境行为的产品都可以进行环境标志产品认证，所以从理论上讲，所有产品都可以纳入环境标志产品的范围。

现阶段我国主要适宜在低毒污染类、低排放类、可回收利用类、节能节水类、可生物降

解类、纯天然食品类产品中开展标志工作。除此之外，对于在广告中涉及老年人、妇女和儿童特殊保健作用，又与环境行为有关的产品，为区别真伪，也将其列入环境标志的工作范围。

（2）企业自愿申请标志产品认证

环境标志是"软的市场手段"，应该是一种自愿性行为。目前环境标志产品在消费者心目中还没有达到足够高的地位，因此，强制性认证必将受到企业的抵制，但随着社会的进步、公众环保意识的提高，环境标志完全有可能与产品质量保证、卫生保证、安全保证一样，成为产品进入市场的必要前提和准入标准。

环境标志不同于以往的排污收费、超标处罚等环境管理手段，它将环境保护与市场经济结合起来，由企业自愿申请，可以调动企业参与环境保护的积极性，使企业由以往的被动治理转变为主动防治，鼓励了环境行为优良的产品及企业的发展。

（3）环境标志产品应体现出导向作用

环境标志产品是同类产品中环境性能优越的产品，从体现导向作用出发，环境标志产品的数量应有一个适当的比例。控制环境标志产品的比例，主要依靠控制环境标志产品技术指标的难易程度，国外又称其为标准阈值。从市场的角度考虑，较低的标准阈值会使大多数产品达到要求，但环境标志产品的声誉以及对消费者、制造商的吸引力将受到损害；较高的标准阈值，意味着环境标志产品只能占有较小市场份额。

（4）在出口产品中开展环境标志工作

在出口产品中开展环境标志工作，是我国环境标志工作的重要方向。当前，一方面，公众整体环保意识有待提高，是我国现阶段实施环境标志认证的一个最大的制约因素；另一方面，环境标志在很多国家被当作贸易保护的一个有力武器，许多国家严禁无环境标志的产品进口，环境标志成为国际贸易市场中的一张"绿色通行证"。因此，在出口商品中实施环境标志认证，对于增强产品竞争力、打破贸易保护壁垒以及扩大我国环境标志的国际影响，有着十分现实的意义。

（5）环境标志产品的种类尽可能与国外产品一致

国外环境标志工作已有十几年的历史，其中积累了不少经验。有选择地从国外环境标志产品中提取出适合我国的种类，是我国开展环境标志工作的一条捷径，有利于与国际环境标志工作接轨，有利于我国与其他国家环境标志工作的经验交流，有利于国际贸易发展。

10.5 绿色食品和有机食品

10.5.1 绿色食品和有机食品产生的背景

在现代农业生产中，一方面，为了追求较高的生产水平，大量投入各种化学合成物质，农业环境质量已经有不同程度的下降，使农业的可持续发展受到极大的影响。如过量施用化肥，造成江河、湖泊、水库富营养化，以及地下水硝酸盐污染；农药、除草剂的任意大量使用，使作物农药残留污染日益严重。另一方面，由于各种化学合成物质的大量投入，一些农药、除草剂及重金属等随食物链传递，影响到食品的安全和人类健康。人们迫切希望农业生产体系生产出既保护环境又安全健康的食品，绿色食品（green food）及有机食品（organic food）的生产体系就在这样的背景条件下应运而生。

目前，我国的无公害农产品、绿色食品及有机产品的生态体系都是与食品安全和生态环境相关的农产品生产体系。三者之间的关系是：无公害食品关系整个国家食品质量安全，所有食品都应该达到无害化的目标；绿色食品是在全面满足食品质量安全的前提下，能达到促进市场销售和满足环境保护要求的食品；有机食品是以可持续发展、环境保护为基础，追求健康生活和与自然融合理念的食品。

10.5.2 绿色食品

（1）绿色食品的概念及特征

绿色食品是指遵循可持续发展原则，按照特定生产方式生产，经专门机构认证，许可使用绿色食品标志的无污染的安全、优质、营养类食品。

绿色食品与普通食品相比有三个显著特征：

① 强调产品出自良好生态环境。绿色食品生产从原料产地的生态环境入手，由法定的环境监测部门对产品原料产地及其周围生态环境因子进行定点采样监测，判定其是否具备生产绿色食品的基础条件，而不是简单地禁止生产过程中化学合成物质的使用。这样既可保证绿色食品生产原料和初级产品的质量，又利于强化企业和农民的资源及环境保护意识，最终将农产品生产和食品加工业的发展建立在资源和环境可持续利用的基础上。

② 对产品实行全程质量控制。生产实施"从农田到餐桌"全程质量控制，而不是简单地对最终产品的有害成分含量和卫生指标进行测定，从而在农业和食品生产领域树立了全新的质量观。通过生产前环节的环境监测和原料检测，生产中环节具体生产、加工操作规程的落实，以及生产后环节产品质量、卫生指标、包装、保鲜、运输、储藏、销售的有效控制，提高全过程的技术含量，确保绿色食品的整体产品质量。

③ 对产品依法实行标志管理。绿色食品标志是一个质量证明商标，属知识产权范畴，受《中华人民共和国商标法》保护。政府授权专门机构管理绿色食品标志，这是一种将技术手段和法律手段有机结合起来的生产组织和管理行为，而不是一种自发的民间自我保护行为。对绿色食品实行统一、规范的标志管理，不仅使生产行为纳入了技术和法律监控的轨道，而且使生产者明确了自身和对他人的权益、责任，同时也有利于企业争创名牌，树立品牌商标保护意识，提高企业社会知名度和产品市场竞争力。

（2）绿色食品标志

中国绿色食品标志是由中国绿色食品发展中心在原国家工商行政管理总局商标局（现国家知识产权局商标局）正式注册的质量证明商标，从而使绿色食品标志商标专用权受《中华人民共和国商标法》保护，这样既有利于约束和规范企业的经济行为，又利于保护广大消费者的利益。作为质量证明商标标志，绿色食品标志有三条一般商品标志不具备的特定含义：

① 有一套特定的标准——绿色食品标准。

② 有专门的质量保证机构和除工商行政管理机构之外的标志管理机构。

③ 标志商标注册在产品上，只有该标志商标的转让权、授予权，无使用权。

绿色食品标准分为两个技术等级，即 AA 级绿色食品标准和 A 级绿色食品标准，生产出的食品相应称为 AA 级绿色食品和 A 级绿色食品。两者的最大区别是：A 级绿色食品在生产过程中允许限量使用限定的化学合成物质；AA 级绿色食品在生产过程中不使用任何有害化学合成物质。

我国的绿色食品标志由"绿色食品"汉字、"Green-food"英文、绿色食品标志图形以分离或组合形式构成（图 10-2）。

（3）绿色食品产地及生产要求

① 绿色食品生产基地要求。绿色食品生产基地应选择在无污染和生态环境良好地区。基地选点应远离工矿区和公路铁路干线，避开工业和城市污染的影响，同时绿色食品生产基地应具有可持续的生产能力。另外，生产基地还要满足绿色食品产地环境质量标准的要求。

② 绿色食品生产要求。必须严格执行绿色食品生产的一系列标准，在标准的指导下完成绿色食品的生产、加工、储藏、保鲜和运输，并建立相应的质量管理体系，以确保标准的落实。

图 10-2　绿色食品标志

绿色食品的标准包括：绿色食品肥料、农药、饲料和饲料添加剂、兽药的使用原则，绿色食品添加剂、产地环境质量标准及绿色食品动物卫生准则。

（4）绿色食品认证

绿色食品认证是依据产品标准和相应技术的要求，经认证机构确认，并通过颁发认证证书和认证标志来证明某一产品符合相应标准和相应技术要求的活动。其认证具有以下几个特征：①质量认证的对象是产品或服务；②质量认证的依据是绿色食品标准；③认证机构属于第三方性质；④质量认证合格的表示方式是颁发认证证书和认证标志，并予以注册登记。

绿色食品的质量管理是通过绿色食品标志许可使用的认证，引导企业在生产过程中建立质量管理体系，以补充技术规范对产品的要求。因此，绿色食品认证具有产品质量认证和质量体系认证双重性质。

10.5.3　有机食品

（1）有机食品的概念及特征

根据《有机产品　生产、加工、标识与管理体系要求》（GB/T 19630—2019），有机农业定义为：遵照特定的农业生产原则，在生产中不采用基因工程获得的生物及其产物，不使用化学合成的农药、化肥、生长调节剂、饲料添加剂等物质，遵循自然规律和生态学原理，协调种植业和养殖业的平衡，采用一系列可持续的农业技术以维持持续稳定的农业生产体系的一种农业生产方式。

有机食品是指来自有机农业生产体系，根据有机认证标准生产、加工，并经独立认证机构认证的食品，包括粮食、食用油、蔬菜、水果、畜禽产品、水产品、奶制品、蜂产品、茶叶、酒类、饮料、调味料等。

除有机食品外，还有有机化妆品、有机纺织品、有机林产品、有机生物农药、有机肥料，它们被统称为有机产品。

有机食品必须具备的四个条件：

① 原料必须来自已经建立或正在建立的有机农业生产体系，或者是采用有机方式采集的野生天然产品。

② 在整个产品生产过程中，必须严格遵循 GB/T 19630—2019 的生产、加工、包装、储藏、运输等要求。

③ 在有机食品的生产和流通过程中，有完善的跟踪审查体系和完整的生产和销售的档案记录。

④ 必须通过独立的有机产品认证机构的认证审查。

有机食品与绿色产品、无公害农产品的区别如下。

① 有机食品在生产加工过程中，绝对禁止使用农药、化肥、激素等人工合成物质以及转基因产品；绿色食品在生产加工过程中，仅禁止使用转基因产品；无公害农产品在生产和加工过程中，对化学合成的产品及转基因产品均允许使用。

② 有机食品在生产中有转换期要求：考虑到某些物质在环境中或生物体内残留，有机食品的生产（包括种植和养殖）必须有转换期。绿色食品及无公害农产品生产中无此要求。

③ 在数量上严格控制有机食品，要求定地块、定产量，通过产品标志使用量严格控制销售量。绿色食品及无公害农产品没有如此严格的要求。

（2）有机产品标志

目前，我国的有机产品认证标志分为中国有机产品认证标志和中国有机转换产品认证标志两种。所有的有机认证产品，包括有机食品在内，在有机产品转换期内生产的产品或者以转换期内生产的产品为原料加工的产品，应当使用中国有机转换产品认证标志，如图 10-3 所示。

通过转换期后，应当使用中国有机产品认证标志，如图 10-4 所示。

C:100 M:0 Y:100 K:0
C:0 M:60 Y:100 K:0

图 10-3　中国有机转换产品认证标志　　　　图 10-4　中国有机产品认证标志

与环境标志一样，有机产品标志作为一种特定的产品质量的证明商标，其商标专用权受《中华人民共和国商标法》保护。作为质量证明商标标志，有机产品的标志与一般商品的标志不同。有机产品的获证单位或者个人，应当按照规定在获证产品或者产品的最小包装上添加有机产品认证标志。

（3）有机食品产地及生产要求

① 有机食品产地环境要求：根据 GB/T 19630—2019 的要求，有机生产需要在适宜的

环境条件下进行。有机生产基地应远离城区、工矿区、交通主干线、工业污染源、生活垃圾场等。基地的环境质量应符合以下要求：a. 土壤环境质量符合《土壤环境质量 农用地土壤污染风险管控标准（试行）》（GB 15618—2018）的规定；b. 农田灌溉用水水质符合《农田灌溉水质标准》（GB 5084—2021）的规定；c. 环境空气质量符合《环境空气质量标准》（GB 3095—2012）中二级标准的规定。

② 有机食品生产要按 GB/T 19630—2019 的规定，以国际有机食品标准为基础，将食品安全、环境保护和可持续发展作为一个整体。因此，有机食品的生产过程必须实行全过程控制。

为保证有机食品的质量及其完整性，有机食品的生产者、加工者和经营者都必须建立与完善以 ISO 9000 质量管理体系为基础的内部质量保证体系，以实施"从田间到餐桌"的全过程控制，确保有机食品在生产、加工、运输、储藏、销售的各个环节处于可控状态。有机管理体系包括文件、资源、内部检查、追踪体系和持续改进的管理系统，同时，建立并保持一套完整的文档记录系统，以便对生产过程进行跟踪审查。

（4）有机食品的认证

有机食品认证是依据产品标准和相应技术要求，经认证机构确认，并通过颁发认证证书和认证标志来证明某一产品符合相应标准和相应技术要求的活动。其认证具有以下几个特征：① 质量认证的对象是农产品或服务；② 质量认证的依据是有机产品标准；③ 认证机构属于第三方性质；④ 质量认证合格的表示方式是颁发有机转换产品认证证书和有机产品认证证书。

有机产品的认证机构通常都有自己申请注册的认证标志，并在产品包装上注明，向消费者证明该产品是在有机标准指导下生产的，符合产品质量要求。中绿华夏有机食品认证中心（简称 COFCC）标志（图 10-5），采用人手和叶片为创意元素，含义为：其一是一只手向上持着一片绿叶，寓意人类对自然和生命的渴望；其二是两只手一上一下握在一起，将绿叶拟人化为自然的手，寓意人类的生存离不开大自然的呵护，人与自然需要和谐美好的共存关系。

图 10-5 中绿华夏有机食品认证中心标志   图 10-6 南京国环有机产品认证中心标志

南京国环有机产品认证中心（简称 OFOC）标志（图 10-6），由两个同心圆图案组成，中心的图案代表着 OFOC 认证的植物和动物产品。文字表述分为有机认证、有机转换认证和中国良好农业规范认证。凡符合认证标准并获得 OFOC 认证的产品均可申请使用该标志，经 OFOC 颁证委员会审核同意后，颁发并授予该标志。标志的大小可以根据使用方的需要变化，但其形状和颜色不可变更。有机产品认证标志右方的 IFOAM（国际有机农业运动联盟）英文标志，可用于 OFOC 获得 IFOAM 认可的认证项目（作物栽培、食用菌栽培、畜禽养殖、水产养殖、野生采集、加工产品、有机肥和植保产品）的产品标志上。

各认证机构都制定有各自的认证原则和程序，以保证认证的客观性、透明性和信任度。由于各个国家的有机食品认证标准不尽相同，因此有机食品在哪里销售，就执行哪里的标准。

（5）有机食品与绿色食品的区别

有机食品与绿色食品的主要区别如下：

① 认证管理机构不同。有机食品认证由中国国家认证认可监督管理委员会认可的独立第三方认证机构进行，绿色食品认证由中国绿色食品发展中心进行。

② 生产加工依据标准不同。第一，在有机食品的生产加工过程中绝对禁止使用化学合成的农药、化肥、食品添加剂、饲料添加剂、兽药及激素等物质，并且不允许使用基因工程技术；AA 级绿色食品标准与上述有机食品标准基本相同；A 级绿色食品允许限量使用限定的化学合成生产资料。第二，从生产其他食品到生产有机食品需要有 2～3 年的转换期，而绿色食品的生产没有转换期的要求。第三，在数量控制上，有机食品的认证要求定地块、定产量，而绿色食品没有如此严格要求。因此，生产有机食品比生产其他食品难得多，需要建立全新的生产体系和监控体系，并采用相同的病虫害防治、地力保持、种子培育、产品加工和储存等替代技术。

③ 产品的标志不同。有机食品、绿色食品均有不同的、具有特殊代表意义的、经国家注册的可在商品包装与商标同时使用的专用标志。

④ 认证方法不同。有机食品及 AA 级绿色食品认证实行检查员制度，在认证方法上是以实地检查认证为主，检测认证为辅，认证检查重点是各种农事记录、生产资料的购买及应用等记录。A 级绿色食品的认证是以检查认证和检测认证并重为原则，在环境技术条件的评价方法上，采用调查评价与检测认证的方式。

⑤ 认证证书的有效期限不同。有机食品认证证书的有效期是一年，绿色食品认证证书的有效期是三年。

⑥ 产品消费市场不同。国内市场，有机食品主要是针对收入高、生活富裕、知识层次较高的群体；国际市场，有机食品是农产品出口的优势产品。绿色食品主要针对工薪阶层或中等收入群体。有机食品与绿色食品的比较见表 10-1。

表 10-1　有机食品与绿色食品的比较

项目	有机食品	绿色食品（A 级）	绿色食品（AA 级）
名称	国际常见的法定名称为"有机食品""生物食品"和"生态食品"	绿色食品	绿色食品
生产标准	根据相关国际标准	农业农村部 A 级绿色食品生产标准	农业农村部 AA 级绿色食品生产标准
生产环境	未受污染	未受污染	未受污染
农药、化肥等化学物质的使用	禁止使用	有限制地使用	禁止使用
基因工程技术及其生物制品	禁止使用	部分禁止使用	部分禁止使用
辐射处理技术	禁止使用	未作严格规定	未作严格规定
转换期	作物 2～3 年,畜禽几周至 1 年	不需转换期	未作严格规定

续表

项目	有机食品	绿色食品（A 级）	绿色食品（AA 级）
允许使用的物质	强调使用农场自产的物质，限制使用农场外的物质	未作严格规定	未作严格规定
允许物质的使用量	根据作物的需求使用，不允许污染环境	未作严格规定	未作严格规定
生产方法	开发、应用对环境无害的生产方法	无特殊规定	无特殊规定
畜禽养殖	根据畜禽的自然生活习性和土地的载畜量饲养	未作严格规定	未作严格规定
环境安全	尽最大可能保护作物、畜禽、自然动物的多样性，使水土流失等生态破坏问题减少到最低程度	未作严格规定	未作严格规定
检查认证单位	通过 ISO 认证	无特殊要求	无特殊要求
认证有机食品数量	严格地控制数量（明确地块、限定养殖场规模）	没有特别规定	没有特别规定
认证证书有效期	1 年	3 年	3 年
国际贸易	国外消费者认可有机食品，愿意高价购买	不能作为有机食品销售	不能作为有机食品销售

10.6　绿色包装

绿色包装一般是指采用对环境和人体无污染、可回收循环利用或再生利用的包装材料及其制品的包装。绿色包装的本质是对生态环境的损害最小及有利于资源再生，要求绿色包装产品必须符合"3R1D"原则，即减少包装材料消耗（reduce）、包装容器的再填充使用（reuse），包装材料的回收循环使用（recycle），以及包装材料具有降解性（degradable）。大量的包装废弃物，造成了严重的环境污染和对生态环境的破坏以及资源浪费。实施绿色包装既是保护环境的需要，也是增强产品竞争力的重要手段。绿色包装具有以下特点：①包装材料最省，废弃物最少；②易于回收循环使用和再生利用；③包装材料可自行降解；④包装材料对人体和生物系统无毒无害；⑤包装产品不产生环境污染。绿色包装可划分为四大类：一是重复再用包装，即对产品包装的反复利用，如啤酒、饮料、酱油、醋等包装采用玻璃瓶反复使用；二是再生利用包装，即对产品的包装经加工后制成新的包装再次利用，如聚酯瓶在回收之后，可用物理和化学两种方法再生；三是可食性包装，即用可食性包装膜和可食用保鲜膜制成的包装；四是可降解包装，即以化学结构发生变化的塑料制成的包装，具体又分为光降解塑料包装、化学降解塑料包装、生物降解塑料包装、复合降解材料包装等。

绿色包装是随着环境保护的兴起而产生的一种清洁生产措施和环境保护行为。特别是环保新材料、新技术的不断涌现，使得绿色包装逐步成为企业现实的选择。纵观世界绿色包装的实施，其发展是健康的、持续的。企业绿色包装的发展趋势：一是发展"适度"包装，提高包装用纸的强度、厚度，尽量避免"过分包装""豪华包装"以及超过产品体积20％的"增肥大包装"，减少包装材料的使用量，减少包装废弃物的生产量；二是绿色包装要以节约能量、节省资源和环境保护为目标，使包装朝着经济、自动、高效和多功能方面发展；三是要低耗、高效获得商品最佳包装和回收利用废旧包装；四是应用高性能、功能性包装材料及制品来代替一般传统的包装；五是进一步提高包装回收复用率，发展周转包装，如废纸、铝罐等包装废弃物，回收后再生利用；六是选用对环境和人体无害无毒的包装材料，大力发展绿色包装。

绿色包装是一个完整的工程系统，其中绿色包装设计是首要环节。绿色包装设计的目标，就是在设计上除了满足包装整体的保护功能、视觉功能，达成经济方便，满足消费者的心愿的目的之外，更重要的是产品要符合环境标准，即对人体、环境有益。包装产品的整个生产过程也要符合清洁的生产过程，即生产中所有的原料、辅料要无毒无害，生产工艺不产生对大气及水源的污染，流通、储存中保证产品的环境质量，以达到产品整个生命周期符合国际环境标准的目标。

绿色包装系统设计的原则：一是要使整个系统成为绿色包装系统，其总系统的各个子系统也都成为无污染环节，以此全面保证最终产品的环境友好性；二是生产过程中要节约能源，节省材料，充分利用再生资源；三是包装产品要轻量化、可重复使用、可循环再生、可获得新的价值及可降解腐化；四是产品符合国际潮流，受人青睐，物美价廉，市场看好，实用性强，使用方便，迎合消费者的心理，融入国际环保大趋势，满足人们的环保型消费要求。上述原则可简化为"三化三可"，即简单化、轻量化、材料单一化和可循环再生、可重复使用、可降解腐化。绿色包装系统的设计方案应按照包装产品的整个生命周期形成的先后顺序进行设计和规划，其主要内容包括选择包装材料、确定生产技术要求、包装产品设计、运输包装设计、销售包装设计、包装废弃物的回收再造和处理的设计、包装成本计算等。

目前可降解包装材料和可食性包装材料在世界环保大潮的推动下已成为全世界关注的中心，成为世界性的研究课题。特别是可食性包装材料，以其代替塑料包装已成为当前包装业的一大热点。可食性包装材料是天然的有机小分子及高分子物质，可以由人体自然吸收，也可以由自然界风化和微生物分解。可食性包装材料的原材料来自自然界中的植物、动物或自然合成的有机小分子和高分子物质，如蛋白质、氨基酸、脂肪、纤维素、凝胶等。可食性包装材料的特点是质轻，透明，卫生，无毒无味，可直接贴紧食物包装，保质、保鲜效果好。

目前所面世的谷物质薄膜、胶原薄膜、纤维素薄膜都是典型的可食性包装原料代表。作为大豆蛋白质、淀粉混合所制成的包装膜，它能够保持水分、阻隔氧气，保持食品原味和营养价值；动物蛋白质胶原制成的可食性薄膜也与之类似，但强韧性更好一些，并在耐水性、隔绝水蒸气方面更有特性，可作为肉类食品、咖啡等的包装；用甲壳素制成的纤维素薄膜，有较好的水溶性，适宜做各种形状的食品容器；也适合真空包装；从贝类中提取的壳聚糖，与月桂酸结合在一起可以制成可食性薄膜，有很好的保鲜作用；用脱乙酰壳多糖作原料加工成包装纸，可用于快餐面、调味品、面包及各种食品的包装，可直接烹调，不必去除袋子；用虫胶和淀粉混合可制成耐水耐油的包装纸或涂层，用于快餐食品包装；我国以特有的植物——魔芋制成的替代包装，具有可食性和较好的强度、韧性和包装性。总之，可食性包装原料来源广泛、易制作、经济、方便、环保性强，有着广阔的发展前景，正在日益成为世间最庞大的食品行业的重要包装物，成为实现绿色包装、推动环境保护的重要工具。

复习思考题

1. 简述清洁产品和产品生态设计的定义。
2. 什么是 ISO 14000 环境管理标准？
3. 简述绿色产品的丰富内涵在环境保护方面的主要体现。
4. 什么是环境标志？简述环境标志的作用。
5. 简述有机食品、绿色食品和无公害农产品的区别。

参考文献

[1] 陈镇，彭芸．清洁生产在企业实施过程中面临的主要问题及对策[J]．环境科学与管理，2007，32（2）：172-174.

[2] 陈晓屏．印刷行业的清洁生产与VOCs防治[J]．北方环境，2018，30（8）：72-73.

[3] 丁嫱津．清洁生产审核在某印染企业的实践研究[D]．青岛：中国石油大学（华东），2016.

[4] 段宁．重温五十年发展路 勇攀"十四五"新高峰——《"十四五"全国清洁生产推行方案》解读之二[J]．中国经贸导刊，2022，（1）：44-45.

[5] 裴江涛．自然资源利用和生态环境保护问题及对策分析[J]．资源节约与环境，2022（1）：34-37.

[6] 高鸿业，刘文忻，冯金华，等．西方经济学[M]．北京：中国人民大学出版社，2007.

[7] 郭日生，彭斯震，Gerhard WEIHS．清洁生产审核案例与工具[M]．北京：科学出版社，2011.

[8] 高峰彬．利用绿色信贷促进环保企业技术创新[J]．中国环境监察，2021（8）：82-83.

[9] 环境保护部．《清洁生产评价指标体系编制通则》（试行稿）[J]．设备管理与维修，2013（9）：74-76.

[10] 胡智强．浅谈清洁生产对节能减排的意义[J]．技术与市场，2015，9（22）：268-269.

[11] 金适．清洁生产与循环经济[M]．北京：气象出版社，2007.

[12] 姜海华．清洁生产与节能减排的内涵及两者的相互关系[J]．资源节约与环保，2015（12）：3-8.

[13] 李源，应杰．论物质平衡理论对经济和环境系统的影响[J]．经济纵横，2021（28）：27-28.

[14] 李磊．某硫酸生产线清洁生产审核案例研究[J]．环境科学与管理，2014，39（5）：173-175.

[15] 梁红娟．浅谈我国的能源现状及能源对策[J]．甘肃科技，2019，35（15）：6-8.

[16] 陆知宙．JL纺织厂清洁生产的审核与实施[D]．南京：南京理工大学，2008.

[17] 李文霞．酒店业清洁生产绩效评估体系研究[D]．大连：大连理工大学，2006.

[18] 茅晓宇．试论激励企业实行清洁生产的税收政策[J]．知识经济，2009（12）：89-90.

[19] 曲向荣．清洁生产[M]．北京：机械工业出版社，2012.

[20] 宋永欣．企业实施清洁生产审核的障碍克服[J]．环境科学与管理，2008（9）：183-185.

[21] 孙卓婧．关于农业清洁生产问题的思考——以广西壮族自治区恭城瑶族自治县为例[J]．农业科技管理，2014，33（6）：15-17+35.

[22] 苏荣军，郭鸿亮，夏至，等．清洁生产理论与审核实践[M]．北京：化学工业出版社，2019.

[23] 汤良顺．论汽车行业持续清洁生产[J]．现代涂料与涂装，2015，18（11）：53-55.

[24] 唐仁敏，陈思锦．发挥清洁生产重要作用 促进经济社会发展绿色转型——国家发展改革委有关负责同志就《"十四五"全国清洁生产推行方案》答记者问[J]．中国经贸导刊，2022（1）：40-41.

[25] 王伟伟．清洁生产与可持续发展研究[J]．环境与发展，2018，30（4）：221+227.

[26] 现代管理领域知识更新工程教材编写委员会．现代管理公需教材[M]．北京：企业管理出版社，2008.

[27] 谢武，王金菊．清洁生产审核案例教程[M]．北京：化学工业出版社，2014.

[28] 熊华文．全面推行清洁生产 实现减污降碳协同增效——《"十四五"全国清洁生产推行方案》解读之三[J]．中国经贸导刊，2022（1）：46-48.

[29] 席北斗．推进重点行业清洁生产 助力深入打好污染防治攻坚战——《"十四五"全国清洁生产推行方案》解读之五[J]．中国经贸导刊，2022（1）：51-52.

[30] 杨春和．企业清洁生产审核过程中的问题与对策[J]．化工设计通讯，2022，48（2）：163-165.

[31] 余爱华．南方人工林采运作业的清洁生产研究[D]．南京：南京林业大学，2012.

[32] 钟少芬，刘煜平，李阳苹，等．浅析中国清洁生产及其相关法律法规[J]．环境科学与管理，2012，37（9）：166-169.

[33] 张瑶．生态产品概念、功能和意义及其生产能力增强途径[J]．沈阳农业大学学报（社会科学版），2013，15（6）：741-744.

[34]　赵满华，田越．贵港国家生态工业（制糖）示范园区发展经验与启示[J]．经济研究参考，2017（69）：42-50．

[35]　朱邦辉，钟琼，谢武．清洁生产审核[M]．北京：化学工业出版社，2017．

[36]　赵宁宁，王伟．"双碳"目标下我国清洁能源发展路径分析[J]．现代营销（经营版），2021（10）：107-109．

[37]　张林波，虞慧怡，郝超志，等．生态产品概念再定义及其内涵辨析[J]．环境科学研究，2021，34（3）：655-660．

[38]　张全兴，孙平．加快推行清洁生产　实现绿色低碳循环发展——《"十四五"全国清洁生产推行方案》解读之一[J]．中国经贸刊刊，2022（1）：42-43．

[39]　张英健．大力推行重点领域清洁生产　推动实现减污降碳协同增效——《"十四五"全国清洁生产推行方案》解读之四[J]．中国经贸导刊，2022（1）：48-50．

[40]　詹琉璐，杨建州．生态产品价值及实现路径的经济学思考[J]．经济问题，2022（7）：19-26．